中级注册安全工程师职业资格考试辅导教材

安全生产专业实务

建筑施工安全技术

全国安全工程师考试研究组　编

黄河水利出版社

图书在版编目(CIP)数据

安全生产专业实务. 建筑施工安全技术 / 全国安全工程师考试研究组编. — 郑州 : 黄河水利出版社,2019.3(2023.12 修订重印)

中级注册安全工程师职业资格考试辅导教材

ISBN 978 -7 -5509 -2302 -7

Ⅰ. ①安… Ⅱ. ①全… Ⅲ. ①建筑施工 - 安全技术 - 资格考试 - 教材 Ⅳ. ①X93

中国版本图书馆 CIP 数据核字(2019)第 048259 号

出 版 社:黄河水利出版社

地　　址:郑州市金水区顺河路黄委会综合楼 14 层

邮　　编:450003

发行单位:黄河水利出版社

发行电话:0371 -56623217　66026940

承印单位:河南承创印务有限公司

开　　本:16K

印　　张:18

字　　数:471 千字

版　　次:2019 年 3 月第 1 版

印　　次:2023 年 12 月第 6 次印刷

定　　价:68.00 元

前言

为贯彻落实习近平新时代中国特色社会主义思想，适应我国经济社会安全发展需要，提高安全生产专业技术人员素质，客观评价中级安全生产专业技术人员的知识水平和业务能力，同时根据《注册安全工程师分类管理办法》规定，要求相关企业必须配备相应数量和级别的安全工程师。为满足国家对安全工程师的需求，国务院人力资源社会保障和应急管理部门共同组织实施中级注册安全工程师职业资格考试，考试合格者，可取得中华人民共和国注册安全工程师职业资格证书(中级)。由此可知，注册安全工程师的地位进一步得到提升，重视安全生产已成为政府和社会各领域的基本共识。

全国注册安全工程师职业资格考试实行全国统一大纲、统一命题的考试制度，原则上每年举行一次。

为了帮助考生顺利通过全国注册安全工程师职业资格考试，安全工程师考试研究组在深入研究考试大纲的基础上，剖析大纲要求，紧抓考试重点、难点，精心编写了本套教材。教材包括三门公共课《安全生产法律法规》《安全生产管理》《安全生产技术基础》和七门专业课《煤矿安全技术》《金属非金属矿山安全技术》《化工安全技术》《金属冶炼安全技术》《建筑施工安全技术》《道路运输安全技术》《其他安全技术(不包括消防安全)》。

本书具有以下特点:

一、紧贴大纲，内容全面，有利于考生掌握考点

本书包含了考试大纲要求的重难知识点和考点，内容翔实，层次分明。本书分为两部分，第一部分共九章，每章由知识框架、考点精讲、案例分析和参考答案及解析四部分组成；第二部分共七章，第一至第六章由知识框架、考点精讲两部分组成，第七章由案例分析题组成。有利于考生掌握考试内容，把握重点，全面

复习。

二、考点明确,语言简洁,具有很强的实用性

本书对大纲要求的重要知识点进行精简汇编,考点以表格形式呈现,有利于考生理清学习重点,高效掌握知识的重难点,从而提高学习效率,备考更得力,达到最佳的学习效果。

三、添加知识框架,章节思维脉络清晰,方便考生理清思路

本书每一章前面都添加有知识框架。知识框架是对章节考试要点的提炼,能帮助考生快速掌握考试要点,理清自己的学习思路,从而达到快速备考、科学备考的目的。

四、添加案例分析,方便考生检验学习成果

本书添加了案例分析练习题,并且题后有详细的参考答案及解析,方便考生快速检验对知识点的掌握程度和学习效果。

由于时间和编者水平有限,本书难臻完善,不足之处,敬请广大考生予以指正。同时希望本书能够帮助各位考生顺利通过考试!

编 者

目 录

第一部分　专业安全技术

第二部分 安全生产案例分析

第一部分

专业安全技术

第一章　建筑施工安全基础

知识框架

建筑施工安全基础
- 建筑施工安全生产特点和管理
  - 建筑施工安全生产特点
  - 建筑施工安全生产管理知识
- 施工过程中危险因素的辨识方法
  - 危险源的概念
  - 危险源的辨识
  - 危险源的风险评价
  - 危险源管理
  - 重大危险源的控制
- 建筑施工安全事故类型和预防措施
  - 常见安全事故类型
  - 常见安全事故原因分析
  - 常见安全事故的预防措施
  - 施工现场应急处理措施
- 建筑施工组织设计
  - 施工组织设计的概念和内容
  - 施工组织设计的编制与管理

考点精讲

第一节　建筑施工安全生产特点和管理

考点1　建筑施工安全生产特点

项目	具体内容
建筑施工安全生产特点	(1)产品的固定性导致作业空间的局限性。 建筑产品建造在固定的位置上,在连续几个月或几年的时间里,需要在有限的场地和空间上集中大量的人力、物资、机具,多个分包单位来进行交叉作业,作业空间的局限性,容易产生物体打击等伤亡事故。 (2)露天作业导致作业环境的恶劣性。 建筑工程露天作业量约占整个工作量的70%,高处作业量约占整个工作量的90%,致使现场易受自然环境因素影响,工作环境相当艰苦恶劣,容易发生高处坠落等伤亡事故。

续表

项目	具体内容
建筑施工安全生产特点	(3)手工操作多、体力消耗大、劳动强度高带来了个体劳动保护的艰巨性。 建筑施工作业环境恶劣，施工过程手工操作多，体能耗费大，劳动时间和劳动强度都比其他行业要大，致使作业人员容易疲劳、注意力分散和出现误操作，其职业危害严重，带来了个人劳动保护的艰巨性。 (4)大型施工机械和设备使用带来机械伤害的不确定性。 现代建筑施工使用大型施工机械和设备较多，容易产生机械伤害。 (5)施工流动性带来了安全管理的困难性。 建筑施工流动性大，施工现场变化频繁，加之劳务分包队伍的不固定、施工操作人员的素质参差不齐、文化层次较低、安全意识淡薄，容易出现违章作业和冒险蛮干，带来施工安全管理的困难性。这就要求安全管理举措必须及时、到位。 (6)产品多样性、施工工艺多变性要求安全技术措施和安全管理具有保证性。 建筑工程的多样性，施工生产工艺的复杂多变性，使得施工过程的不安全的因素不尽相同。同时，随着工程建设进度，施工现场的不安全因素和风险也在随时变化，要求施工单位必须针对工程进度和施工现场实际情况不断及时地采取安全技术措施和安全管理措施予以保证

考点2　建筑施工安全生产管理知识

项目	具体内容
基本规定	(1)施工企业必须依法取得安全生产许可证，并应在资质等级许可的范围内承揽工程。施工企业应根据施工生产特点和规模，并以安全生产责任制为核心，建立健全安全生产管理制度。 (2)施工企业主要负责人应依法对本单位的安全生产工作全面负责，其法定代表人应为企业安全生产第一责任人，其他负责人应对分管范围内的安全生产负责。施工企业其他人员应对岗位职责范围内的安全生产负责。施工企业应设立独立的安全生产管理机构，并应按规定配备专职安全生产管理人员。施工企业各管理层应对从业人员开展针对性的安全生产教育培训。 (3)施工企业应依法确保安全生产所需资金的投入并有效使用。施工企业必须配备满足安全生产需要的法律法规、各类安全技术标准和操作规程。施工企业应依法为从业人员提供合格的劳动保护用品，办理相关保险，进行健康检查。施工企业严禁使用国家明令淘汰的技术、工艺、设备、设施和材料。施工企业宜通过信息化技术，辅助安全生产管理。施工企业应按规范要求，定期对安全生产管理状况进行分析评估，并实施改进
安全管理目标	施工企业应依据企业的总体发展规划，制订企业年度及中长期安全管理目标。安全管理目标应包括生产安全事故控制指标、安全生产及文明施工管理目标。安全管理目标应分解到各管理层及相关职能部门和岗位，并应定期进行考核。施工企业各管理层及相关职能部门和岗位应根据分解的安全管理目标，配置相应的资源，并应有效管理

续表

项目	具体内容
安全生产管理制度	(1)施工企业应依据法律法规,结合企业的安全管理目标、生产经营规模、管理体制建立安全生产管理制度。施工企业安全生产管理制度应包括安全生产教育培训,安全费用管理,施工设施、设备及劳动防护用品的安全管理,安全生产技术管理,分包(供)方安全生产管理,施工现场安全管理,应急救援管理,生产安全事故管理,安全检查和改进,安全考核和奖惩等制度。施工企业的各项安全生产管理制度应规定工作内容、职责与权限、工作程序及标准。 (2)施工企业安全生产管理制度,应随有关法律法规以及企业生产经营、管理体制的变化,适时更新、修订完善。施工企业各项安全生产管理活动必须依据企业安全生产管理制度开展
安全技术管理	(1)施工企业安全技术管理应包括对安全生产技术措施的制订、实施、改进等管理。施工企业各管理层的技术负责人应对管理范围的安全技术管理负责。 (2)施工企业应定期进行技术分析,改造、淘汰落后的施工工艺、技术和设备,应推行先进、适用的工艺、技术和装备,并应完善安全生产作业条件。 (3)施工企业应依据工程规模、类别、难易程度等明确施工组织设计、专项施工方案(措施)的编制、审核和审批的内容、权限、程序及时限。 (4)施工企业应根据施工组织设计、专项施工方案(措施)的审核、审批权限,组织相关职能部门审核,技术负责人审批。审核、审批应有明确意见并签名盖章。编制、审批应在施工前完成。 (5)施工企业应根据施工组织设计、专项安全施工方案(措施)编制和审批权限的设置,分级进行安全技术交底,编制人员应参与安全技术交底、验收和检查
施工现场安全管理	(1)施工企业应加强工程项目施工过程的日常安全管理,工程项目部应接受企业各管理层职能部门和岗位的安全生产管理。施工企业的工程项目部应接受建设行政主管部门及其他相关部门的监督检查,对发现的问题应按要求落实整改。 (2)施工企业的工程项目部应根据企业安全生产管理制度,实施施工现场安全生产管理,应包括下列内容:制订项目安全管理目标,建立安全生产组织与责任体系,明确安全生产管理职责,实施责任考核;配置满足安全生产、文明施工要求的费用、从业人员、设施、设备、劳动防护用品及相关的检测器具;编制安全技术措施、方案、应急预案;落实施工过程的安全生产措施,组织安全检查,整改安全隐患;组织施工现场场容场貌、作业环境和生活设施安全文明达标;确定消防安全责任人,制订用火、用电、使用易燃易爆材料等各项消防安全管理制度和操作规程,设置消防通道、消防水源,配备消防设施和灭火器材,并在施工现场入口处设置明显标志;组织事故应急救援抢险;对施工安全生产管理活动进行必要的记录,保存应有的资料。

续表

项目	具体内容
施工现场安全管理	(3)工程项目部应建立健全安全生产责任体系,安全生产责任体系应符合下列要求:项目经理应为工程项目安全生产第一责任人,应负责分解落实安全生产责任,实施考核奖惩,实现项目安全管理目标。工程项目总承包单位、专业承包和劳务分包单位的项目经理、技术负责人和专职安全生产管理人员,应组成安全管理组织,并应协调、管理现场安全生产;项目经理应按规定到岗带班指挥生产;总承包单位、专业承包和劳务分包单位应按规定配备项目专职安全生产管理人员,负责施工现场各自管理范围内的安全生产日常管理;工程项目部其他管理人员应承担本岗位管理范围内的安全生产职责;分包单位应服从总承包单位管理,并应落实总承包项目部的安全生产要求;施工作业班组应在作业过程中执行安全生产要求;作业人员应严格遵守安全操作规程,并应做到不伤害自己、不伤害他人和不被他人伤害。 (4)项目专职安全生产管理人员应按规定到岗,并应履行下列主要安全生产职责:对项目安全生产管理情况应实施巡查,阻止和处理违章指挥、违章作业和违反劳动纪律等现象,并应作好记录;对危险性较大的分部分项工程应依据方案实施监督并作好记录;应建立项目安全生产管理档案,并应定期向企业报告项目安全生产情况。 (5)工程项目施工前,应组织编制施工组织设计、专项施工方案(措施),内容应包括工程概况、编制依据、施工计划、施工工艺、施工安全技术措施、检查验收内容及标准、计算书及附图等,并应按规定进行审批、论证、交底、验收、检查。 (6)工程项目部应定期及时上报现场安全生产信息;施工企业应全面掌握企业所属工程项目的安全生产状况,并应作为隐患治理、考核奖惩的依据
生产安全事故管理	(1)施工企业生产安全事故管理应包括报告、调查、处理、记录、统计、分析改进等工作内容。 (2)生产安全事故发生后,施工企业应按规定及时上报。实行施工总承包时,应由总承包企业负责上报;情况紧急时,可越级上报;生产安全事故报告后出现新情况时,应及时补报。 (3)生产安全事故报告应包括下列内容:事故的时间、地点和相关单位名称;事故的简要经过;事故已经造成或者可能造成的伤亡人数(包括失踪、下落不明的人数)和初步估计的直接经济损失;事故的初步原因;事故发生后采取的措施及事故控制情况;事故报告单位或报告人员。 (4)生产安全事故调查和处理应做到事故原因不查清楚不放过、事故责任者和从业人员未受到教育不放过、事故责任者未受到处理不放过、没有采取防范事故再发生的措施不放过

第二节　施工过程中危险因素的辨识方法

考点1　危险源的概念

项目	具体内容
概念	(1)根据《职业健康安全管理体系要求及使用指南》中的定义,危险源是指可能导致人身伤害和(或)健康损害的根源、状态或行为,或其组合。 (2)根据《施工企业安全生产评价标准》中的定义,危险源是指可能导致死亡、伤害、职业病、财产损失、工作环境破坏或这些情况组合的根源或状态。通常为了区别危险源对人体不利作用的特点和效果,将其分为危险因素(强调突发性和瞬间作用)和有害因素(强调在一定时间范围内的积累作用)。按照《生产过程危险和有害因素分类与代码》的规定,将生产过程中的危险、有害因素分为人的因素、物的因素、环境因素和管理因素等4大类。 (3)危险源由三个要素构成:潜在危险性、存在条件和触发因素
分类	根据危险源在安全事故发生、发展过程中的机理,一般把危险源划分为两大类,即第一类危险源和第二类危险源。 (1)第一类危险源:能量和危险物质的存在是危害产生的最根本原因,通常把可能发生意外释放的能量或危害物质称作第一类危险源。此类危险源是事故发生的物理本质,一般来说,系统具有的能量越大,存在的危险物质越多,其潜在的危险性和危害性也就越大。 (2)第二类危险源:造成约束、限制能量和危险物质措施失控的各种不安全因素称为第二类危险源。该类危险源主要体现在设备故障或缺陷、人为失误和管理缺陷等几个方面。 (3)危险源与事故:事故的发生是两类危险源共同作用的结果。第一类危险源是事故发生的前提,第二类危险源的出现是第一类危险源导致事故的必要条件

考点2　危险源的辨识

项目	具体内容
概念	危险源辨识是安全管理的基础工作,主要目的就是从组织的活动中识别出可能造成人员伤害或疾病、财产损失、环境破坏的危险或危害因素,并判定其可能导致的事故类别和导致事故发生的直接原因的过程
危险源的类型	为做好危险源的辨识工作,可以把危险源按工作活动的专业进行分类,如机械类、电器类、辐射类、物质类、高坠类、火灾类和爆炸类等
危险源辨识的方法	国内外已经开发出的危险源识别方法有几十种之多,如安全检查表、预危险性分析、危险和操作性研究、故障类型和影响性分析、事件树分析、故障树分析、LEC法、储存量比对法等

考点3 危险源的风险评价

项目	具体内容
风险评价的定义	对危险源导致的风险进行评估、对现有控制措施的充分性加以考虑以及对风险是否可接受予以确定的过程
风险评价的目的	目的在于,认识和理解可能由生产活动过程所产生的危险源,并确保其对人员所产生的风险能够得到评价、排序并控制在可接受程度范围内
风险评价的内容	危险源的风险评价是重大危险源控制的关键措施之一,为保证危险源评价的正确合理,对危险源的风险评价应遵循系统的思想和方法。一般来说重大危险源的风险分析评价包括下述几个方面:辨识各类危险因素的原因与机制;依次评价已辨识的危险事件发生的概率;评价危险事件的后果;评价危险事件发生概率和发生后果的联合作用
风险分级	在对危险源进行了识别之后,逐一评价危险源造成风险的可能性和大小,对风险进行分级。根据风险等级评估的方法,是将风险发生的可能性分为很大、中等、极小三个级别,将事故后果按照严重程度也分为三个级别:轻度损失、中度损失和重大损失,风险的等级与其发生的可能性、后果有关,应根据风险的可接受程度制定相应的控制预防措施
风险评价方法	风险评价方法,可分为定性和定量两种: (1)定性评价:这种方法是依据以往的数据分析和经验对危险源进行的直观判断。对同一危险源,不同的评价人员可能得出不同的评价结果,思想难以统一。但对防治常见危害和多发事故来说,这种方法比较有效。 (2)定量评价:这种方法是对危险源的构成要素进行综合计算,进而确定其风险等级。 定性评价和定量评价各有利弊,施工企业应综合采用,互相补充,综合确定评价结果。当对不同方法所得出的评价结果有异议时,应本着"就高不就低"的原则,采用高风险值的评价结果

考点4 危险源管理

项目	具体内容
危险源管理的目的与思路	生产活动场所存在的危险源是导致生产安全事故的根源,为了控制和减少事故风险,实现安全生产的目标,改善并提升企业安全生产业绩,预防生产安全事故,需要对生产活动场所存在的危险源进行识别,从而采取管理的手段,通过一系列管理措施对其加以控制。危险源控制的基本思路是,识别与生产活动相关的所有危险源,运用科学的风险评价方法对所有危险源一一进行评价,找出重大危险源。在此基础上,针对重大危险源制定具有针对性的安全控制措施和安全生产管理方案,明确危险源的辨识、评价和控制活动与安全生产保证计划其他各要素之间的联系,对其实施进行安全控制
危险源管理的构成与要求	危险源管理通常由危险源识别、危险源的风险评价、编制安全保证计划,实施安全控制措施计划和安全检查五个基本环节构成。在建设工程项目施工过程中,项目管理人员应根据法律法规、标准规范、施工方案、施工工艺、相关方要求与群众投诉等客观情况的变化,以及安全检查中发现所遗漏的危险因素或者新发现的危险因素,定期或不定期地对原有的识别、评价和控制策划结果进行及时评审,必要时进行更新,不断地改进、补充和完善,并呈螺旋式上升

考点5　重大危险源的控制

一、重大危险源控制系统的组成

重大危险源控制的目的，不仅是要预防重大事故的发生，而且要做到一旦发生事故，能将事故危害限制到最低程度。由于工业活动的复杂性，需要采用系统工程的思想和方法控制重大危险源。

项目	具体内容
重大危险源的辨识	防止重大工业事故发生的第一步，是辨识或确认高危险性的工业设施（危险源）。由政府管理部门和权威机构在物质毒性、燃烧、爆炸特性基础上，制定出危险物质及其临界量标准。通过危险物质及其临界量标准，可以确定哪些是可能发生事故的潜在危险源
控制基本原则	（1）优先消除原则。 首先考虑通过合理的设计和科学的管理，尽可能从根本上消除危险源，实现本质安全。 （2）降低风险原则。 若无法从根本上消除危险源，其次考虑降低风险。采取技术和管理措施，努力降低伤害或损坏发生的概率或潜在的严重程度。 （3）个体防护原则。 在采取消除或降低风险措施后，还不能完全保证作业人员的安全健康时，最后考虑个体防护设备，作为补充对策。如穿戴特种劳动防护用品等
重大危险源的评价	根据危险物质及其临界量标准进行重大危险源辨识和确认后，就应对其进行风险分析评价。一般来说，重大危险源的风险分析评价包括以下几个方面： （1）辨识各类危险因素及其原因与机制。 （2）依次评价已辨识的危险事件发生的概率。 （3）评价危险事件的后果。 （4）进行风险评价，即评价危险事件发生概率和发生后果的联合作用。 （5）风险控制，即将上述评价结果与安全目标值进行比较，检查风险值是否达到了可接受水平，否则需要进一步采取措施，降低危险水平
重大危险源的管理	企业应对工厂的安全生产负主要责任。在对重大危险源进行辨识和评价后，应针对每一个重大危险源制定出一套严格的安全管理制度，通过技术措施（包括化学品的选择、设施的设计、建造、运转、维修以及有计划的检查）和组织措施（包括对人员的培训与指导；提供保证其安全的设备；工作人员水平、工作时间、职责的确定；以及对外部合同工和现场临时工的管理），对重大危险源进行严格控制和管理
重大危险源的安全报告	要求企业应在规定的期限内，对已辨识和评价的重大危险源向政府主管部门提交安全报告。如属新建的有重大危害性的设施，则应在其投入运转之前提交安全报告。安全报告应详细说明重大危险源的情况，可能引发事故的危险因素以及前提条件，安全操作和预防失误的控制措施，可能发生的事故类型，事故发生的可能性及后果，限制事故后果的措施，现场事故应急救援预案等

续表

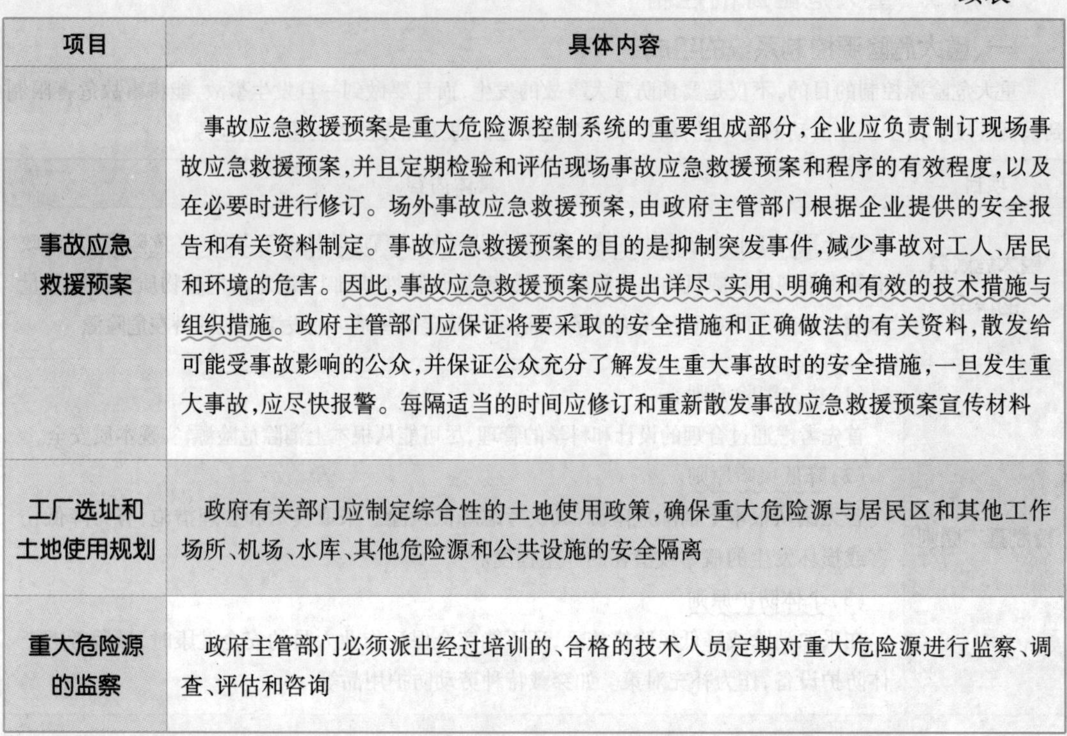

项目	具体内容
事故应急救援预案	事故应急救援预案是重大危险源控制系统的重要组成部分，企业应负责制订现场事故应急救援预案，并且定期检验和评估现场事故应急救援预案和程序的有效程度，以及在必要时进行修订。场外事故应急救援预案，由政府主管部门根据企业提供的安全报告和有关资料制定。事故应急救援预案的目的是抑制突发事件，减少事故对工人、居民和环境的危害。因此，事故应急救援预案应提出详尽、实用、明确和有效的技术措施与组织措施。政府主管部门应保证将要采取的安全措施和正确做法的有关资料，散发给可能受事故影响的公众，并保证公众充分了解发生重大事故时的安全措施，一旦发生重大事故，应尽快报警。每隔适当的时间应修订和重新散发事故应急救援预案宣传材料
工厂选址和土地使用规划	政府有关部门应制定综合性的土地使用政策，确保重大危险源与居民区和其他工作场所、机场、水库、其他危险源和公共设施的安全隔离
重大危险源的监察	政府主管部门必须派出经过培训的、合格的技术人员定期对重大危险源进行监察、调查、评估和咨询

二、常见重大危险源的控制措施

重大危险源	危险有害因素类别	目标	技术与管理措施	责任部门/相关部门	完成时间
基坑支护及降水工程（土方开挖工程）	坍塌、高处坠落、机械伤害	确保无伤亡、无坍塌事故	（1）编制基坑支护及降水工程（土方开挖工程）方案，并经公司技术负责人审批同意，深基坑工程需专家论证。 （2）如发包给分包的，分包方必须有相应的资质。 （3）做好对施工人员的安全教育及安全技术交底。 （4）按要求做好临边防护及隔离措施。 （5）按要求设置人员上下通道。 （6）基坑边不得堆载过重、过近。 （7）定期对支护、边坡变形进行监测。 （8）加强设备管理，挖掘机等机具距坑槽边距离应经计算确定，司机持证上岗，铲斗回转半径内禁止人员作业	施工部门/技术、设备部门	项目开工前

续表

重大危险源	危险有害因素类别	目标	技术与管理措施	责任部门/相关部门	完成时间
模板工程	物体打击、坍塌、高处坠落	确保无伤亡、无坍塌事故	(1)编制搭、拆专项方案,并经公司技术负责人审批同意,高大模板工程需专家论证。 (2)搭、拆前必须对作业人员进行安全教育及安全技术交底。 (3)搭、拆人员须穿戴好个人防护用品(如安全带、安全帽、工作鞋等)。 (4)搭、拆期间设置警戒区域,有专职安全生产管理人员现场监督。 (5)搭设完后必须进行验收,确认合格后方准使用;做好对混凝土输送设备的检查验收工作	施工部门/技术、材料、质量部门	项目开工前
起重吊装工程	起重伤害	确保无伤亡、无设备事故	(1)编制吊装方案并经公司技术负责人审批同意;吊装前必须对作业人员进行安全教育及安全技术交底。 (2)吊装期间必须设置警戒区域,有专职安全生产管理人员现场监督。 (3)作业人员必须持有效证上岗,吊臂下严禁站人;加强对设备的检查、维修和保养	设备部门/施工、技术部门	项目开工前
脚手架工程	物体打击、坍塌、高处坠落	确保无伤亡、无坍塌事故	(1)编制搭、拆专项方案、超高、悬挑、升降式脚手架必须经过计算,并经公司技术负责人审批同意。 (2)按要求对架体材料进行验收。 (3)搭、拆前对架子工进行安全教育及安全技术交底,搭、拆人员必须持证上岗。 (4)安装、拆除、爬升时设置警戒区,有专职安全生产管理人员现场监督。 (5)搭设完后必须进行验收,附着式升降,吊篮脚手架须经法定检测机构检测合格后方可使用,并定期检查,保养。 (6)使用过程中严禁超载	施工部门/技术、材料部门	项目开工前

续表

重大危险源	危险有害因素类别	目标	技术与管理措施	责任部门/相关部门	完成时间
拆除、爆破工程	物体打击、高处坠落爆炸	确保无伤亡事故	(1)制订拆除、爆破方案,经公司技术负责人审批同意,爆破方案还须经公安部门审批同意方可实施。 (2)爆破技术作业人员持证上岗,对作业人员做好安全教育和安全技术交底。 (3)对安全防护设施和爆破前施工进行验收。 (4)拆除、爆破时设置警戒区,有专职安全生产管理人员现场监督,危险品专人保管。 (5)机械拆除时加强设备管理	施工部门/技术、设备部门	项目开工前
大型机械(包括井架)装、拆过程	起重伤害、机械伤害	确保无伤亡事故、无设备事故	(1)须分包给有资质的专业队伍安装、拆除、加节。 (2)编制安装、拆除、加节、移位等专项施工方案,并经分包,总包公司逐级审批。 (3)装、拆前须对作业人员进行安全教育及技术交底。 (4)装、拆期间须设置警戒区,有专职安全生产管理人员现场监督。 (5)装、拆人员须持有效证件上岗,并经体检合格,作业时穿戴好劳动保护用品。 (6)按要求设置卸料平台、防护门、通信装置等。 (7)搭设完毕后必须经过验收,塔吊、人货电梯等须经法定检测机构检测合格后方能交付使用,并做好维修、保养	设备部门/技术部门、安全部门	项目开工前
施工用电过程(带电作业)	触电	确保无触电伤亡事故	(1)编制施工用电方案,并经公司技术负责人审批同意,配备足够电工,并持证上岗。 (2)作业前对施工人员进行安全教育和技术交底。 (3)电工严格执行操作规程,按要求穿戴好安全防护用品(绝缘鞋、绝缘手套等)。 (4)设施、装置符合《施工现场临时用电安全技术规范》(JGJ 46),并经验收合格。 (5)带电作业期间必须指派专人进行监控	设备部门、安全部门	项目开工前

续表

重大危险源	危险有害因素类别	目标	技术与管理措施	责任部门/相关部门	完成时间
动火作业过程	火灾	确保无火灾伤亡事故	(1)编制动火方案,配备足够消防设施器材。 (2)动火前必须分级办理动火证,并制定专项防火措施,派专人现场监护。 (3)项目部成立防火领导小组及建立义务消防队并定期演练。 (4)宿舍内严禁使用大功率电器	安全(消防)部门/材料、后勤部门	项目开工前

第三节　建筑施工安全事故类型和预防措施

考点1　常见安全事故类型

一、建筑安全生产事故分类

项目	具体内容
按事故的原因及性质分类	从建筑活动的特点及事故的原因和性质来看,建筑安全事故可以分为四类,即生产事故、质量问题、技术事故和环境事故。 (1)生产事故。 生产事故主要是指在建筑产品的生产、维修、拆除过程中,操作人员违反有关施工操作规程等而直接导致的安全事故。这类事故一般都是在施工作业过程中出现的,事故发生的次数比较频繁,是建筑安全事故的主要类型之一。目前我国对建筑安全生产的管理主要是针对生产事故。 (2)质量问题。 质量问题主要是指由于设计不符合规范或施工达不到要求等原因而导致建筑结构实体或使用功能存在瑕疵,进而引起安全事故的发生。在设计不符合规范标准方面,主要是一些没有相应资质的单位或个人私自出图和设计本身存在安全隐患。在施工达不到设计要求方面,一是施工过程违反有关操作规程留下的隐患;二是有关施工主体偷工减料的行为导致的安全隐患。质量问题可能发生在施工作业过程中,也可能发生在建筑实体的使用过程中。特别是在建筑实体的使用过程中,质量问题带来的危害是极其严重的,在外加灾害(如地震、火灾)发生的情况下,其危害后果不堪设想。质量问题也是建筑安全事故的主要类型之一。 (3)技术事故。 技术事故主要是指由于工程技术原因而导致的安全事故,技术事故的结果通常是毁灭性的。技术是安全的保证,曾被确信无疑的技术可能会在突然之间出现问题,起初微不足道的瑕疵可能导致灾难性的后果,很多时候正是由于一些不经意的技术失误才导致了严重的事故。在工程技术领域,人类历史上曾发生过多次技术灾难,包括人类和平

续表

项目	具体内容
按事故的原因及性质分类	利用核能过程中的切尔诺贝利核事故、“挑战者”号航天飞机爆炸事故等。在工程建设领域,这方面惨痛失败的教训同样也是深刻的,如1981年7月17日美国密苏里州发生的海厄特摄政通道垮塌事故。技术事故的发生,可能发生在施工生产阶段,也可能发生在使用阶段。 (4)环境事故。 环境事故主要是指建筑实体在施工或使用的过程中,由于使用环境或周边环境原因而导致的安全事故。使用环境原因主要是对建筑实体的使用不当,比如荷载超标、静荷载设计而动荷载使用以及使用高污染建筑材料或放射性材料等。对于使用高污染建筑材料或放射性材料的建筑物,一是给施工人员造成职业病危害,二是对使用者的身体带来伤害。周边环境原因主要是一些自然灾害方面的,比如山体滑坡等。在一些地质灾害频发的地区,应该特别注意环境事故的发生。环境事故的发生,我们往往归咎于自然灾害,其实是缺乏对环境事故的预判和防治能力
按事故类别分类	按事故类别分,建筑业相关职业伤害事故可以分为12类,即物体打击、车辆伤害、机械伤害、起重伤害、触电、灼烫、火灾、高处坠落、坍塌、爆炸、中毒和窒息、其他伤害
按事故严重程度分类	可以分为轻伤事故、重伤事故和死亡事故三类

二、伤亡事故

项目	具体内容
概念	(1)伤亡事故是指职工在劳动的过程中发生的人身伤害、急性中毒事故,即职工在本岗位劳动或虽不在本岗位劳动,但由于企业的设备和设施不安全、劳动条件和作业环境不良、管理不善以及企业领导指派到企业外从事本企业活动中发生的人身伤害(轻伤、重伤、死亡)和急性中毒事件。当前伤亡事故统计中除职工以外,还应包括企业雇用的农民工、临时工等。 (2)建筑施工企业的伤亡事故,是指在建筑施工过程中,由于危险有害因素的影响而造成的工伤、中毒、爆炸、触电等,或由于其他原因造成的各类伤害
划分等级	根据《生产安全事故报告和调查处理条例》的规定,将生产安全事故按照造成的人员伤亡或者直接经济损失程度划分为四个等级: (1)特别重大事故,是指造成30人以上死亡,或者100人以上重伤(包括急性工业中毒,下同),或者1亿元以上直接经济损失的事故。 (2)重大事故,是指造成10人以上30人以下死亡,或者50人以上100人以下重伤,或者5 000万元以上1亿元以下直接经济损失的事故。 (3)较大事故,是指造成3人以上10人以下死亡,或者10人以上50人以下重伤,或者1 000万元以上5 000万元以下直接经济损失的事故。 (4)一般事故,是指造成3人以下死亡,或者10人以下重伤,或者1 000万元以下直接经济损失的事故。 条例中所称的“以上”包括本数,所称的“以下”不包括本数

三、建筑工程最常发生事故的类型

根据对全国伤亡事故的调查统计分析，建筑业伤亡事故率仅次于矿山行业。其中，高处坠落、物体打击、机械伤害、触电、坍塌为建筑业最常发生的五种事故，近几年来已占到事故总数的80% ~90%，应重点加以防范。

考点2　常见安全事故原因分析

项目	具体内容
人的不安全因素	人的不安全因素可分为个人的不安全因素和人的不安全行为两个大类。 1. 个人的不安全因素 个人的不安全因素是指人员的心理、生理、能力中所具有不能适应工作、作业岗位要求的影响安全的因素。个人的不安全因素主要包括： (1)心理上的不安全因素，是指人在心理上具有影响安全的性格、气质和情绪，如懒散、粗心等。 (2)生理上的不安全因素，包括视觉、听觉等感觉器官、体能、年龄、疾病等不适合工作或作业岗位要求的影响因素。 (3)能力上的不安全因素，包括知识技能、应变能力、资格等不能适应工作和作业岗位要求的影响因素。 2. 人的不安全行为 人的不安全行为在施工现场的类型，按《企业职工伤亡事故分类标准》，可分为13个大类： (1)操作失误、忽视安全、忽视警告。 (2)造成安全装置失效。 (3)使用不安全设备。 (4)用手代替工具操作。 (5)物体存放不当。 (6)冒险进入危险场所。 (7)攀、坐不安全位置。 (8)在起吊物下作业、停留。 (9)在机器运转时进行检查、维修、保养等工作。 (10)有分散注意力行为。 (11)没有正确使用个人防护用品、用具。 (12)不安全装束。 (13)对易燃易爆等危险物品处理错误
物的不安全状态	物的不安全状态是指能导致事故发生的物质条件，包括机械设备等物质或环境所存在的不安全因素。物的不安全状态的类型有： (1)防护等装置缺乏或有缺陷。 (2)设备、设施、工具、附件有缺陷。 (3)个人防护用品用具缺少或有缺陷。 (4)施工生产场地环境不良，现场布置杂乱无序、视线不畅、沟渠纵横、交通阻塞、材料工具乱堆、乱放，机械无防护装置、电器无漏电保护，粉尘飞扬、噪声刺耳等使劳动者生理、心理难以承受等

续表

项目	具体内容
管理上的不安全因素	管理上的不安全因素也称管理上的缺陷，主要包括对物的管理失误，包括技术、设计、结构上有缺陷、作业现场环境有缺陷、防护用品有缺陷等；对人的管理失误，包括教育、培训、指示和对作业人员的安排等方面的缺陷；管理工作的失误，包括对作业程序、操作规程、工艺过程的管理失误以及对采购、安全监控、事故防范措施的管理失误

考点3　常见安全事故的预防措施

一、各类事故预防原则

项目	具体内容
目的	为了实现安全生产，避免各类事故的发生必须有全面的综合性措施，实现系统安全，预防事故及控制受害程度
原则	(1)消除潜在危险的原则。 (2)提高安全系数、增加安全余量的坚固原则。 (3)降低、控制潜在危险数值的原则。 (4)闭锁原则(自动防止故障的互锁原则)。 (5)代替作业者的原则。 (6)距离防护原则。 (7)屏障原则。 (8)时间防护原则。 (9)警告与禁止信息原则。 (10)薄弱环节原则(损失最小化原则)。 (11)个人防护原则。 (12)不予接近原则。 (13)避难、生存以及救护原则

二、伤害事故预防措施

项目	具体内容
概念	伤害事故预防，就是要将人和物的不安全因素消除，弥补管理上的缺陷，实现作业行为和作业条件安全化
措施	1. 消除人的不安全行为，实现作业行为安全化的主要措施 (1)开展安全思想教育与安全规章制度教育。 (2)推广安全标准化管理操作和安全确认制度活动，严格按照安全操作规程和程序进行各项作业。 (3)进行安全知识岗位培训，提高职工的安全技术素质。 (4)加强重点要害设备、人员作业的安全管理及监控，搞好均衡生产。 (5)注意劳逸结合，使作业人员保持充沛的精力，从而防止产生不安全行为。 2. 消除物的不安全状态，实现作业条件安全化的主要措施 (1)采取新工艺、新技术以及新设备，改善劳动条件。

续表

项目	具体内容
措施	(2)加强安全技术研究,采用安全防护装置,将危险部位隔离。 (3)采用安全适用的个人防护用具。 (4)开展安全检查,及时发现以及整改安全隐患。 (5)定期对作业条件(环境)进行安全评价,以便采取安全措施,确保符合作业的安全要求。 3. 实现安全措施必须加强安全管理 加强安全管理为实现安全生产的重要保证。建立、完善和严格执行安全生产规章制度,开展经常性的安全教育、岗位培训以及安全竞赛活动,通过安全检查制定和落实防范措施等安全管理工作,是消除事故隐患,搞好事故预防的基础工作。所以,应当采取有力措施,加强安全施工管理,保证安全生产

三、施工现场安全事故的主要防范措施

建筑行业安全事故类别主要分为高处坠落、物体打击、触电、机械伤害、坍塌五大类,同时还包括起重伤害、车辆伤害、淹溺、火灾、爆炸、放炮、中毒和窒息等其他易发事故。各种违章行为成为引发安全事故的导火索,遵守安全操作规程,采取正确的作业程序可以有效地避免安全事故的发生。

(一)高处坠落

项目	具体内容
概念	在建筑施工现场可能发生高处坠落的施工作业行为比较普遍,例如施工人员在坠落基准面 2 m 以上进行脚手架作业、各类登高作业、外用电梯安装作业及洞口临边作业等
预防措施	(1)施工单位在编制施工组织设计时,应制定预防高处坠落事故的安全技术措施。项目经理部应结合施工组织设计,根据建筑工程特点编制预防高处坠落事故的专项施工方案,并组织实施。 (2)所有高处作业人员应接受高处作业安全知识的教育培训并经考核合格后方可上岗作业,就高处作业技术措施和安全专项施工方案进行技术交底并签字确认。高处作业人员应经过体检,合格后方可上岗。 攀登和悬空高处作业人员及搭设高处作业安全设施的人员,必须经过专业技术培训及专业考试合格,持证上岗,并必须定期进行体格检查。 (3)施工单位应为高处作业人员提供合格的安全帽、安全带等必备的安全防护用具,作业人员应按规定正确佩戴和使用。使用安全带应做垂直悬挂,高挂低用较为安全。当做水平位置悬挂使用时,要注意摆动碰撞。不宜低挂高用;不应将绳打结使用,以免绳结受力后剪断;不应将挂钩直接挂在不牢固物和直接挂在非金属绳上,防止绳被割断。 (4)高处作业安全设施的主要受力杆件,力学计算按一般结构力学公式,强度及挠度计算按现行有关规范进行,但钢受弯构件的强度计算不考虑塑性影响,构造上应符合现行的相应规范的要求。 (5)加强对临边和洞口的安全管理,采取有效的防护措施,按照技术规范的要求设置牢固的盖板、防护栏杆、张挂安全网等。 (6)电梯井口必须设防护栏杆或固定栅门;电梯井内应每隔两层,最多隔 10 m 设一道安全网。

续表

项目	具体内容
预防措施	(7)井架与施工运输电梯、脚手架等与建筑物通道的两侧边,必须设防护栏杆。地面通道上方应装设安全防护棚。双笼井架通道中间,应予以分隔封闭。各种垂直运输接料平台,除两侧设防护栏杆外,平台口还应设置安全门或活动防护栏杆。 (8)施工现场通道附近的各类洞口与坑槽等处,除设置防护设施与安全标志外,夜间还应设红灯示警。 (9)攀登的用具,结构构造上必须牢固可靠。作业人员应从规定的通道上下,不得在阳台之间等非规定通道进行攀登,也不得任意利用吊车臂架等施工设备进行攀登。上下梯子时,必须面向梯子,且不得手持器物。 (10)施工中对高处作业的安全技术设施,发现有缺陷和隐患时,必须及时解决;危及人身安全时,必须停止作业。 (11)因作业必需,临时拆除或变动安全防护设施时,必须经施工负责人同意,并采取相应的可靠措施,作业后应立即恢复。 (12)防护棚搭设与拆除时,应设警戒区,并应派专人监护。严禁上下同时拆除。 (13)雨天和雪天进行高处作业时,必须采取可靠的防滑、防寒和防冻措施。凡水、冰、霜、雪均应及时清除。对进行高处作业的高耸建筑物,应事先设置避雷设施。遇有六级以上强风、浓雾等恶劣气候,不得进行露天攀登与悬空高处作业。暴风雪及台风暴雨后,应对高处作业安全设施逐一加以检查,发现有松动、变形、损坏或脱落等现象,应立即修理完善

(二)物体打击

项目	具体内容
概念	(1)物体打击事故是指物体在重力或其他外力的作用下产生运动,打击人体而造成的伤害事故。 (2)在施工现场容易发生物体打击事故的情形主要是物料工具从高处坠落至地面,击伤地面人员,或者物料工具从地面坠落至基坑、槽等低处击伤低处作业人员
预防措施	(1)避免交叉作业。施工计划安排时,尽量避免和减少同一垂直线内的立体交叉作业。无法避免交叉作业时必须设置能阻挡上层坠落物体的隔离层。 (2)模板的安装和拆除应按照施工方案进行作业,2 m以上高处作业应有可靠的立足点,拆除作业时不准留有悬空的模板,防止掉下砸伤人。 (3)从事起重机械的安装拆卸、脚手架、模板的搭设或拆除、桩基作业、预应力钢筋张拉作业区以及建筑物拆除作业等危险作业时必须设警戒区。警戒区应由专人负责监护,严禁非作业人员穿越警戒区或在其中停留。 (4)脚手架两侧应设有0.5~0.6 m和1.0~1.2 m的双层防护栏杆和高度为18~20 cm的挡脚板。脚手架外侧挂密目式安全网,网间不应有空缺。脚手架拆除时,拆下的脚手杆、脚手板、钢管、扣件、钢丝绳等材料,应向下传递或用绳吊下,严禁投掷。脚手板上堆放的材料、构件、工具应均匀地堆放整齐,防止倒塌坠落。 (5)上下传递物件禁止抛掷

续表

项目	具体内容
预防措施	(6)深坑、槽的四周边沿在规定范围内,禁止堆放物料。深坑槽施工所有材料均应用溜槽运送,严禁抛掷。 (7)做到工完场清。清理各楼层的杂物,集中放在斗车或桶内,及时吊运至地面,严禁从高处向下抛掷。 (8)手动工具应放置在工具袋内,禁止随手乱放,避免坠落伤人。 (9)拆除施工时除设置警戒区域外,拆下的材料要用物料提升机或施工电梯及时清理运走,散碎材料应用溜放槽顺槽溜下。 (10)使用圆盘锯小型机械设备时,保证设备的安全装置完好,工人必须遵守操作规程,避免机械伤人。 (11)通道和施工现场出入口上方,均应搭设坚固、密封的防护棚。高层建筑应搭设双层防护棚。 (12)进入施工现场必须正确佩戴安全帽,安全帽的质量必须符合国家标准。 (13)作业人员应在规定的安全通道内出入和上下,不得在非规定通道位置行走。禁止作业人员在防护栏杆、平台等的下方有物件坠落危险的地方休息、聊天

(三)触电

项目	具体内容
概念	当人体触及带电体,或带电体与人体之间由于距离近电压高产生闪击放电,或电弧烧伤人体表面对人体所造成的伤害都叫触电。触电分电击、电伤两种
预防措施	(1)施工现场临时用电的架设和使用必须符合《施工现场临时用电安全技术规范》的规定。 (2)电工必须经过按国家现行标准考核合格后,持证上岗工作。安装、巡检、维修或拆除临时用电设备和线路,必须由电工完成,并应有人监护。电工等级应同工程的难易程度和技术复杂性相适应。 (3)各类用电人员应掌握安全用电基本知识和所用设备的性能,并应符合下列规定: ①使用电气设备前必须按规定穿戴和配备好相应的劳动防护用品,并应检查电气装置和保护设施,严禁设备带"缺陷"运转;②保管和维护所用设备,发现问题及时报告解决;③暂时停用设备的开关箱必须分断电源隔离开关,并应关门上锁;④移动电气设备时,必须经电工切断电源并做妥善处理后进行。 (4)临时用电工程应定期检查。定期检查时,应复查接地电阻值和绝缘电阻值。工程项目每周应当对临时用电工程至少进行一次安全检查,对检查中发现的问题及时整改。 (5)检查和操作人员必须按规定穿戴绝缘胶鞋、绝缘手套;必须使用电工专用绝缘工具。 (6)电缆线路应采用埋地或架空敷设,严禁沿地面明敷。架空线必须采用绝缘导线,架空线必须架设在专用电杆上,严禁架设在树木、脚手架及其他设施上。 (7)施工机具、车辆及人员,应与线路保持安全距离。达不到规定的最小距离时,必须采用可靠的防护措施。 (8)建筑施工现场临时用电系统必须采用 TN－S 接零保护系统,必须实行"三级配电,两级保护"制度。

续表

项目	具体内容
预防措施	(9)开关箱应由分配电箱配电。一个开关只能控制一台用电设备,严禁一个开关控制两台以上的用电设备(含插座)。 (10)各种电气设备和电力施工机械的金属外壳、金属支架和底座必须按规定采取可靠的接零或接地保护。 (11)配电箱及开关箱周围应有足够的工作空间,不得在配电箱旁堆放建筑材料和杂物,配电箱要有防雨措施。 (12)各种高大设施必须按规定装设避雷装置。 (13)手持电动工具的使用应符合国家标准的有关规定。其金属外壳和配件必须按规定采取可靠的接零或接地保护。 (14)按规定在特殊场合使用安全电压照明。 (15)电焊机外壳应做接零或接地保护。不得借用金属管道、金属脚手架、轨道及结构钢筋做回路地线。焊把线无破损,绝缘良好。电焊机设置点应防潮、防雨、防砸

(四)机械伤害

项目	具体内容
概念	机械伤害是指施工机具运动或静止部件、工具、加工件直接与人体接触引起的挤压、碰撞、冲击、剪切、卷入、绞绕、甩出、切割、切断、刺伤、飞出等伤害事故
预防措施	(1)施工现场应制定施工机械安全技术操作规程,建立设备安全技术档案。机械操作人员必须经过专业培训,定岗、定人操作、定人定时保养。 (2)施工机械进场前应查验机械设备证件、性能和状况,并应进行试运转。作业前,施工技术人员应向操作人员进行安全技术交底。操作人员应熟悉作业环境和施工条件,并应听从指挥,遵守现场安全管理规定。 (3)机械必须按出厂使用说明书规定的技术性能、承载能力和使用条件,正确操作,合理使用,严禁超载、超速作业或任意扩大使用范围。机械设备上的各种安全防护和保险装置及各种安全信息装置必须齐全有效。 (4)清洁、保养、维修机械或电气装置前,必须先切断电源,等机械停稳后再进行操作。严禁带电或采用预约停送电时间的方式进行维修。在机械使用作业、维修过程中,操作人员和配合作业人员应按规定使用劳动保护用品,长发应束紧不得外漏,高处作业应系安全带。 (5)机械在临近坡、坑边缘及有坡度的作业现场(道路)行驶时,其下方受影响范围内不得有任何人员。 (6)土石方机械作业时,应符合下列规定:施工现场应设置警戒区域,悬挂警示标志,非工作人员不得入内;机械回转作业时,配合人员必须在机械回转半径以外工作,当需要在安全距离以内工作时,必须将机械停止并制动;拖式铲运机作业中,严禁人员上下机械,传递物件,以及在铲斗内、拖把或机架上坐立;装载机转向架未锁闭时,严禁站在前后车架之间进行检修保养;强夯机械的夯锤下落后,在吊钩尚未降至夯锤吊环附近前,操作人员严禁提前下坑挂钩;从坑中提锤时,严禁挂钩人员站在锤上随锤提升。

续表

项目	具体内容
预防措施	(7)混凝土搅拌机料斗提升时，人员严禁在料斗下停留或通过；当需要在料斗下方进行清理或检修时，应将料斗提升至上止点，并必须用保险销锁牢或用保险链挂牢。 (8)当遇6级以上大风和雷雨、大雾、大雪等恶劣气候时，机械设备应停止作业，并按规定设置稳定措施。 (9)停用1个月以上或封存的机械设备，应做好停用或封存前的保养工作，并应采取预防大风、碰撞等措施

（五）坍塌

项目	具体内容
概念	坍塌事故的发生是由于建筑物、构筑物、堆置物以及材料堆放受外力或内力的作用导致的，坍塌事故往往来势凶猛，常会引发坠落、物体打击、掩埋、窒息等事故，造成人员伤亡甚至是群死群伤。建筑施工现场的坍塌事故又可分为土方或堆料（工具）的坍塌、脚手架或模板坍塌、拆除工程坍塌和起重机械坍塌
预防措施	1. 土方坍塌的防范措施 (1)土方开挖前应了解水文地质及地下设施情况，制定施工方案，并严格执行。基础施工要有支护方案。 (2)按规定设边坡，在无法留有边坡时，应采取打桩、设置支撑等措施，确保边坡稳定。 (3)开挖沟槽、基坑等，应根据土质和挖掘深度等条件放足边坡坡度。挖出的土堆放在距坑、槽边距离不得小于设计的规定。且堆放高度不超过1.5 m。开挖过程中，应经常检查边壁土稳固情况，发现有裂缝、疏松或支撑走动，要随时采取措施。 (4)需要在坑、槽边堆放材料和施工机械的，距坑槽边的距离应满足安全的要求。 (5)挖土顺序应遵循由上而下逐层开挖的原则，禁止采用掏洞的操作方法。 (6)基坑内要采取排水措施，及时排除积水，降低地下水位，防止土方浸泡引起坍塌。 (7)施工作业人员必须严格遵守安全操作规程。上下要走专用的通道，不得直接从边坡上攀爬，不得拆移土壁支撑和其他支护设施。发现危险时，应采取必要的防护措施后逃离到安全区域，并及时报告。 (8)经常查看边坡和支护情况，发现异常，应及时采取措施。 (9)支护设施拆除通常采用自下而上，随填土进程，填一层拆一层，不得一次拆到顶。 2. 模板和脚手架等工作平台坍塌的防范措施 (1)模板工程、脚手架工程应有专项施工方案，附具安全验算结果，并经审查批准后，在专职安全生产管理人员的监督下实施。 (2)架子工等搭设拆除人员必须取得特种作业资格。 (3)搭设完毕使用前，需要经过验收合格方可使用。 (4)作业层上的施工荷载应符合设计要求，不得超载。不得将模板支架、缆风绳、泵送混凝土和砂浆的输送管等固定在架体上；严禁悬挂起重设备，严禁拆除或移动架体上安全防护设施。 (5)脚手架使用期间，严禁拆除主节点处的纵、横向水平杆，纵、横向扫地杆，连墙件等杆件。

续表

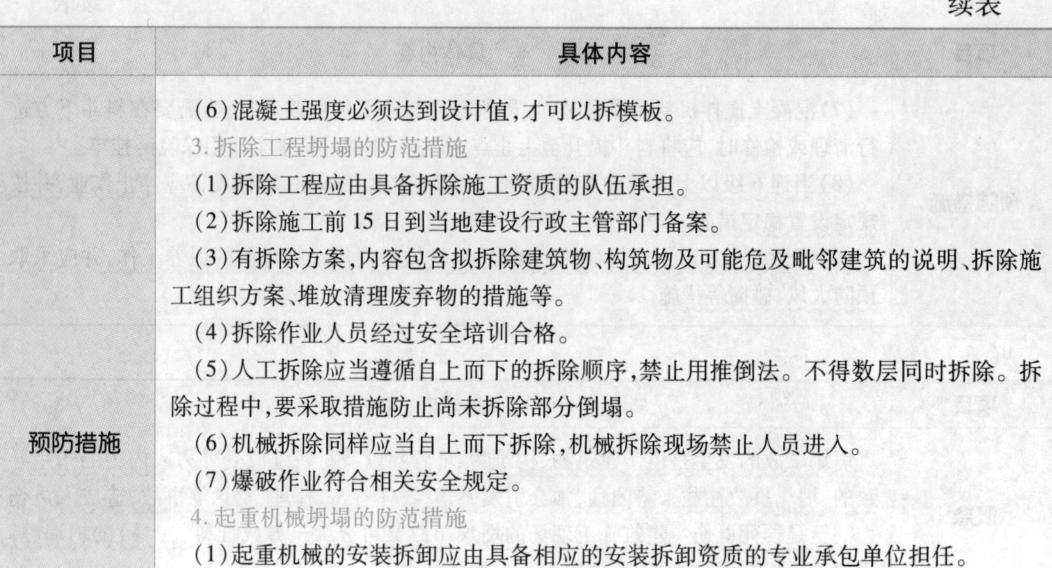

项目	具体内容
预防措施	(6)混凝土强度必须达到设计值,才可以拆模板。 3. 拆除工程坍塌的防范措施 (1)拆除工程应由具备拆除施工资质的队伍承担。 (2)拆除施工前15日到当地建设行政主管部门备案。 (3)有拆除方案,内容包含拟拆除建筑物、构筑物及可能危及毗邻建筑的说明、拆除施工组织方案、堆放清理废弃物的措施等。 (4)拆除作业人员经过安全培训合格。 (5)人工拆除应当遵循自上而下的拆除顺序,禁止用推倒法。不得数层同时拆除。拆除过程中,要采取措施防止尚未拆除部分倒塌。 (6)机械拆除同样应当自上而下拆除,机械拆除现场禁止人员进入。 (7)爆破作业符合相关安全规定。 4. 起重机械坍塌的防范措施 (1)起重机械的安装拆卸应由具备相应的安装拆卸资质的专业承包单位担任。 (2)安装拆卸人员属于特种作业人员,应取得相应的资格。 (3)编制专项施工方案,有技术人员在旁指挥。 (4)安装完毕,需由使用单位、安装单位、租赁单位、总承包单位共同验收合格方可使用。 (5)加强对起重机械使用过程中的日常安全检查、维护和保养。 (6)属于国家淘汰或明令禁止使用的起重机械,不得使用

考点4　施工现场应急处理措施

一、塌方伤害

项目	具体内容
概念	塌方伤害是由塌方、垮塌而导致的伤员被土石方、瓦砾等压埋,发生掩埋窒息,土方石块埋压肢体或身体造成的人体损伤
急救要点	(1)迅速挖掘抢救出压埋者。尽早把伤员的头部露出来,即刻清除其口腔、鼻腔内的泥土、砂石,保持其呼吸道的通畅。 (2)救出伤员后,先迅速检查心跳和呼吸。若心跳呼吸已停止,立即先连续进行两次人工呼吸。 (3)在搬运伤员中,避免肢体活动,不论有无骨折,都要用夹板固定,并将肢体暴露在凉爽的空气中。 (4)发生塌方意外事故之后,必须打120急救电话报警。 (5)切忌对压埋受伤部位进行热敷或者按摩
注意事项	(1)肢体出血禁止使用止血带止血,因为会加重挤压综合征。 (2)脊椎骨折或损伤的固定和搬运原则,应使脊椎保持平行,不要弯曲扭动,以避免损伤脊髓神经

二、高处坠落摔伤

项目	具体内容
概念	高处坠落摔伤指的是从高处坠落而导致受伤
急救要点	(1)坠落在地的伤员,应初步检查伤情,不乱搬动摇晃,并应立即呼叫120电话,请急救医生前来救治。 (2)采取初步救护措施:止血、包扎以及固定。 (3)怀疑脊柱骨折,按照脊柱骨折的搬运原则急救。切忌一人抱胸,一人抱腿搬运。伤员上下担架应由3~4人分别抱住头、胸、臀、腿,保持动作一致平稳,防止脊柱弯曲扭动,加重伤情

三、触电

项目	具体内容
急救要点	(1)迅速关闭开关,将电源切断,使触电者尽快脱离电源。确认自己无触电危险再进行救护。 (2)用绝缘物品挑开或切断触电者身上的电线、灯以及插座等带电物品。 绝缘物品有干燥的竹竿、扁担、木棍、擀面杖、塑料棒等,带木柄的铲子、电工用绝缘钳子。抢救者可站在绝缘物体上,如胶垫、木板,穿着绝缘的鞋,如塑料鞋与胶底鞋等进行抢救。 (3)触电者脱离电源后,立即将其抬至通风较好的地方,将病人衣扣、裤带解开。轻型触电者在脱离电源后,应就地休息1~2 h之后再活动。 (4)如果呼吸、心跳停止,必须争分夺秒进行口对口人工呼吸及胸外心脏按压。 触电者必须坚持长时间的人工呼吸及心脏按压。 (5)立即呼叫120电话请急救医生到现场救护。并在不间断抢救的前提之下护送到医院进一步急救

四、挤压伤害

项目	具体内容
概念	挤压伤害指的是因暴力、重力的挤压或土块、石头等的压埋引起的身体伤害,可造成肾脏功能衰竭的严重情况
急救要点	(1)尽快解除挤压的因素,如被压埋,应先从废墟下将其扒救出来。 (2)手和足趾的挤压伤。指(趾)甲下血肿呈黑紫色,可用冷水立即冷敷,减少出血和减轻疼痛。 (3)怀疑已经有内脏损伤,应密切观察是否有休克先兆。 (4)严重的挤压伤,应呼叫120电话请急救医生前来处理,并且护送到医院进行外科手术治疗。 (5)千万不要因为受伤者当时没有伤口,而忽视治疗。 (6)在转运中,应减少肢体活动,不管是否有骨折都要用夹板固定,并让肢体暴露在凉爽的空气中,切忌按摩和热敷,防止加重病情

五、硬器刺伤

项目	具体内容
概念	硬器刺伤是指刀具、碎玻璃、钢丝、铁棍、铁钉、钢筋、木刺造成的刺伤
急救要点	(1)较轻的、浅的刺伤,只需消毒清洗后,用干净的纱布等包扎止血,或就地取材使用替代品初步包扎后,到医院进一步治疗。 (2)刺伤的硬器,如钢筋等仍插在胸背部、腹部、头部时,切不可立即将其拔出来,以免造成大出血而无法止血。应将刃器固定好,并把病人尽快送到医院,在手术准备后,妥当地取出来。 (3)刃器固定方法。刃器四周用衣物或者其他物品围好,再用绷带等将其固定住。路途中注意保护,使其不得脱出。 (4)刃器已被拔出,胸背部有刺伤伤口,伤员出现呼吸困难,气急、口唇紫绀症状,这时伤口与胸腔相通,空气直接进出,叫作开放性气胸,非常紧急,处理不当,呼吸很快会停止。 (5)迅速按住伤口,可用消毒纱布或清洁毛巾覆盖伤口之后送医院急救。纱布的最外层最好用不透气的塑料膜覆盖,以将伤口密闭,减少漏气。 (6)刺中腹部后导致肠管等内脏脱出来,千万不要将脱出的肠管送回腹腔内,这样会使感染机会加大,可先包扎好。 (7)包扎方法。在脱出的肠管上覆盖消毒纱布或者消毒布类,再用干净的盆或碗倒扣在伤口上,用绷带或布带将其固定,迅速送医院抢救。 (8)双腿弯曲,禁止喝水、进食。 (9)刺伤应注意预防破伤风。轻的、细小的刺伤,伤口深,特别是铁钉、钢丝、木刺等刺伤,若不彻底清洗,容易引起破伤风

六、铁钉扎脚

项目	具体内容
急救要点	(1)将铁钉拔除后,马上用双手拇指用力挤压伤口,使伤口内的污染物随着血液流出。如果当时不挤,伤口很快封上,则污染物留在伤口内形成感染源。 (2)洗净伤脚,有条件者用酒精消毒后包扎。伤后 12 h 之内到医院注射破伤风抗毒素,预防破伤风

七、烧伤

项目	具体内容
概念	发生烧伤事故应立即在出事现场采取急救措施,使伤员尽快同致伤因素脱离接触,防止继续伤害深层组织
急救要点	(1)防止烧伤。身体已经着火,应尽快将燃烧衣物脱去。若一时难以脱下,可就地打滚或用浸湿的厚重衣物覆盖以压灭火苗,切勿奔跑或用手拍打,防止助长火势,要注意防止烧伤手。如附近有河沟或水池,可让伤员跳入水中。若衣物与皮肤粘连在一起,应用冷水浇湿或浸湿后,轻轻脱去或剪去。 (2)冷却烧伤部位。如为肢体烧伤则可用冷水冲洗、冷敷或者浸泡肢体,降低皮肤温度,来保护身体组织免受灼烧的伤害。

续表

项目	具体内容
急救要点	(3)用干净纱布或者被单覆盖和包裹烧伤创面做简单包扎,防止创面污染。切记自己不要随便把水泡弄破,更不要在烧伤处涂各种药水和药膏,如红药水、紫药水等,以免掩盖病情。 (4)为防止烧伤休克,烧伤伤员可以口服自制烧伤饮料糖盐水。比如在500 mL开水中放入白糖50 g左右、食盐1.5 g左右制成。但是,切忌让烧伤伤员喝白开水。 (5)搬运烧伤伤员,动作要平稳、轻柔,尽量不要拖拉、滚动,以免加重皮肤损伤。 (6)经现场处理后的伤员要迅速转送医院救治,转送过程中要注意观察呼吸、脉搏以及血压等的变化

八、急性中毒

项目	具体内容
概念	急性中毒指的是在短时间内,人体接触、吸入、食用大量毒物,进入人体后,突然发生的病变,是威胁生命的主要原因。如在施工现场一旦发生中毒事故,应争取尽快确诊,并迅速给予紧急处理。采取积极措施因地制宜、分秒必争地给予妥善的现场处理和及时转送医院,这对提高中毒人员的抢救效率,十分重要
急救要点	急性中毒现场救治,不论是轻度还是严重中毒人员,不论是自救还是互救、外来救护工作,均应设法尽快让中毒人员脱离中毒现场、中毒物源,将吸收的和未吸收的毒物排除。 按照中毒的途径不同,采取以下相应措施: (1)皮肤污染、体表接触毒物,包括在施工现场因接触油漆、涂料、沥青、添加剂、外加剂、化学制品等有毒物品中毒。 急救要点: ①应立刻脱去污染的衣物并且用大量的微温水清洗污染的皮肤、头发以及指甲等。 ②对不溶于水的毒物用适宜的溶剂进行清洗。 (2)吸入毒物(有毒的气体),此种情况包括进入地下管道、下水道、地下的或密封的仓库、化粪池等密闭不通风的地方施工,或环境中有有毒、有害气体以及焊割作业、硫化氢、乙炔(电石)气中的磷化氢、煤气(一氧化碳)泄漏,二氧化碳过量,涂料、油漆、保温、黏合等施工时,苯气体,铅蒸气等作业产生的有毒、有害气体吸入人体造成中毒。 急救要点: ①应立即使中毒人员脱离现场,在抢救及救治时应加强通风及吸氧。 ②及早向附近的人求助或者打120电话呼救。 ③神志不清的中毒病人必须尽快抬出中毒环境。平放在地上,把头转向一侧。 ④轻度中毒患者应安静休息,防止因活动后加重心肺负担及增加氧的消耗量。 ⑤病情稳定后,把病人护送到医院进一步检查治疗。 (3)食入毒物,包括误食腐蚀性毒物,发芽土豆、河豚、未熟扁豆等动植物毒素,变质食物、混凝土添加剂中的亚硝酸钠、硫酸钠等以及酒精中毒。

续表

项目	具体内容
急救要点	急救要点： ①立即停止食用可疑中毒物。 ②强酸、强碱物质引起的食入毒物中毒，应先饮牛奶、蛋清、豆浆或植物油 200 mL 保护胃黏膜。 ③封存可疑食物，留取呕吐物、尿液以及粪便标本，以备化验。 ④对一般神志清楚者应设法催吐，尽快排出毒物。一次饮 600 mL 清水或者稀盐水（一杯水中加一匙食盐），然后用压舌板以及筷子等物刺激咽后壁或舌根部，造成呕吐的动作，将胃内食物吐出来，反复进行多次，直至吐出物呈清亮为止。已经发生呕吐的病人不要再催吐。 ⑤对催吐无效或神志不清者，则可给予洗胃，但由于洗胃有不少适应条件，所以一般宜在送医院后进行。 ⑥将病人送医院进一步检查
注意事项	(1)救护人员在把中毒人员脱离中毒现场的急救时，应注意自身的保护，在有毒、有害气体发生场所，应视情况，采用加强通风或者用湿毛巾等捂着口、鼻，腰系安全绳，并有场外人控制及应急，如有条件的要使用防毒面具。 (2)常见食物中毒的解救，通常应在医院进行，吸入毒物中毒人员尽可能送往有高压氧舱的医院救治。 (3)在施工现场如已发现心跳、呼吸不规则或停止呼吸以及心跳的时间不长，则应把中毒人员移到空气新鲜处，立即施行口对口（口对鼻）呼吸法及体外心脏挤压法进行抢救

第四节　建筑施工组织设计

《中华人民共和国建筑法》第三十八条规定，建筑施工企业在编制施工组织设计时，应当根据建筑工程的特点制定相应的安全技术措施；对专业性较强的工程项目，应当编制专项安全施工组织设计，并采取安全技术措施。

考点 1　施工组织设计的概念和内容

项目	具体内容
概念	施工组织设计是以施工项目为对象编制的，用来指导施工项目全过程各项活动的技术、经济和管理的综合性、纲领性文件。它是施工技术与施工项目管理有机结合的产物，能够保证工程开工后施工活动有序、高效、科学合理地进行

续表

项目	具体内容
施工组织设计内容	1. 施工组织总设计 施工组织总设计是以若干单位工程组成的群体工程或特大型项目为主要对象编制的施工组织设计,对整个项目的施工过程起统筹规划、重点控制的作用。主要包括:建设项目工程概况、总体施工部署、施工总进度计划、总体施工准备与主要资源配置计划、主要施工方法、施工总平面布置等。 2. 单位工程施工组织设计 单位工程施工组织设计是以单位(子单位)工程为主要对象编制的施工组织设计,对单位(子单位)工程的施工过程起指导和制约作用。当单位工程施工组织设计作为施工组织总设计的补充时,其各项目标的确立应同时满足施工组织总设计中确立的施工目标。 3. 施工方案 施工方案是以分部(分项)工程或专项工程为主要对象编制的施工技术与组织方案,用以具体指导其施工过程。施工方案包括下列两种情况: (1)专业承包公司独立承包项目中的分部(分项)工程或专项工程所编制的施工方案。 (2)作为单位工程施工组织设计的补充,由总承包单位编制的分部(分项)工程或专项工程施工方案。由总承包单位编制的分部(分项)工程或专项工程施工方案,其工程概况可参照本节执行,单位工程施工组织设计中已包含的内容可省略

考点2 施工组织设计的编制与管理

项目	具体内容
施工组织设计编制与审批	1. 编制原则 (1)符合国家有关法律法规、现行规范,符合地方规程、行业标准要求。 (2)坚持科学施工程序和合理施工顺序,做到资源优化组织和合理配置,实现均衡施工,努力实现科学、合理的经济技术指标。 (3)满足施工合同或招标文件中关于建筑工程进度、质量、安全、工程造价、环境保护等工程管理目标的要求。 (4)与质量、环境和职业健康安全三个管理体系有效结合。 (5)积极响应国家环保、节能政策;采取先进的技术和管理措施,推广建筑节能和绿色施工。 (6)积极开发、运用新技术、新工艺、新材料、新设备。 2. 编制依据 (1)与建筑工程有关的法律、法规和相关文件。 (2)国家现行的有关标准、规范和技术经济指标。 (3)建筑施工行业相关的质量、环境、职业健康安全管理体系管理规范的要求。

续表

项目	具体内容
施工组织设计编制与审批	(4)工程所在地的行政主管部门的管理要求。 (5)工程施工合同及招投标文件。 (6)工程设计文件。 (7)与工程项目施工有关的资源供应、生产要素配置情况。 (8)施工企业的生产能力、机具设备状况、技术水平。 (9)项目周边环境、现场条件、工程地质和水文、气象等自然条件等。 3.编制和审批 (1)施工组织设计应由施工单位组织编制,可根据需要分阶段编制和审批。 (2)施工组织总设计应由总承包单位技术负责人审批。 (3)单位工程施工组织设计应由施工单位技术负责人和负责人授权的技术人员审批。 (4)施工方案应由项目技术负责人审批。 (5)施工组织设计及施工方案由专业监理工程师审查合格,总监理工程师审核合格后实施
施工组织设计安全管理	1.项目在实施过程中,发生以下情况之一时,施工组织设计(施工方案)应及时进行修改或补充: (1)工程设计有重大变更。 (2)有关法律、法规、规范和标准的实施、修订和废止。 (3)主要施工方法有重大调整。 (4)主要施工资源、生产要素有重大调整和重新配置。 (5)施工环境有重大改变。 (6)经修改或补充后的施工组织设计(施工方案)应当重新审批后实施。 2.施工组织设计(施工方案)交底 (1)项目实施前,施工单位项目技术负责人应当对施工组织设计(施工方案)进行交底。 (2)项目施工过程中,应由施工单位项目技术负责人组织对施工组织设计(施工方案)的执行情况进行检查、分析并适时调整。 3.在施工组织设计(施工方案)实施过程中,实施人员有修改意见的,应由施工单位项目技术负责人提交书面修改意见,由建设单位项目总工及时组织评估、修改、调整

案例分析

C企业是建筑施工企业,D公司是化工企业,E公司是D公司的子公司。2015年7月,C企业承接E公司的化工技改项目。2015年8月9日10时,C企业、E公司作业人员在常压容器顶部平台进行氧炔气割作业时,引爆容器内残余可燃气体,导致容器爆炸,平台上4名人员随容器腾空十多米后坠落地面。现场人员在第一时间无法了解爆炸情况,慌乱间大多四散逃离。E公司现场作业负责人马上组织抢救,因现场无担架,抢险人员忙乱中用肩背手抬的方式运送4名高处坠落人员,4人在被送往医院途中停止呼吸,后经医务人员抢救无效死亡。死亡人员中有C企业3人、E公司1人。由于C企业总部设在离事故现场的外省,在事故发生后,C企业和D公司、E公司沟通不畅,产生误解,致使C企业与D公司、E公司对立。

事故调查发现:

(1)C企业、D公司、E公司都具有相应资质。

(2)事故前C企业工程负责人召集在现场学习气割的C企业的2名非专业人员和E公司设备员,与其一起登上常压容器顶部平台进行切割作业。

(3)负责施工的是C企业的分公司。该分公司未设立安全生产管理机构,在现场有30名作业人员,其中1人持有安全员证书,但没有此人从事安全工作的记录。

(4)事故容器于2015年8月2日停运、排空,吹扫置换。

(5)C企业无法提供动火前的检测报告书。

(6)C企业与E公司签订的施工合同中,合同价低于定额标准20%,且将安全生产所需费用列入让利条件。

(7)C企业无相关动火作业的应急预案。

根据以上场景,回答下列问题:

1. 根据《生产安全事故报告和调查处理条例》,简要说明报告该起事故应包括的内容。

2. 企业应对各类危险因素采取监控措施,监控措施包括哪些?

3. 简述事故风险分析的主要内容。

参考答案及解析

1. 报告该起事故应包括以下内容:

(1)事故发生单位概况:E公司。

(2)事故发生的时间、地点以及事故现场情况:2015年8月9日10时、常压容器顶部平台。

(3)事故的简要经过:氧炔气割引爆容器内残余可燃气体,导致爆炸事故发生。

(4)事故已经造成或者可能造成的伤亡人数和初步估计的直接经济损失:4人死亡、损失不详。

(5)已经采取的措施:组织抢救,将伤者送往医院抢救。

(6)其他应当报告的情况。

2. 企业应对各类危险因素采取的监控措施包括:

(1)列出危险源清单。

(2)登记建档。

(3)编制方案。

(4)监督实施。

(5)公示告知。

(6)跟踪监控。

(7)制定应急预案。

(8)告知应急措施。

3.事故风险分析主要内容:

(1)事故类型。

(2)事故发生的区域、地点或装置的名称。

(3)事故发生的可能时间、事故的危害严重程度及其影响范围。

(4)事故前可能出现的征兆。

(5)事故可能引发的次生、衍生事故。

第二章　建筑施工机械安全技术

知识框架

- 建筑施工机械安全技术
  - 建筑施工机械的主要安全装置和作业方法
    - 塔式起重机及作业方法
    - 物料提升机及作业方法
    - 施工升降机及作业方法
  - 特种设备的验收、管理程序和作业人员的安全管理要求
    - 特种设备的验收和管理
    - 特殊作业人员的安全管理要求
  - 建筑施工机械安全技术措施
    - 中小型机械安全使用技术
    - 土石方机械安全使用技术
    - 其他机械设备安全使用技术

考点精讲

第一节　建筑施工机械的主要安全装置和作业方法

考点1　塔式起重机及作业方法

项目	具体内容
塔式起重机安全装置	1. 起重力矩限制器 (1)起重力矩限制器主要作用是防止塔机超载的安全装置,避免塔机由于严重超载而引起塔机的倾覆或折臂等恶性事故。 (2)力矩限制器有机械式、电子式和复合式三种,多数采用机械电子联锁式的结构。 2. 起重量限制器(也称超载限位) 起重量限制器是用以防止塔机的吊物重量超过最大额定荷载,避免发生机械损坏事故。塔式起重机必须安装起重量限制器,当起重量大于相应挡位的额定值并小于该额定的110%时,应切断上升方向的电源,但机构可以做下降方向的运动。如设有起重量显示装置,则其数值误差不应大于实际值的±5%。 3. 起升高度限制器 起升高度限制器用来限制吊钩的行程,当吊钩接触到起重臂头部或载重小车之前,或是下降到最低点(地面或地面以下若干米)以前,使起升机构自动断电并停止工作。起升高度限制器一般都装在起重臂的头部。 4. 幅度限制器 (1)动臂式塔机的幅度限制器是用来控制臂架的变幅角度的,当臂架变幅达到极限

续表

项目	具体内容
塔式起重机安全装置	位置时切断变幅机构的电源,使其停止工作,同时还设有机械止挡,以防臂架因起幅中的惯性而后翻。 (2)小车运行变幅式塔机的幅度限制器用来防止运行小车超过最大或最小幅度的两个极限位置。一般小车变幅限位器是安装在臂架小车运行轨道的前后两端,用行程开关实现控制。 5. 塔机行走限制器 行走式塔机的轨道两端尽头所设的止挡缓冲装置,利用安装在台车架上或底架上的行程开关碰撞到轨道两端前的挡块切断电源来实现塔机停止行走,防止脱轨造成塔机倾覆事故。 6. 吊钩保险装置 吊钩保险装置是防止在吊钩上的吊索由钩头上自由脱落的保险装置,一般采用机械卡环式,用弹簧来控制挡板,阻止吊索滑钩。 7. 钢丝绳防脱槽装置 主要用以防止钢丝绳在传动过程中,脱离滑轮槽而造成钢丝绳卡死和损伤。 8. 夹轨钳 装设在台车金属结构上,用以夹紧钢轨,防止塔机在大风情况下被风吹动而行走造成塔机出轨倾翻事故。 9. 回转限制器 有些上回转的塔机安装了回转不能超过270°和360°的限制器,防止电源线扭断,造成事故。 10. 风速仪 起重臂根部铰接点高度大于50 m的塔式起重机应配备风速仪。当风速大于工作极限风速时应能发出停止作业的警报。 11. 电器控制中的零位保护和紧急安全开关 零位保护是指塔机操纵开关与主令控制器联锁,只有在全部操纵杆处于零位时,电源开关才能接通,从而防止无意操作。紧急安全开关通常是一个能立即切断全部电源的开关。 12. 障碍指示灯 超过30 m的塔机,必须在其最高部位(臂架、塔帽或人字架顶端)安装红色障碍指示灯,并保证供电不受停机影响
塔式起重机常见事故隐患	塔机事故主要有五大类:整机倾覆、起重臂折断或碰坏、塔身折断或底架碰坏、塔机出轨、机构损坏,其中塔机的倾覆和断臂等事故占了70%。引起这些事故发生的原因主要有: (1)固定式塔机基础强度不足或失稳,导致整机倾覆,如地耐力不够;为了抢工期,在混凝土强度不够的情况下而草率安装;在基础附近开挖导致滑坡产生位移,或是由于积水而产生不均匀的沉降等。 (2)行走式塔机的路基、轨道铺设不坚实、不平实,致使路轨的高低差过大,塔机重心失去平衡而倾覆。 (3)超载起吊导致塔机失稳而倒塌。

续表

项目	具体内容
塔式起重机常见事故隐患	(4)违章斜吊增加了张拉力矩再加上原起重力矩,往往容易造成超载。 (5)没有正确地挂钩,盛放或捆绑吊物不妥,致使吊物坠落伤人。 (6)塔机在工作过程中,由于力矩限制器失灵或被司机有意关闭,造成司机在操作中盲目或超载起吊。 (7)起重指挥失误或与司机配合不当,造成失误。 (8)塔机装拆管理不严、人员未经过培训、企业无塔机装拆资质或无相应的资质擅自装拆塔机。 (9)在恶劣气候(大风、大雾、雷雨等)中起吊作业。 (10)设备缺乏定期检修保养,安全装置失灵、违章修理等造成事故
塔式起重机作业方法	1. 资料管理 (1)施工企业或塔机机主应将塔机的生产许可证、产品合格证、拆装许可证、使用说明书、电气原理图、液压系统图、司机操作证、塔机基础图、地质勘察资料、塔机拆装方案、安全技术交底、主要零部件质保书(钢丝绳、高强连接螺栓、地脚螺栓及主要电气元件等)报给塔机检测中心,经塔机检测中心检测合格获得安全使用证后,才能使用。 (2)日常使用中要加强对塔机的动态跟踪管理,做好台班记录、检查记录和维修保养记录(包括小修、中修、大修)并有相关责任人签字,在维修的过程中所更换的材料及易损件要有合格证或质量保证书,并将上述材料及时整理归档,建立一机一档台账。 2. 拆装管理 (1)塔机拆装必须由具有资质的拆装单位进行作业,而且要在资质范围内从事安装拆卸。 (2)拆装人员要经过专门的业务培训,有一定的拆装经验并持证上岗,同时要各工种人员齐全,岗位明确,各司其职,听从统一指挥。 (3)拆装要编制专项的拆装方案,方案要有安装单位技术负责人审核签字,并向拆装人员进行安全技术交底。拆装的警戒区和警戒线安排专人负责,无关人员禁止入场。严格按照拆装程序和说明书的要求进行作业,遇风力超过4级时要停止拆装。 3. 塔机基础 (1)塔机的基础必须符合安全使用的技术条件规定。确保地耐力符合设计要求,钢筋混凝土的强度至少达到设计值的80%。 (2)有地下室工程的塔吊基础要采取特别的处理措施,必要时要在基础下打桩,并将桩端的钢筋与基础地脚螺栓牢固地焊接在一起。 (3)塔机基础底面要平整夯实,基础底部不能做成锅底状。基础的地脚螺栓尺寸误差必须严格按照基础图的要求施工,地脚螺栓要保持足够的露出地面的长度,每个地脚螺栓要双螺帽拧紧。 (4)在安装前要对基础表面进行检查,保证基础的水平度不能超过1/1 000。塔吊基础不得积水,在塔吊基础附近不得随意挖坑或开沟。 4. 安全距离 (1)塔机在平面布置的时候要绘制平面图,相邻塔机的安全距离,在水平和垂直两个方

续表

项目	具体内容
塔式起重机作业方法	向上都要保证不少于2 m的安全距离，相邻塔机的塔身和起重臂不能发生干涉，尽量保证塔机在风力过大时能自由旋转。 (2)塔机后臂与相邻建筑物之间的安全距离不少于50 cm。塔机与输电线之间的安全距离符合要求。 5.安全装置 (1)塔机在安装时必须具备规定的安全装置。 (2)使用中必须确保安全装置的完好及灵敏可靠，发现损坏应及时维修更换，不得私自解除或任意调节。 (3)附着装置要按照塔机说明书的要求设置，附着点以上的自由高度不能超过设计(使用)说明书的规定。 (4)附着间距过大以及超长的附着支撑应另行设计并有计算书，进行强度和稳定性的验算。 (5)附着框架应保持水平、固定牢靠并与附着杆在同一水平面上，与建筑物连接牢固。与建筑物的连接点应选在混凝土柱或混凝土圈梁上，用预埋件或穿墙螺栓与建筑物结构有效连接。不准用膨胀螺栓代替预埋件，用缆风绳代替附着支撑。 6.安全操作 (1)起重司机应持有与其所操纵的塔机的起重力矩相对应的操作证，不得酒后作业，不得带病或疲劳作业，指挥应持证上岗，并正确使用旗语或对讲机。 (2)起吊作业中司机和指挥必须遵守“十不吊”的规定。 (3)塔机运行时，必须严格按照操作规程要求作业。最基本要求：起吊前，先鸣号，吊物禁止从人的头上越过。起吊时吊索应保持垂直、起降平稳，操作尽量避免急刹车或冲击。严禁超载，当起吊满载或接近满载时，严禁同时做二个动作。 (4)塔机停用时，吊物必须落地，不准悬在空中。并对塔机的停放位置和小车、吊钩、夹轨钳、电源等一一加以检查，确认无误后，方能离岗。 (5)塔机在使用中不得利用安全限制器停车；吊重物时不得调整起升、变幅的制动器；除专门设计的塔机外，起吊和变幅两套起升机构不应同时开动。 (6)自升式塔机使用中的顶升加节工作，要有专人负责，顶升加节后应按规定进行验收。 (7)两台或两台以上塔吊作业时，应有防碰撞措施。 7.安全检查 (1)定期对塔机的各安全装置进行维修保养，确保其在运行过程中发挥正常作用。 (2)经常对塔机的金属结构、机械传动、起重绳具、电气液压设备等进行检查、清洁、润滑、紧固、调整、防腐等保养工作。发现问题立即处理，做到定人、定时间、定措施，杜绝机械带病作业。 8.严格退出机制 (1)国家明令淘汰的机型应坚决禁止使用。 (2)使用年限较长的塔机在修复鉴定后要限制荷载使用。

续表

项目	具体内容
塔式起重机作业方法	9. 关于塔式起重机使用安全的强制性条文 (1)起重机的拆装必须由取得建设行政主管部门颁发的拆装资质证书的专业队进行，并应有技术和安全人员在场监护。 (2)起重机载人专用电梯严禁超员，其断绳保护装置必须可靠。当起重机作业时，严禁开动电梯。电梯停用时，应降至塔身底部位置，不得长时间悬在空中。 (3)动臂式和尚未附着的自升式塔式起重机，塔身上不得悬挂标语牌

考点2　物料提升机及作业方法

项目	具体内容
物料提升机的安全防护装置和稳定装置	1. 安全防护装置 提升机应具有下列安全防护装置并满足其要求： (1)安全停靠装置或断绳保护装置。 ①安全停靠装置。 吊篮运行到位时，停靠装置将吊篮定位。该装置应能可靠地承担吊篮自重、额定载荷及运料人员和装卸物料时的工作荷载。 ②断绳保护装置。 当吊篮悬挂或运行中发生断绳时，应能可靠地将其停住并固定在架体上。其滑落行程，在吊篮满载时，不得超过 1 m。 (2)楼层口停靠栏杆(门)。 各楼层的通道口处，应设置常闭的停靠栏杆(门)，宜采用联锁装置(吊篮运行到位时方可打开)。停靠栏杆可采用钢管制造，其强度应能承受 1 kN/m 水平荷载。 (3)吊篮安全门。 吊篮的上料口处应装设安全门。安全门宜采用联锁开启装置，升降运行时安全门封闭吊篮的上料口，防止物料从吊篮中滚落。 (4)上料口防护棚。 防护棚应设在提升机架体地面进料口上方。其宽度应大于提升机的最外部尺寸；其长度：低架提升机应大于 3 m，高架提升机应大于 5 m。其材料强度应能承受 10 kPa 的均布静荷载。也可采用 50 mm 厚木板架设或采用两层竹笆，上下竹笆层间距应不小于 600 mm。 (5)上极限限位器。 该装置应安装在吊篮允许提升的最高工作位置。吊篮的越程(指从吊篮的最高位置与天梁最低处的距离)，应不小于 3 m。当吊篮上升达到限定高度时，限位器立即行动，切断电源(指可逆式卷扬机)或自动报警(指摩擦式卷扬机)。 (6)紧急断电开关。 紧急断电开关应设在便于司机操作的位置，在紧急情况下，应能及时切断提升机的总控制电源。

续表

项目	具体内容
物料提升机的安全防护装置和稳定装置	(7)信号装置。 该装置是由司机控制的一种音响装置,其音量应能使各楼层使用提升机装卸物料人员清晰听到。 高架提升机除应满足上述规定外,尚需具备下列安全装置并应满足以下要求: (1)下极限限位器。 该限位器安装位置,应满足在吊篮碰到缓冲器之前限位器能够动作。当吊篮下降达到最低限定位置时,限位器自动切断电源,使吊篮停止下降。 (2)缓冲器。 在架体的底坑里应设置缓冲器,当吊篮以额定荷载和规定的速度作用到缓冲器上时,应能承受相应的冲击力。缓冲器的形式,可采用弹簧或弹性实体。 (3)超载限制器。 当荷载达到额定荷载的90%时,应能发出报警信号。荷载超过额定荷载时,应能切断起升电源。 (4)通信装置。 当司机不能清楚地看到操作者和信号指挥人员时,必须加装通信装置。通信装置必须是一个闭路的双向电气通信系统,司机应能听到或看清每一站的需求联系,并能与每一站人员通话。 2.稳定装置 物料提升机的稳定性能,主要取决于物料提升机的基础、附墙架、缆风绳及地锚。 (1)基础。 依据提升机的类型及土质情况确定基础的做法,应符合以下规定: ①高架提升机的基础应进行设计,基础应能可靠地承受作用在其上的全部荷载,基础的埋深与做法应符合设计和提升机出厂使用规定。 ②低架提升机的基础当无设计要求时应符合下列要求: a.土层压实后的承载力应不小于80 kPa。 b.浇筑C20混凝土,厚度不少于300 mm。 c.基础表面应平整,水平度偏差不大于10 mm。 ③基础应有排水措施。 距基础边缘5 m范围内开挖沟槽或有较大振动的施工时,必须有保证架体稳定的措施。 (2)附墙架。 用以增强提升机架体的稳定性,连接在物料提升机架体立柱与建筑物结构之间的钢构件。附墙架的设置应符合以下要求: ①附墙架与架体及建筑之间,均应采用刚性件连接,并形成稳定结构,不得连接在脚手架上。严禁使用铅丝绑扎。 ②附墙架的材质应与架体的材质相同,不得使用木杆、竹竿等做附墙架与金属架体连接。

续表

项目	具体内容
物料提升机的安全防护装置和稳定装置	③附墙架的设置应符合设计要求，其间隔不宜大于 9 m，且在建筑物的顶层宜设置 1 组，附墙后立柱顶部的自由高度不宜大于 6 m。 (3)缆风绳。 缆风绳是为保证架体稳定而在其四个方向设置的拉结绳索，所用材料为钢丝绳。缆风绳的设置应当满足以下条件： ①提升机受到条件限制无法设置附墙架时，应采用缆风绳稳固架体。高架提升机在任何情况下均不得采用缆风绳。 ②提升机的缆风绳应经计算确定（缆风绳的安全系数 n 取 3.5）。缆风绳应选用圆股钢丝绳，直径不得小于 9.3 mm。提升机高度在 20 m 以下（含 20 m）时，缆风绳不少于 1 组（4～8 根）；提升机高度在 20～30 m 时，不少于 2 组。 ③缆风绳应在架体四角有横向缀件的同一水平面上对称设置，使其在结构上引起的水平分力，处于平衡状态。缆风绳与架体的连接处应采取措施，防止架体钢材对缆风绳的剪切破坏。对连接处的架体焊缝及附件必须进行设计计算。 ④龙门架的缆风绳应设在顶部。若中间设置临时缆风绳时，应在此位置将架体两立柱做横向连接，不得分别牵拉立柱的单肢。 ⑤缆风绳与地面的夹角不应大于 60°，其下端应与地锚连接，不得拴在树木、电杆或堆放构件等物体上。 ⑥缆风绳与地锚之间，应采用与钢丝绳拉力相适应的花篮螺栓拉紧。缆风绳垂度不大于 0.01 L（L 为长度），调节时应对角进行，不得在相邻两角同时拉紧。 ⑦当缆风绳需改变位置时，必须先做好预定位置的地锚，并加临时缆风绳确保提升机架体的稳定，方可移动原缆风绳的位置；待与地锚拴牢后，再拆除临时缆风绳。 ⑧在安装、拆除以及使用提升机的过程中设置的临时缆风绳，其材料也必须使用钢丝绳，严禁使用铅丝、钢筋、麻绳等代替。 (4)地锚。 ①缆风绳的地锚，根据土质情况及受力大小设置，应经计算确定。 ②缆风绳的地锚，一般宜采用水平式地锚，当土质坚实，地锚受力小于 15 kN 时，也可选用桩式地锚。 ③地锚的设置参数应符合规范规定，位置应满足对缆风绳的设置要求
物料提升机常见事故隐患	1. 设计制造方面 (1)擅自自行设计或制造龙门架或井架，未经设计计算和有关部门的验收便投入使用。 (2)盲目改制提升机或不按图纸的要求搭设，任意修改原设计参数、随意增大额定起重量、提高起升速度等。 2. 架体的安装与拆除 (1)架体的安装与拆除前未制定装拆方案和相应的安全技术措施。 (2)作业人员无证上岗。 (3)施工前未进行详尽的安全技术交底。

续表

项目	具体内容
物料提升机常见事故隐患	(4)作业中违章操作等。 3. 安全装置不全或设置不当、失灵 (1)未按规范要求设置安全装置,或安全装置设置不当。 (2)平时对各类安全装置疏于检查和维修,安全装置功能失灵而未察觉,带病运行。 4. 使用和管理不当 (1)人员违章乘坐吊篮上下。 (2)严重超载,导致架体变形、钢丝绳断裂、吊篮坠落等恶性事故的发生。 (3)无通信、联络装置或装置失灵,人员不知道吊篮运行情况,导致高坠、伤害事故。 (4)未经验收便投入使用,缺乏定期检查和维修保养,电气设备不符合规范要求,卷扬机设置位置不合理等,都可能引发起安全事故
物料提升机作业方法	1. 使用提升机的安全规定 (1)物料在吊篮内应均匀分布,不得超出吊篮。当长料在吊篮中立放时,应采取防滚落措施;散料应装箱或装笼。严禁超载使用。 (2)严禁人员攀登、穿越提升机架体和乘吊篮上下。 (3)高架提升作业时,应使用通信装置联系。低架提升机在多工种、多楼层同时使用时,应专设指挥人员,信号不清不得开机。作业中不论任何人发出紧急停车信号,应立即执行。 (4)闭合主电源前或作业中突然断电时,应将所有开关扳回零位。在重新恢复作业前,应在确认提升机动作正常后方可继续使用。 (5)发现安全装置、通信装置失灵时,应立即停机修复。作业中不得随意使用极限限位装置。 (6)使用中要经常检查钢丝绳、滑轮工作情况。如发现磨损严重,必须按照有关规定及时更换。 (7)采用摩擦式卷扬机为动力的提升机,吊篮下降时,应在吊篮行至离地面 1 ~ 2 m 处,控制缓缓落地,不允许吊篮自由落下直接降至地面。 (8)装设摇臂扒杆的提升机,作业时,吊篮与摇臂扒杆不得同时使用。 (9)作业后,将吊篮放至地面,各控制开关扳至零位,切断主电源,锁好闸箱。 2. 定期检查 定期检查每月进行 1 次,由有关部门和人员参加,检查内容包括: (1)金属结构有无开焊、锈蚀、永久变形。 (2)扣件、螺栓连接的紧固情况。 (3)提升机构磨损情况及钢丝绳的完好性。 (4)安全防护装置有无缺少、失灵和损坏。 (5)缆风绳、地锚、附墙架等有无松动。 (6)电气设备的接地(或接零)情况。

续表

项目	具体内容
物料提升机作业方法	(7)断绳保护装置的灵敏度试验。 3. 日常检查 日常检查由作业司机在班前进行,在确认提升机正常时,方可投入作业。检查内容包括: (1)地锚与缆风绳的连接有无松动。 (2)空载提升吊篮做1次上下运行,验证是否正常,并同时碰撞限位器和观察安全门是否灵敏完好。 (3)在额定荷载下,将吊篮提升至离地面1~2 m高度停机,检查制动器的可靠性和架体的稳定性。 (4)检查安全停靠装置和断绳保护装置的可靠性。 (5)吊篮运行通道内有无障碍物。 (6)作业司机的视线或通信装置的使用效果是否清晰良好。金属结构有无开焊和明显变形

考点3　施工升降机及作业方法

项目	具体内容
施工升降机的安全装置	(1)限速器。 为了防止施工升降机的吊笼超速或坠落而设置的一种安全装置,分为单向式和双向式两种,单向限速器只能沿吊笼下降方向起限速作用,双向限速器则可沿吊笼的上下两个方向起限速作用。限速器应按规定期限进行性能检测。 (2)缓冲弹簧。 缓冲弹簧装在与基础架连接的弹簧座上,以便当吊笼发生坠落事故时,减轻吊笼的冲击,同时保证吊笼和配重下降着地时呈柔性接触,减缓吊笼和配重着地时的冲击。缓冲弹簧有圆锥卷弹簧和圆柱螺旋弹簧两种。通常,每个吊笼对应的底架上有两或三个圆锥卷弹簧或四个圆柱螺旋弹簧。 (3)上、下限位器。 为防止吊笼上、下时超过需停位置,或因司机误操作以及电气故障等原因继续上行或下降引发事故而设置的装置,安装在吊笼和导轨架上,限位装置由限位碰块和限位开关组成,设在吊笼顶部的最高限位装置,可防止冒顶;设在吊笼底部的最低限位装置,可准确停层,属于自动复位型。 (4)上、下极限限位器。 上、下极限限位器是在上、下限位器不起作用时,当吊笼运行超过限位开关和越程后,能及时切断电源使吊笼停车。极限限位是非自动复位型。动作后只能手动复位才能使吊笼重新启动。极限限位器安装在吊笼和导轨架上(越程是指限位开关与极限限位开关之间所规定的安全距离)。

续表

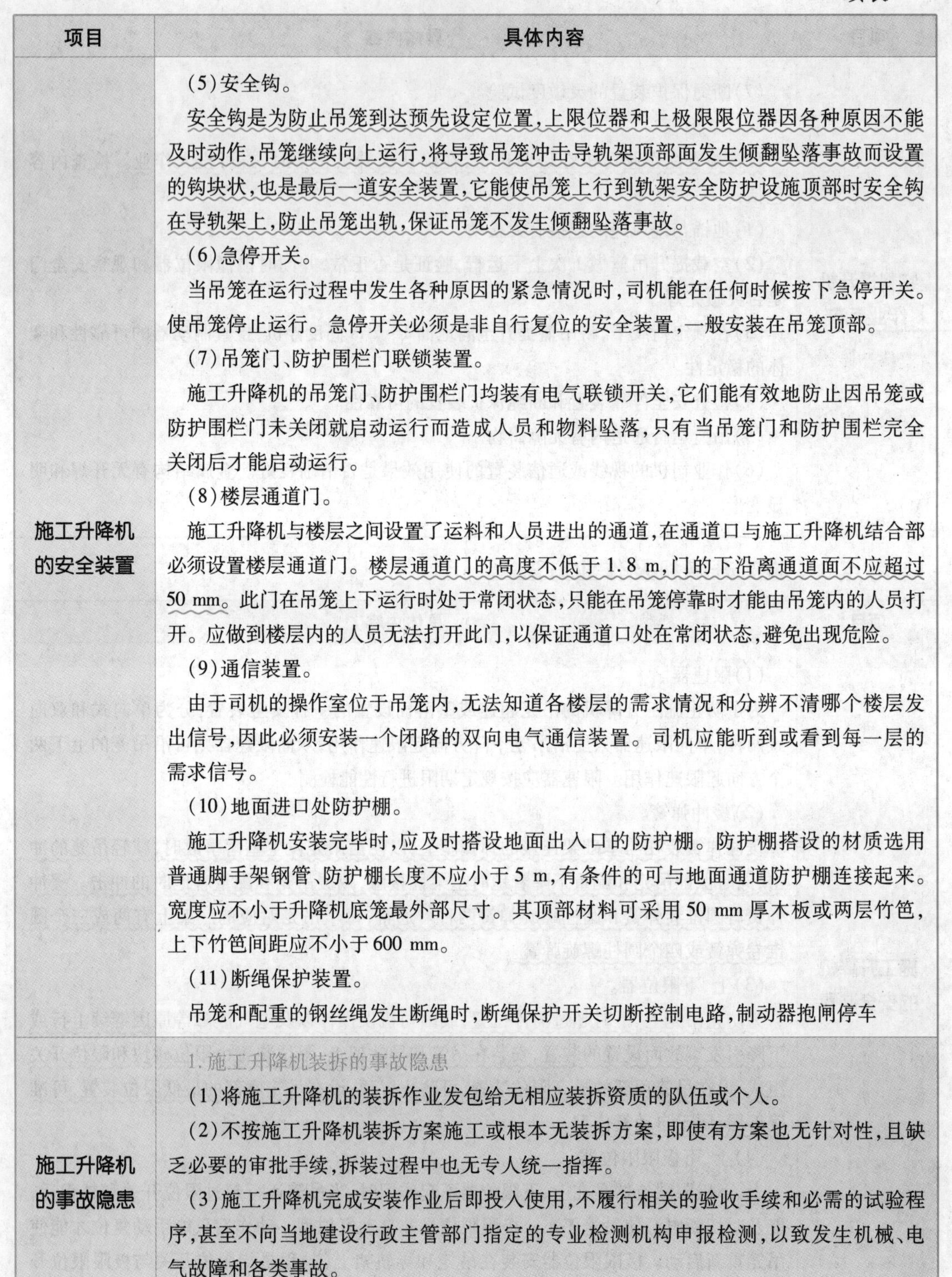

项目	具体内容
施工升降机的安全装置	(5)安全钩。 安全钩是为防止吊笼到达预先设定位置,上限位器和上极限限位器因各种原因不能及时动作,吊笼继续向上运行,将导致吊笼冲击导轨架顶部面发生倾翻坠落事故而设置的钩块状,也是最后一道安全装置,它能使吊笼上行到轨架安全防护设施顶部时安全钩在导轨架上,防止吊笼出轨,保证吊笼不发生倾翻坠落事故。 (6)急停开关。 当吊笼在运行过程中发生各种原因的紧急情况时,司机能在任何时候按下急停开关。使吊笼停止运行。急停开关必须是非自行复位的安全装置,一般安装在吊笼顶部。 (7)吊笼门、防护围栏门联锁装置。 施工升降机的吊笼门、防护围栏门均装有电气联锁开关,它们能有效地防止因吊笼或防护围栏门未关闭就启动运行而造成人员和物料坠落,只有当吊笼门和防护围栏完全关闭后才能启动运行。 (8)楼层通道门。 施工升降机与楼层之间设置了运料和人员进出的通道,在通道口与施工升降机结合部必须设置楼层通道门。楼层通道门的高度不低于1.8 m,门的下沿离通道面不应超过50 mm。此门在吊笼上下运行时处于常闭状态,只能在吊笼停靠时才能由吊笼内的人员打开。应做到楼层内的人员无法打开此门,以保证通道口处在常闭状态,避免出现危险。 (9)通信装置。 由于司机的操作室位于吊笼内,无法知道各楼层的需求情况和分辨不清哪个楼层发出信号,因此必须安装一个闭路的双向电气通信装置。司机应能听到或看到每一层的需求信号。 (10)地面进口处防护棚。 施工升降机安装完毕时,应及时搭设地面出入口的防护棚。防护棚搭设的材质选用普通脚手架钢管、防护棚长度不应小于5 m,有条件的可与地面通道防护棚连接起来。宽度应不小于升降机底笼最外部尺寸。其顶部材料可采用50 mm厚木板或两层竹笆,上下竹笆间距应不小于600 mm。 (11)断绳保护装置。 吊笼和配重的钢丝绳发生断绳时,断绳保护开关切断控制电路,制动器抱闸停车
施工升降机的事故隐患	1. 施工升降机装拆的事故隐患 (1)将施工升降机的装拆作业发包给无相应装拆资质的队伍或个人。 (2)不按施工升降机装拆方案施工或根本无装拆方案,即使有方案也无针对性,且缺乏必要的审批手续,拆装过程中也无专人统一指挥。 (3)施工升降机完成安装作业后即投入使用,不履行相关的验收手续和必需的试验程序,甚至不向当地建设行政主管部门指定的专业检测机构申报检测,以致发生机械、电气故障和各类事故。 (4)装拆人员未经专业培训即上岗作业。

续表

项目	具体内容
施工升降机的事故隐患	(5)装拆作业前未进行详细的、有针对性的安全技术交底,作业时又缺乏必要的监护措施;现场违章作业随处可见,极易发生高处坠落、落物伤人等重大事故。 2. 其他事故隐患 (1)安全装置装设不当甚至不装,使得吊笼在运行过程中发生故障时安全装置失效。 (2)楼层门设置不符要求,层门净高偏低,使有些运料人员把头伸出门外观察吊笼运行情况时,被正好落下的吊笼卡住脑袋发生恶性伤亡事故。楼层门设置不当,可从楼层内打开,使得通道口成为危险的临边口,造成人员坠落或物料坠落伤人事故。 (3)施工升降机的司机未持证上岗,或司机离开驾驶室时未关闭电源,使无证人员有机会擅自开动升降机,一旦遇到意外情况不知所措,酿成事故。 (4)不按升降机额定荷载控制人员数量和物料重量,使升降机长期处于超载运行的状态,导致吊笼及其他受力部件变形,给升降机的安全运行带来严重的安全隐患。 (5)不按设计要求配置配重,不利于升降机的安全运行。 (6)限速器未按规定每 3 个月进行一次坠落试验,一旦发生吊笼下坠失速,限速器失灵,产生严重后果。 (7)另外,金属结构和电气金属外壳不接地或接地不符合安全要求、悬挂配重的钢丝绳安全系数达不到 8 倍、电气装置不设置相序和断相保护器等都是施工升降机使用过程中常见的事故隐患
施工升降机作业方法	(1)施工企业必须建立健全施工升降机的各类管理制度,落实专职机构和专职管理人员,明确安全使用和管理责任。 (2)操纵升降机的司机应是经有关行政主管部门培训合格的特种作业专职人员,严禁无证操作。 (3)司机应做好日常检查工作,即在电梯每班首次运行时,应分别作空载和满载试运行。 (4)建立和执行定期检查和维修保养制度,每周或每旬对升降机进行全面检查,对查出的隐患按"三定"原则落实整改。整改后须经有关人员复查确认符合安全要求后,方能使用。 (5)梯笼乘人、载物时,应尽量使荷载均匀分布,严禁超载使用。 (6)升降机运行至最上层和最下层时,严禁以碰撞上、下限位开关来实现停车。 (7)司机因故离开吊笼及下班时,应将吊笼降至地面,切断总电源,锁上电箱门,防止其他无证人员擅自开动吊笼。 (8)风力达 6 级以上,应停止使用升降机,并将吊笼降至地面。 (9)各停靠层的运料通道两侧必须有良好的防护。楼层门应处于常闭状态,其高度应符合规范要求,任何人不得擅自打开或将头伸出门外,当楼层门未关闭时,司机不得开动电梯。 (10)确保通信装置的完好,司机应当在确认信号后方能开动升降机。作业中无论任何人在任何楼层发出紧急停车信号,司机都应当立即执行。 (11)升降机应按规定单独安装接地保护和避雷装置。 (12)严禁在升降机运行状态下进行维修保养工作。若需维修,必须切断电源并在醒目处挂上"有人检修,禁止合闸"的标志牌,并有专人监护

第二节 特种设备的验收、管理程序和作业人员的安全管理要求

考点1 特种设备的验收和管理

项目	具体内容
特种设备的概念	《特种设备安全监察条例》指出：特种设备是指涉及生命安全、危险性较大的锅炉、压力容器(含气瓶)、压力管道、电梯、起重机械、客运索道、大型游乐设施和场(厂)内专用机动车辆。一般房屋建筑工程中主要涉及起重机械、施工电梯、锅炉、压力容器(含气瓶)
特种设备安全管理	《中华人民共和国安全生产法》《中华人民共和国劳动法》和《特种设备安全监察条例》中对特种设备的安全管理都有明确规定，对特种设备的设计、制造、安装、使用、检验、修理改造直至报废等环节均实施严格的控制和管理。具体表现在： (1)设计制造实行生产许可证制度，未实行生产许可证制度的，实行安全认可证制度，其中锅炉还要实行出厂监督检验制度。 (2)安装、维修保养与改造实行资格认可制度，并不得以任何形式转包和分包。 (3)投入使用的特种设备实行注册登记制度、安全技术性能定期检验制度。 (4)特种设备的使用单位必须制定并严格执行以岗位责任制为核心，包括技术档案管理、安全操作、常规检查、维修保养、定期报检和应急措施在内的特种设备管理制度。 (5)特种设备的使用单位应根据特种设备的不同特性建立相适应的事故应急救援预案，并定期演练
特种设备验收	特种设备安装完成后应进行的验收程序如下： (1)安装单位自检。安装单位安装完成后，应及时组织单位的技术人员、安全人员、安装组长对特种设备机械进行验收。验收内容包括特种设备机械安装方案及交底、基础资料、金属结构、运转机构(提升、变幅、回转、行走)、安全装置、电气系统、绳轮钩部件。 (2)委托第三方检验机构进行检验。需要注意的是，检验单位完成检测后出具的检测报告是整机合格，其中可能会有一些一般项目不合格；设备供应方应对不合格项目进行整改，并出具整改报告。 (3)资料审核。施工单位对上述资料原件进行审核，审核通过后，留存加盖单位公章的复印件，并报监理单位审核。监理单位审核完成后，施工单位组织设备验收。 (4)组织验收。施工单位组织设备供应方、安装单位、使用单位、监理单位对特种设备机械联合验收。实行施工总承包的，由施工总承包单位组织验收。 (5)验收完成后的使用登记。特种设备机械安装验收合格之日起30日内，施工单位应向工程所在地县级以上地方人民政府建设主管部门办理特种设备机械使用登记

续表

项目	具体内容
特种设备定期检验	(1)特种设备安全管理机构和管理人员要熟练掌握特种设备定期检测情况,根据自身的特点制定定期检验检测计划,确保检验检测工作如期实施。按照安全技术规范的定期检测要求在上次检测有效期满前1个月提出定期检测要求。 (2)检测前应当备齐以下特种设备的相关资料:设备出厂资料(设计文件、安装使用说明、产品合格质量证明);设备安装资料(安装告知书、安装质量证明、安装监督检验报告);使用登记文件;上次定期检验报告;运行记录、维护保养记录、运行中出现异常情况的记录等。 (3)检测时,要做到按计划的时间停车检验,并向检验机构和检验人员提供检验所需的条件,配合他们做好检验检测工作。 (4)检测后,对检验合格的特种设备,或存在问题的设备,已经采取相应措施进行处理并达到合格使用要求的,要及时办理有关注册、变更手续。 (5)凡未经定期检验或者检验不合格的特种设备,不得继续使用。 (6)特种设备发现故障或者发生异常情况,使用单位应当对其进行全面检查,消除安全隐患后,方可投入使用。 (7)对需要延长检验周期的特种设备,必须依法办理延期检验手续
特种设备安全检查	(1)安全检查要做到经常性,充分发动群众,坚持专职检查与群众检查相结合,日常检查与定期检查相结合,普遍检查与重点检查相结合,做到层层把关,堵塞漏洞。 (2)定期安全检查由特种设备安全管理部门组织实施。 (3)特种设备安全管理人员要不定期地开展日常安全检查,到生产现场监督检查有无违章操作,防护用品穿戴是否齐全,各种安全防护设施是否完好,安全通道是否畅通,使用的工具是否安全可靠、是否符合安全要求,发现问题应及时制止并纠正。 (4)各部门除配合特种设备管理部门组织的安全检查外,还要每季度组织有关技术人员对设备使用情况,各项安全制度执行情况重点检查。发现问题及时反馈,并做好检查记录。 (5)部门每周组织1次安全检查,重点检查作业现场是否整洁、各种设备运转是否正常、安全防护设施是否完好、安全制度执行情况等。发现问题及时反馈,并做好检查记录。 (6)在每次生产前要进行安全检查。危险部位和要害设施要重点检查,生产过程中要随时检查有无违章操作等不安全行为。 (7)操作者在工作前必须进行安全检查。倒班生产人员要严格执行交接班检查制度并认真做好交接班记录。在生产操作过程中要集中精力,随时注意安全状况,发现问题要立即报告代班长或单位领导。 (8)检查中发现重大安全隐患,必须及时报告单位主管领导,隐患未排除,严禁继续生产

续表

项目	具体内容
特种设备维护保养制度	(1)认真执行设备使用与维护相结合和设备"谁使用谁维护"的原则。坚持维护与检修并重,以维护为主的原则。严格执行岗位责任制,实行设备包机制,确保在用设备每台完好。 (2)操作人员对所使用的设备,通过岗位练兵和学习技术,做到"四懂、三会"(懂结构、懂工艺、懂性能、懂用途;会使用、会维护保养、会排除故障),并享有"三项权利",即有权制止他人私自动用自己操作的设备;未采取防范措施或未经主管部门审批超负荷使用设备,有权停止使用;发现设备运转不正常,超期不检修,安全装置不符合规定应立即上报,如不立即处理和采取相应措施,有权停止使用
特种设备安全技术档案管理制度	(1)特种设备安全技术档案内容包括:特种设备的设计文件、产品质量合格证明、安装使用维护说明等文件以及安装技术文件和资料;特种设备的定期检查和定期自行检查记录;特种设备的日常使用状况记录;特种设备及其安全附件、安全保护装置、测量调控装置及有关附属仪器仪表的日常维护保养记录;特种设备运行故障和事故记录;高耗能特种设备的能效测试报告、能耗状况记录以及节能改造技术资料。 (2)档案管理员负责公司特种设备安全技术档案的接收、登记、复制、借阅、发放和建档。特种设备安全管理人员负责收集上述特种设备安全技术档案的内容资料,并及时交付档案管理员。档案管理员将接收的资料,分类整理后,及时归档保存,做到定位有效,妥善保管,方便利用。注意防尘、防火、防水、防潮、防晒、防盗、防虫蛀,防鼠咬等。如有破损或变质的档案,档案管理人员要及时修补和提出复制。认真执行安全技术档案的保管检查制度,每年年底全面检查、清理1次,做到账档一致。 (3)做好技术档案的安全保密工作,并履行批准和借阅手续,凡借阅重要档案的事由主要负责人批准后方可借阅。借阅者必须妥善保管,不得遗失。用后按期归还,经管理人员检查后,方可返档

考点2　特殊作业人员的安全管理要求

项目	具体内容
要求	(1)特种设备作业人员在作业过程中发现事故隐患或者其他不安全因素,应当立即向特种设备安全管理人员和单位有关负责人报告;特种设备运行不正常时,特种设备作业人员应当按照操作规程采取有效措施保证安全。 (2)锅炉、压力容器、电梯、起重机械、客运索道、大型游乐设施、场(厂)内专用机动车辆的作业人员及其相关管理人员,应当按照国家有关规定经特种设备安全监督管理部门考核合格,取得国家统一格式的特种作业人员证书,方可从事相应的作业或者管理工作。特种设备安全管理人员、检测人员和作业人员应当严格执行安全技术规范和管理制度,保证特种设备安全。 (3)特种设备使用单位应当对特种设备作业人员进行特种设备安全、节能教育和培训,保证特种设备作业人员具备必要的特种设备安全、节能知识。特种设备作业人员在作业中应当严格执行特种设备的操作规程和有关的安全规章制度。

续表

项目	具体内容
要求	(4)特种设备作业人员在作业过程中发现事故隐患或者其他不安全因素,应当立即向现场安全管理人员和单位有关负责人报告。 (5)特种设备作业人员违反特种设备的操作规程和有关的安全规章制度操作,或者在作业过程中发现事故隐患或者其他不安全因素,未立即向现场安全管理人员和单位有关负责人报告的,由特种设备使用单位给予批评教育、处分;情节严重的,撤销特种设备作业人员资格;触犯刑律的,依照刑法关于重大责任事故罪或者其他罪的规定,依法追究刑事责任

第三节　建筑施工机械安全技术措施

考点1　中小型机械安全使用技术

一、混凝土机械

项目	具体内容
混凝土机械安全事故	混凝土机械可能发生的安全事故主要是机械伤害和触电
混凝土机械安全使用基本要求	(1)作业场地应有良好的排水条件,机械近旁应有水源,机棚内应有良好的通风、采光及防雨、防冻设施,并不得有积水。 (2)固定式机械应有可靠的基础,移动式机械应在平坦坚硬的地坪上用方木或撑架架牢,并应保持水平。 (3)当气温降到5 ℃以下时,管道、水泵、机内均应采取防冻保温措施。 (4)作业后,应及时将机内、水箱内、管道内的存料、积水放尽,并应清洁、保养机械,清理工作场地,切断电源,锁好开关箱。 (5)装有轮胎的机械,转移时拖行速度不得超过15 km/h
混凝土搅拌机	(1)固定式搅拌机应安装在牢固的台座上,当长期固定时,应埋置地脚螺栓;在短期使用时,应在机座上铺设木枕并找平放稳。 (2)固定式搅拌机的操纵台,应使操作人员能看到各部工作情况。电动搅拌机的操纵台,应垫上橡胶板或干燥木板。 (3)移动式搅拌机的停放位置应选择平整坚实的场地,周围应有良好的排水沟渠。就位后,应放下支腿将机架顶起达到水平位置,使轮胎离地。当使用较长时,应将轮胎卸下妥善保管,轮轴端部用油布包扎好,并用枕木将机架垫起支牢。 (4)对需设置上料斗地坑的搅拌机,其坑口周围应垫高夯实,应防止地面水流入坑

续表

项目	具体内容
混凝土搅拌机	内。上料轨道架的底端支承面应夯实或铺砖,轨道架的后面应采用木料加以支承,应防止作业时轨道变形。 (5)料斗放到最低位置时,在料斗与地面之间,应加一层缓冲垫木。 (6)作业前重点检查项目应符合下列要求: a.电源电压升降幅度不超过额定值的5%。 b.电动机和电器元件的接线牢固,保护接零或接地电阻符合规定。 c.各传动机构、工作装置、制动器等均紧固可靠,开式齿轮、皮带轮等均有防护罩。 d.齿轮箱的油质、油量符合规定。 (7)作业前,应先启动搅拌机空载运转。应确认搅拌筒或叶片旋转方向与筒体上箭头所示方向一致。对反转出料的搅拌机,应使搅拌筒正、反转运转数分钟,并应无冲击抖动现象和异常噪声。 (8)作业前,应进行料斗提升试验,应观察并确认离合器、制动器灵活可靠。 (9)应检查并校正供水系统的指示水量与实际水量的一致性;当误差超过2%时,应检查管路的漏水点,或应校正节流阀。 (10)应检查骨料规格并应与搅拌机性能相符,超出许可范围的不得使用。 (11)搅拌机启动后,应使搅拌筒达到正常转速后进行上料。上料时应及时加水。每次加入的拌合料不得超过搅拌机的额定容量并应减少物料粘罐现象,加料的次序应为石子—水泥—砂子或砂子—水泥—石子。 (12)进料时,严禁将头或手伸入料斗与机架之间。运转中,严禁用手或工具伸入搅拌筒内扒料、出料。 (13)搅拌机作业中,当料斗升起时,严禁任何人在料斗下停留或通过;当需要在料斗下检修或清理料坑时,应将料斗提升后用铁链或插入销锁住。 (14)向搅拌筒内加料应在运转中进行,添加新料应先将搅拌筒内原有的混凝土全部卸出后方可进行。 (15)作业中,应观察机械运转情况,当有异常或轴承温升过高等现象时,应停机检查;当需检修时,应将搅拌筒内的混凝土清除干净,然后再进行检修。 (16)加入强制式搅拌机的骨料最大粒径不得超过允许值,并应防止卡料。每次搅拌时,加入搅拌筒的物料不应超过规定的进料容量。 (17)强制式搅拌机的搅拌叶片与搅拌筒底及侧壁的间隙,应经常检查并确认符合规定,当间隙超过标准时,应及时调整。当搅拌叶片磨损超过标准时,应及时修补或更换。 (18)作业后,应对搅拌机进行全面清理;当操作人员需进入筒内时,必须切断电源或卸下熔断器,锁好开关箱,挂上“禁止合闸”标示牌,并应有专人在外监护。 (19)作业后,应将料斗降落到坑底,当需升起时,应用链条或插销扣牢。 (20)冬季作业后,应将水泵、放水开关、量水器中的积水排尽。 (21)搅拌机在场内移动或远距离运输时,应将进料斗提升到上止点,用保险铁链或插销锁住

续表

项目	具体内容
混凝土喷射机	(1)喷射机应采用干喷作业,应按出厂说明书规定的配合比配料,风源应是符合要求的稳压源,电源、水源、加料设备等均应配套。 (2)管道安装应正确,连接处应紧固密封。当管道通过道路时,应设置在地槽内并加盖保护。 (3)喷射机内部应保持干燥和清洁,加入的干料配合比及潮润程序,应符合喷射机性能要求,不得使用结块的水泥和未经筛选的砂石。 (4)作业前重点检查项目应符合下列要求: a. 安全阀灵敏可靠。 b. 电源线无破裂现象,接线牢靠。 c. 各部密封件密封良好,对橡胶结合板和旋转板出现的明显沟槽及时修复。 d. 压力表指针在上、下限之间,根据输送距离,调整上限压力的极限值。 e. 喷枪水环(包括双水环)的孔眼畅通。 (5)启动前,应先接通风、水、电,开启进气阀逐步达到额定压力,再起动电动机空载运转,确认一切正常后,方可投料作业。 (6)机械操作和喷射操作人员应有联系信号,送风、加料、停料、停风以及发生堵塞时,应及时联系,密切配合。 (7)在喷嘴前方严禁站人,操作人员应始终站在已喷射过的混凝土支护面以内。 (8)作业中,当暂停时间超过 1 h 时,应将仓内及输料管内的干混合料全部喷出。 (9)发生堵管时,应先停止喂料,对堵塞部位进行敲击,迫使物料松散,然后用压缩空气吹通。此时,操作人员应紧握喷嘴,严禁甩动管道伤人。当管道中有压力时,不得拆卸管接头。 (10)转移作业面时,供风、供水系统液压随之移动,输送软管不得随地拖拉和折弯。 (11)停机时,应先停止加料,然后再关闭电动机和停送压缩空气。 (12)作业后,应将仓内和输料软管内的干混合料全部喷出,并应将喷嘴拆下清洗干净,清除机身内外黏附的混凝土料及杂物。同时应清理输料管,并应使密封件处于放松状态
插入式振动器	(1)插入式振动器的电动机电源上,应安装漏电保护装置,接地或接零应安全可靠。 (2)操作人员应经过用电教育,作业时应穿戴绝缘胶鞋和绝缘手套。 (3)电缆线应满足操作所需的长度。电缆线上不得堆压物品或让车辆挤压,严禁用电缆线拖拉或吊挂振动器。 (4)使用前,应检查各部并确认连接牢固,旋转方向正确。 (5)振动器不得在初凝的混凝土、地板、脚手架和干硬的地面上进行试振。在检修或作业间断时,应断开电源。 (6)作业时,振动棒软管的弯曲半径不得小于 500 mm,并不得多于两个弯,操作时应将振动棒垂直地沉入混凝土,不得用力硬插、斜推或让钢筋夹住棒头,也不得全部插入混凝土中,插入深度不应超过棒长的 3/4,不宜触及钢筋、芯管及预埋件。

续表

项目	具体内容
插入式振动器	(7)振动棒软管不得出现断裂,当软管使用过久使长度增长时,应及时修复或更换。 (8)作业停止需移动振动器时,应先关闭电动机,再切断电源。不得用软管拖拉电动机。 (9)作业完毕,应将电动机、软管、振动棒清理干净,并应按规定要求进行保养作业。振动器存放时,不得堆压软管,应平直放好,并应对电动机采取防潮措施
附着式、平板式振动器	(1)附着式、平板式振动器轴承不应承受轴向力,在使用时,电动机轴应保持水平状态。 (2)在一个模板上同时使用多台附着式振动器时,各振动器的频率应保持一致,相对面的振动器应错开安装。 (3)作业前,应对附着式振动器进行检查和试振。试振不得在干硬土或硬质物体上进行。安装在搅拌站料仓上的振动器,应安置橡胶垫。 (4)安装时,振动器底板安装螺孔的位置应正确,应防止底脚螺栓安装扭斜而使机壳受损。底脚螺栓应紧固,各螺栓的紧固程度应一致。 (5)使用时,引出电缆线不得拉得过紧,更不得断裂。作业时,应随时观察电气设备的漏电保护器和接地或接零装置并确认合格。 (6)附着式振动器安装在混凝土模板上时,每次振动时间不应超过 1 min,当混凝土在模内泛浆流动或成水平状即可停振,不得在混凝土初凝状态时再振。 (7)装置振动器的构件模板应坚固牢靠,其面积应与振动器额定振动面积相适应。 (8)平板式振动器作业时,应使平板与混凝土保持接触,使振波有效地振实混凝土,待表面出浆,不再下沉后,即可缓慢向前移动,移动速度应能保证混凝土振实、出浆。在振的振动器,不得搁置在已凝或初凝的混凝土上

二、钢筋加工机械

项目	具体内容
钢筋加工机械的安全事故	钢筋加工机械可能发生的安全事故主要是机械伤害(包括钢筋弹出伤人)和触电,高处进行作业可能发生高处坠落,液压设备可能发生高压液压油喷出伤人事故
钢筋加工机械安全使用基本要求	(1)机械的安装应坚实稳固,保持水平位置。固定式机械应有可靠的基础;移动式机械作业时应楔紧行走轮。 (2)室外作业应设置机棚,机旁应有堆放原料、半成品的场地。 (3)加工较长的钢筋时,应有专人帮扶,并听从操作人员指挥,不得任意推拉。 (4)作业后,应堆放好成品,清理场地,切断电源,锁好开关箱,做好润滑工作
钢筋切断机	(1)接送料的工作台面应和切刀下部保持水平,工作台的长度可根据加工材料长度确定。 (2)启动前,应检查并确认切刀无裂纹,刀架螺栓紧固,防护罩牢靠。然后用手转动皮带轮,检查齿轮啮合间隙,调整切刀间隙。

续表

项目	具体内容
钢筋切断机	(3)启动后,应先空运转,检查各传动部分及轴承运转正常后,方可作业。 (4)机械未达到正常转速时,不得切料。切料时,应使用切刀的中、下部位,紧握钢筋对准刃口迅速投入,操作者应站在固定刀片一侧用力压住钢筋,应防止钢筋末端弹出伤人。严禁用两手分在刀片两边握住钢筋俯身送料。 (5)不得剪切直径及强度超过机械铭牌规定的钢筋和烧红的钢筋。一次切断多根钢筋时,其总截面积应在规定范围内。 (6)剪切低合金钢时,应更换高硬度切刀,剪切直径应符合机械铭牌规定。 (7)切断短料时,手和切刀之间的距离应保持在150 mm以上,如手握端小于400 mm时,应采用套管或夹具将钢筋短头压住或夹牢。 (8)运转中,严禁用手直接清除切刀附近的断头和杂物。钢筋摆动周围和切刀周围,不得停留非操作人员。 (9)当发现机械运转不正常、有异常响声或切刀歪斜时,应立即停机检修。 (10)作业后,应切断电源,用钢刷清除切刀间的杂物,进行整机清洁润滑。 (11)液压传动式切断机作业前,应检查并确认液压油位及电动机旋转方向符合要求。启动后,应空载运转,松开放油阀,排净液压缸体内的空气,方可进行切筋。 (12)手动液压式切断机使用前,应将放油阀按顺时针方向旋紧,切割完毕后,应立即按逆时针方向旋松。作业中,手应持稳切断机,并戴好绝缘手套
钢筋弯曲机	(1)工作台和弯曲机台面应保持水平,作业前应准备好各种芯轴及工具。 (2)应按加工钢筋的直径和弯曲半径的要求,装好相应规格的芯轴和成型轴、挡铁轴。挡铁轴应有轴套。 (3)挡铁轴的直径和强度不得小于被弯钢筋的直径和强度。不直的钢筋,不得在弯曲机上弯曲。 (4)应检查并确认芯轴、挡铁轴、转盘等无裂纹和损伤,防护罩坚固可靠,空载运转正常后,方可作业。 (5)作业时,应将钢筋需要弯曲的一端插入在转盘固定销的间隙内,另一端紧靠机身固定销,并用手压紧;应检查机身固定销并确认安放在挡住钢筋的一侧,方可开动转盘。 (6)转盘转动过程中,严禁更换轴芯、销子、变换角度以及调速,也不得进行清扫和加油。 (7)对超过机械铭牌规定直径的钢筋严禁进行弯曲。在弯曲未经冷拉或带有锈皮的钢筋时,应戴护目镜。 (8)弯曲高强度或低合金钢筋时,应按机械铭牌规定换算最大允许直径并应调换相应的芯轴。 (9)在弯曲钢筋的作业半径内和机身不设固定销的一侧严禁站人。弯曲好的半成品,应堆放整齐,弯钩不得朝上。 (10)转盘换向时,应待停稳后进行。 (11)作业后,应停机及时清除转盘及插入座孔内的铁锈、杂物等

续表

项目	具体内容
钢筋冷拉机	(1)应根据冷拉钢筋的直径,合理选用卷扬机。卷扬钢丝绳应经封闭式导向滑轮并和被拉钢筋水平方向成直角。卷扬机的位置应使操作人员能见到全部冷拉场地,卷扬机与冷拉中线距离不得少于 5 m。 (2)冷拉场地应在两端地锚外侧设置警戒区,并应安装防护栏及警告标志。无关人员不得在此停留。操作人员在作业时必须离开钢筋 2 m 以外。 (3)用配重控制的设备应与滑轮匹配,并应有指示起落的记号,没有指示记号时应有专人指挥。配重框提起时高度应限制在离地面 300 mm 以内,配重架四周应有栏杆及警告标志。 (4)作业前,应检查冷拉夹具,夹齿应完好,滑轮、拖拉小车应润滑灵活,拉钩、地锚及防护装置均应齐全牢固。确认良好后,方可作业。 (5)卷扬机操作人员必须看到指挥人员发出信号,并待所有人员离开危险区后方可作业。冷拉应缓慢、均匀。当有停车信号或见到有人进入危险区时,应立即停拉,并稍稍放松卷扬钢丝绳。 (6)用延伸率控制的装置,应装设明显的限位标志,并应有专人负责指挥。 (7)夜间作业的照明设施,应装设在张拉危险区外。当需要装设在场地上空时,其高度应超过 5 m。灯泡应加防护罩,导线严禁采用裸线。 (8)作业后,应放松卷扬钢丝绳,落下配重,切断电源,锁好开关箱
其他钢筋加工机械作业	1. 钢筋除锈机 (1)使用电动除锈机除锈,要先检查钢丝刷固定螺丝有无松动,检查封闭式防护罩装置及排尘设备的完好情况,防止发生机械伤害。 (2)使用移动式除锈机,要注意检查电气设备的绝缘及接地是否良好。 (3)操作人员要将袖口扎紧,并戴好口罩、手套、防护眼镜,防止圆盘钢丝刷上的钢丝甩出伤人。 (4)送料时,操作人员要侧身操作,严禁在除锈机的正前方站人,长料除锈需两人互相呼应,紧密配合。 2. 人工调直安全要求 (1)用人工绞磨调直钢筋时,绞磨地锚必须牢固,严禁将地锚绳拴在树干、下水井及其他不坚固的物体或建筑物上。 (2)人工推转绞磨时,要步调一致,稳步进行,严禁任意撒手。 (3)钢筋端头应用夹具夹牢,卡头不得小于 100 mm。 (4)钢筋产生应力并调直到预定程度后,应缓慢回车卸下钢筋,防止机械伤人。手工调直钢筋,必须在牢固的操作台上进行。 3. 钢筋手工弯曲成型 (1)用横口扳子弯曲粗钢筋时,要注意掌握操作要领,脚跟要站稳,两腿站成弓步,搭好扳子,注意扳距,扳口卡牢钢筋,起弯时用力要慢,不要用力过猛,防止板子扳脱,人被甩倒。 (2)不允许在高处或脚手架上弯粗钢筋,避免因操作时脱扳造成高处坠落

三、焊接设备

项目	具体内容
焊接设备的安全事故	焊接设备可能发生的安全事故主要是机械伤害、火灾、触电、灼烫和中毒事故，高空焊接作业可能发生高处坠落
焊接设备安全使用基本要求	（1）焊接设备应有完整的防护外壳，一、二次接线柱处应有保护罩。 （2）焊接操作及配合人员必须按规定穿戴劳动防护用品，并必须采取防止触电、高空坠落、瓦斯中毒和火灾等事故的安全措施。 （3）现场使用的电焊机，应设有防雨、防潮、防晒的机棚，并应装设相应的消防器材。 （4）施焊现场 10 m 范围内，不得堆放油类、木材、氧气瓶、乙炔发生器等易燃、易爆物品。 （5）当长期停用的电焊机恢复使用时，其绝缘电阻不得小于 0.5 MΩ，接线部分不得有腐蚀和受潮现象。 （6）电焊机导线应具有良好的绝缘，绝缘电阻不得小于 1 MΩ，不得将电焊机导线放在高温物体附近。电焊机导线和接地线不得搭在易燃、易爆和带有热源的物品上，接地线不得接在管道、机械设备和建筑物金属构架或轨道上，接地电阻不得大于 4 Ω。严禁利用建筑物的金属结构、管道、轨道或其他金属物体搭接起来形成焊接回路。 （7）电焊钳应有良好的绝缘和隔热能力。电焊钳握柄必须绝缘良好，握柄与导线连接应牢靠，接触良好，连接处应采用绝缘布包好并不得外露。操作人员不得用胳膊夹持电焊钳。 （8）电焊导线长度不宜大于 30 m。当需要加长导线时，应相应增加导线的截面。当导线通过道路时，必须架高或穿入防护管内埋设在地下；当通过轨道时，必须从轨道下面通过。当导线绝缘受损或断股时，应立即更换。 （9）对承压状态的压力容器及管道、带电设备、承载结构的受力部位和装有易燃、易爆物品的容器严禁进行焊接和切割。 （10）焊接铜、铝、锌、锡等有色金属时，应通风良好，焊接人员应戴防毒面罩、呼吸滤清器或采取其他防毒措施。 （11）当需施焊受压容器、密封容器、油桶、管道、沾有可燃气体和溶液的工件时，应先清除容器及管道内压力，消除可燃气体和溶液，然后冲洗有毒、有害、易燃物质；对存有残余油脂的容器，应先用蒸汽、碱水冲洗，并打开盖口，确认容器清洗干净后，再灌满清水方可进行焊接。在容器内焊接应采取防止触电、中毒和窒息的措施。焊、割密封容器应留出气孔，必要时在进、出气口处装设通风设备；容器内照明电压不得超过 12 V，焊工与焊件间应绝缘；容器外应设专人监护。严禁在已喷涂过油漆和塑料的容器内焊接。 （12）当焊接预热焊件温度达 150～700 ℃时，应设挡板隔离焊件发出的辐射热，焊接人员应穿戴隔热的石棉服装和鞋、帽等。 （13）高空焊接或切割时，必须系好安全带，焊接周围和下方应采取防火措施，并应有专人监护。 （14）雨天不得在露天电焊。在潮湿地带作业时，操作人员应站在铺有绝缘物品的地方，并应穿绝缘鞋。 （15）应按电焊机额定焊接电流和暂载率操作，严禁过载。在载荷运行中，应经常检查电焊机的温升，当温升超过 A 级 60 ℃、B 级 80 ℃时，必须停止运转并采取降温措施。 （16）当清除焊缝焊渣时，应戴防护眼镜，头部应避开敲击焊渣飞溅方向

续表

<table>
<tr><th>项目</th><th>具体内容</th></tr>
<tr><td>手工弧焊机</td><td>1. 交流电焊机
(1)使用前,应检查并确认初、次级线接线正确,输入电压符合电焊机的铭牌规定,接通电源后,严禁接触初级线路的带电部分。
(2)次级抽头连接铜板应压紧,接线桩应有垫圈。合闸前,应详细检查接线螺帽、螺栓及其他部件并确认完好齐全、无松动或损坏。
(3)多台电焊机集中使用时,应分接在三相电源网络上,使三相负载平衡。多台焊机的接地装置,应分别由接地极处引接,不得串联。
(4)移动电焊机时,应切断电源,不得用拖拉电缆的方法移动焊机。当焊接中突然停电时,应立即切断电源。
2. 旋转式直流电焊机
(1)新机使用前,应将换向器上的污物擦干净,换向器与电刷接触应良好。
(2)启动时,应检查并确认转子的旋转方向符合焊机标志的箭头方向。
(3)启动后,应检查电刷和换向器,当有大量火花时,应停机查明原因,排除故障后方可使用。
(4)当数台焊机在同一场地作业时,应逐台启动。
(5)运行中,当需调节焊接电流和极性开关时,不得在负荷时进行。调节不得过快、过猛。
3. 硅整流直流焊机
(1)焊机应在出厂说明书要求的条件下作业。
(2)使用前,应检查并确认硅整流元件与散热片连接紧固,各接线端头紧固。
(3)使用时,应先开启风扇电机,电压表指示值应正常,风扇电机无异响。
(4)硅整流直流电焊机主变压器的次级线圈和控制变压器的次级线圈严禁用摇表测试。
(5)硅整流元件应进行保护和冷却。当发现整流元件损坏时,应查明原因,排除故障后,方可更换新件。
(6)整流元件和有关电子线路应保持清洁和干燥。启用长期停用的焊机时,应空载通电一定时间进行干燥处理。
(7)搬运由高导磁材料制成的磁放大铁芯时,应防止强烈震击引起磁能恶化。
(8)停机后,应清洁硅整流器及其他部件</td></tr>
<tr><td>埋弧焊机</td><td>(1)作业前,应检查并确认各部分导线连接良好,控制箱的外壳和接线板上的罩壳盖好。
(2)应检查并确认送丝滚轮的沟槽及齿纹完好,滚轮、导电嘴(块)磨损或接触不良时应更换。
(3)作业前,应检查减速箱油槽中的润滑油,不足时应添加。
(4)软管式送丝机构的软管槽孔应保持清洁,并定期吹洗。
(5)作业时,应及时排走焊接中产生的有害气体,在通风不良的舱室或容器内作业时,应安装通风设备</td></tr>
</table>

续表

项目	具体内容
竖向钢筋电渣压力焊机	(1)应根据施焊钢筋直径选择具有足够输出电流的电焊机。电源电缆和控制电缆连接应正确、牢固。控制箱的外壳应牢靠接地。 (2)施焊前,应检查供电电压并确认正常,当一次电压降大于8%时,不宜焊接。焊接导线长度不得大于30 m,截面面积不得小于50 mm^2。 (3)施焊前应检查并确认电源及控制电路正常,定时准确,误差不大于5%,机具的传动系统、夹装系统及焊钳的转动部分灵活自如,焊剂已干燥,所需附件齐全。 (4)施焊前,应按所焊钢筋的直径,根据参数表,标定好所需的电源和时间。一般情况下,时间(s)可为钢筋的直径数(mm),电流(A)可为钢筋直径的20倍数(mm)。 (5)起弧前,上、下钢筋应对齐,钢筋端头应接触良好。对锈蚀粘有水泥的钢筋,应要用钢丝刷清除,并保证导电良好。 (6)施焊过程中,应随时检查焊接质量。当发现倾斜、偏心、未熔合、有气孔等现象时,应重新施焊。 (7)每个接头焊完后,应停留5~6 min保温;寒冷季节应适当延长。当拆下机具时,应扶住钢筋,过热的接头不得过于受力。焊渣应待完全冷却后清除
点焊机	(1)作业前,应清除上、下两电极的油污。通电后,机体外壳应无漏电。 (2)启动前,应先接通控制线路的转向开关和焊接电流的小开关,调整好极数,再接通水源、气源,最后接通电源。 (3)焊机通电后,应检查电气设备、操作机构、冷却系统、气路系统及机体外壳有无漏电现象。电极触头应保持光洁。有漏电时,应立即更换。 (4)作业时,气路、水冷系统应畅通。气体应保持干燥。排水温度不得超过40 ℃,排水量可根据气温调节。 (5)严禁在引燃电路中加大熔断器。当负载过小使引燃管内电弧不能发生时,不得闭合控制箱的引燃电路。 (6)当控制箱长期停用时,每月应通电加热30 min。更换闸流管时应预热30 min。正常工作的控制箱的预热时间不得小于5 min

四、装修机械

项目	具体内容
装修机械的安全事故	装修机械可能发生的安全事故主要是机械伤害和触电事故,高空作业可能发生高处坠落事故
装修机械安全使用基本要求	(1)装修机械上的刃具、胎具、模具、成型辊轮等应保证强度和精度,刃磨锋利,安装稳妥,紧固可靠。 (2)装修机械上外露的传动部分应有防护罩,作业时,不得随意拆卸。 (3)装修机械应安装在防雨、防风沙的机棚内。 (4)长期搁置再用的机械,在使用前必须测量电动机绝缘电阻,合格后方可使用

续表

项目	具体内容
灰浆搅拌机	(1)固定式搅拌机应有牢靠的基础,移动式搅拌机应采用方木或撑架固定,并保持水平。 (2)作业前应检查并确认传动机构、工作装置、防护装置等牢固可靠,三角胶带松紧度适当,搅拌叶片和筒壁间隙在3~5 mm之间,搅拌轴两端密封良好。 (3)启动后,应先空运转,检查搅拌叶旋转方向正确,方可加料加水,进行搅拌作业。加入的砂子应过筛。 (4)运转中,严禁用手或木棒等伸进搅拌筒内,或在筒口清理灰浆。 (5)作业中,当发生故障不能继续搅拌时,应立即切断电源,将筒内灰浆倒出,排除故障后方可使用。 (6)固定式搅拌机的上料斗应能在轨道上移动。料斗提升时,严禁斗下有人。 (7)作业后,应清除机械内外砂浆和积料,用水清洗干净
水磨石机	(1)水磨石机宜在混凝土达到设计强度的70%~80%时进行磨削作业。 (2)作业前,应检查并确认各连接件紧固。当用木槌轻击磨石发出无裂纹的清脆声音时,方可作业。 (3)电缆线应离地架设,不得放在地面上拖动。电缆线应无破损,保护接地良好。 (4)在接通电源、水源后,应手压扶把使磨盘离开地面,再起动电动机。并应检查确认磨盘旋转方向与箭头所示方向一致,待运转正常后,再缓慢放下磨盘,进行作业。 (5)作业中,使用的冷却水不得间断,用水量宜调至工作面不发干。 (6)作业中,当发现磨盘跳动或异响,应立即停机检修。停机时,应先提升磨盘后关机。 (7)更换新磨石后,应先在废水磨石地坪上或废水泥制品表面磨1~2 h,待金刚石切削刃磨出后,再投入工作面作业。 (8)作业后,应切断电源,清洗各部位的泥浆,放置在干燥处,用防雨布遮盖
混凝土切割机	(1)使用前,应检查并确认电动机、电缆线均正常,保护接地良好,防护装置安全有效,锯片选用符合要求,安装正确。 (2)启动后,应空载运转,检查并确认锯片运转方向正确,升降机构灵活,运转中无异常、异响,一切正常后,方可作业。 (3)操作人员应双手按紧工件,均匀送料,在推进切割机时,不得用力过猛。操作时不得戴手套。 (4)切割厚度应按机械出厂铭牌规定进行,不得超厚切割。 (5)加工件送到与锯片相距300 mm处或切割小块料时,应使用专用工具送料,不得直接用手推料。 (6)作业中,当工件发生冲击、跳动及异常音响时,应立即停机检查,排除故障后,方可继续作业。 (7)严禁在运转中检查、维修各部件。锯台上和构件锯缝中的碎屑应采用专用工具及时清除,不得用手拣拾或抹拭。 (8)作业后,应清洗机身,擦干锯片,排放水箱余水,收回电缆线,并存放在干燥、通风处

考点2　土石方机械安全使用技术

项目	具体内容
土石方机械的安全事故	土石方机械可能发生的安全事故主要是机械伤害、坍塌和场内交通事故
土石方机械安全使用基本要求	(1)土石方施工的机械设备应有出厂合格证书。必须按照出厂使用说明书规定的技术性能、承载能力和使用条件等要求,正确操作,合理使用,严禁超载作业或任意扩大适用范围。 (2)新购、经过大修或技术改造的机械设备,应按有关规定要求进行测试和试运转。 (3)机械设备应定期进行维修保养,严禁带故障作业。 (4)机械设备进场前,应对现场和行进道路进行踏勘。不满足通行条件要求的地段应采取必要的措施。 (5)作业前应检查施工现场,查明危险源。机械作业不宜在有地下电缆或燃气管道等2 m半径范围内进行。 (6)作业时操作人员不得擅自离开岗位或将机械设备交给其他无证人员操作,严禁疲劳和酒后作业。严禁无关人员进入作业区和操作室。机械设备连续作业时,应遵守交接班制度。 (7)配合机械设备作业的人员,应在机械设备的回转半径以外工作;当在回转半径内作业时,应停机后才可作业。 (8)遇到下列情况之一时,应立即停止作业: ①作业区域土体不稳定、有坍塌可能。 ②地面涌水冒浆,出现陷车或因下雨发生坡道打滑。 ③发生大雨、雷电、浓雾、水位暴涨及山洪暴发等情况。 ④施工标志及防护设施被损坏。 ⑤工作面净空不足以保证安全作业。 ⑥出现其他不能保证作业和运行安全的情况。 (9)机械设备运行时,严禁接触转动部位和进行检修。 (10)夜间工作时,现场必须有足够照明;机械设备照明装置应完好无损。 (11)作业结束后,应将机械设备停到安全地带。操作人员非作业时间不得停留在机械设备内
挖掘机	(1)履带式挖掘机转移工地,应用平板拖车运送。特殊情况需要自行转移时,须卸去配重,主动轮应在后面,臂杆、铲斗回转机构等应处于制动位置并加保险固定。每行走500~1 000 m对行走机构进行检查和润滑。 (2)挖掘机行走和作业场地地面松软时,应垫以枕木或垫板。沼泽地区必须先作路基处理或更换专用的履带板。 (3)单斗挖掘机正铲作业时,除松散土壤外,其作业面应不超过本机性能规定的最大开挖高度和深度。在拉铲或反铲作业时,挖掘机履带距工作面边缘至少应保持1~1.5 m的安全距离。

续表

项目	具体内容
挖掘机	(4)启动前检查工作装置、行走机构、各部安全防护装置、液压传动部件及电气装置等,确认齐全完好,方可启动。 (5)作业区内应无行人和障碍物,挖掘前先鸣声示意,并试挖数次,确认正常后,方可开始作业。 (6)作业时,挖掘机应保持水平位置,将行走机构制动住,并将轮胎或履带楔紧。 (7)遇较大的坚硬石块或障碍物时,须清除后,方可挖掘。不得用铲斗破碎石块、冻土或用单边斗齿硬啃。 (8)挖掘悬崖时应采取防护措施。工作面不得留有伞沿及松动的大块石,如发现有塌方危险应立即处理或将挖掘机撤离至安全地带。 (9)作业时,必须待机身停稳后再挖土,当铲斗未离开工作面时,不得作回转行走动作,回转制动时,应使用回转制动器,不得用转向离合器反转制动。 (10)装车时,铲斗要尽量放低,不得撞碰汽车任何部分。在汽车未停稳或铲斗必须越过驾驶室而司机未离开前不得装车。 (11)作业时,铲斗升、降不得过猛。下降时不得撞碰车架或履带。 (12)在作业时或行走时,严禁靠近架空输电线路,机械与架空输电线的安全距离应符合有关规定。 (13)操作人员离开驾驶室时,不论时间长短,必须将铲斗落地。 (14)走行上坡时,履带主动轮应在后面,下坡时履带主动轮在前面,大臂与履带平行。制动住回转机构,铲斗离地面不得超过1 m。上下坡不得超过20°,下坡用慢速行驶,严禁在坡道上变速和滑行
推土机	(1)推土机在坚硬土壤或多石土壤地带作业时,应先进行爆破或用钩土器翻松。 (2)不得用推土机推石灰、烟灰等粉尘物,不得用作碾碎石块的作业。 (3)牵引其他机械设备时,必须有专人负责指挥。钢丝绳的连接必须牢固可靠。在坡道及长距离牵引时,应用牵引杆连接。 (4)作业前重点检查项目应符合下列要求:各系统管路应无裂纹或泄漏;各部螺栓联接件应紧固;各操纵杆和制动踏板的行程,履带的松紧度,轮胎气压均应符合要求;绞盘、液压缸等处应无污泥。 (5)推土机行驶前严禁有人站在履带或刀片的支架上,确保机械四周无障碍物,确认安全后,方可开动;严禁拖、顶启动。 (6)运转中,必须随时注意各仪表的指示值、离合器、制动器、绞盘和液压操纵系统等,确保其作用均灵活可靠。 (7)运行中不得将脚搁在制动踏板上。变速时应停机进行,若齿轮啮合不顺,不得强行啮合。 (8)在石子和黏土路面高速行驶或上下坡时,不得急转弯。需要原地旋转和急转弯时,应用低速进行。 (9)超越障碍物时,必须用低速行驶,不得采用斜行或脱开一侧转向离合器超越。

续表

项目	具体内容
推土机	(10)在浅水地带行驶或作业时,必须查明水深,应以冷却风扇叶不接触水面为限。下水前和出水后,均应对行走装置加注润滑脂。 (11)推土机上下坡应用低速挡行驶,上坡不得换挡,下坡不得脱挡滑行。横向行驶的坡度不得超过10°。如需在陡坡上推土时,应先进行挖填,使机身保持平衡,方可作业。 (12)在上坡途中,如内燃机突然熄灭,应立即放下刀片,并锁住制动踏板分离主离合器,方可重新启动。 (13)机械操纵式推土机牵引重载下坡时,应选低速挡,严禁空挡滑行。如机械下行速度大于内燃机传动速度时,方向杆的操纵应与平地行走时操纵的方向相反,同时不应使用制动器。 (14)无液力变矩器的推土机在作业中有超载趋势时,应稍微提升刀片或变换低速挡。 (15)填沟作业驶近边坡时,刀片不得越出边缘。后退时应先换挡,方可提升刀片进行倒车。 (16)在深沟、基坑或陡坡地区作业时,必须有专人指挥,其垂直边坡高度一般不超过2 m,否则应放安全边坡。 (17)推房屋的围墙或旧房墙时,其高度一般不超过2.5 m。严禁推带有钢筋或与地基基础连接的混凝土桩等建筑物。 (18)在电杆附近作业时,应保留一定的土堆,其大小可根据电杆结构、土质、埋入深度等情况确定。推树干时应注意树干倒向和高空架设物。 (19)两台以上推土机在同一地区作业时,前后距离应大于8 m,左右相距大于1.5 m。 (20)履带式推土机、拖拉机严禁长距离倒退行驶
装载机	(1)装载机工作距离不宜过大,超过合理运距时,应由自卸汽车配合装运作业。自卸汽车的车厢容积应与铲斗容量相匹配。 (2)装载机不得在倾斜度超过出厂规定的场地上工作。作业区内不得有障碍物及无关人员。 (3)装载机作业场地和行驶道路应平坦。在石方施工场地作业时,应在轮胎上加装保护链条或用钢质链板直边轮胎。 (4)作业前重点检查项目应符合下列要求:照明、音响装置齐全有效;燃油、润滑油、液压油符合规定;各连接件无松动;液压及液力传动系统无泄漏现象;转向、制动系统灵敏有效;轮胎气压符合规定。 (5)启动内燃机后,应怠速空运转,各仪表指示值应正常,各部管路密封良好,待水温达到55 ℃、气压达到0.45 MPa后,可起步行驶。 (6)起步前,应先鸣声示意,宜将铲斗提升离地0.5 m。行驶过程中应测试制动器的可靠性,并避开路障或高压线等。除规定的操作人员外,不得搭乘其他人员,严禁铲斗载人。 (7)高速行驶时应采用前两轮驱动;低速铲装时,应采用四轮驱动。行驶中,应避免突然转向。铲斗装载后升起行驶时,不得急转弯或紧急制动。

续表

项目	具体内容
装载机	(8)在公路上行驶时,必须由持有操作证的人员操作,并应遵守交通规则,下坡不得空挡滑行和超速行驶。 (9)装料时,应根据物料的密度确定装载量,铲斗应从下面铲料,铲斗不得单边受力。卸料时,举臂翻转铲斗应低速缓慢动作。 (10)操纵手柄换向时,不应过急过猛。满载操作时,铲臂不得快速下降。 (11)在松散不平的场地作业时,应把铲臂放在浮动位置,使铲斗平稳地推进;当推进时阻力过大时,可稍稍提升铲臂。 (12)铲臂向上或向下动作最大限度时,应速将操纵杆回到空挡位置。 (13)不得将铲斗提升到最高位置运输物料。运载物料时,宜保持铲臂下铰点离地面0.5 m,并保持平稳行驶。 (14)铲装或挖掘应避免铲斗偏载,不得在收斗或半收斗而未举臂时前进。铲斗装满后,应举臂到距地面约0.5 m时,再后退、转向、卸料。 (15)当铲装阻力较大,出现轮胎打滑,应立即停止铲装,排除过载后再铲装。 (16)在向自卸汽车装料时铲斗不得在汽车驾驶室上方越过。当汽车驾驶室顶无防护板,装料时驾驶室内不得有人。 (17)在向自卸汽车装料时,宜降低铲斗及减小卸落高度,不得偏载、超载和砸坏车厢。 (18)在边坡、壕沟、凹坑卸料时,轮胎离边缘距离应大于1.5 m,铲斗不宜过于伸出。在大于3°的坡面上,不得前倾卸料。 (19)作业时,内燃机水温不得超过90 ℃,变矩器油温不得超过110 ℃,当超过上述规定时,应停机降温。 (20)作业后,装载机应停放在安全场地,铲斗平放在地面上,操纵杆置于中位,并制动锁定。 (21)装载机转向架未锁闭时,严禁站在前后车架之间进行检修保养。 (22)装载机铲臂升起后,在进行润滑或调整等作业之前,应装好安全销或采取其他措施支住铲臂。 (23)停车时,应使内燃机转速逐步降低,不得突然熄火;应防止液压油因惯性冲击而溢出油箱

考点3　其他机械设备安全使用技术

项目	具体内容
卷扬机	卷扬机是建筑工地上常见的机械,一般与龙门架、井架提升机配套使用。 1. 事故隐患 (1)卷扬机固定不坚固,地锚设置不牢固,导致卷扬机移位和倾覆。 (2)卷筒上无防止钢丝绳滑脱的防护装置或防护装置设置不合理、不可靠,致使钢丝绳脱离卷筒。

续表

<table>
<tr><th>项目</th><th>具体内容</th></tr>
<tr><td>卷扬机</td><td>(3)钢丝绳末端未固定或固定不符合要求,致使钢丝绳脱落。
(4)卷扬机制动器失灵,无法定位。
(5)绳筒轴端定位不准确引起轴疲劳断裂。
2. 安全要求
(1)安装位置要求。
①搭设操作棚,并保证操作人员能看清指挥人员和拖动或吊起的物件。施工过程中的建筑物、脚手架以及现场堆放材料、构件等,都不应影响司机对操作范围内全过程的监视。处于危险作业区域内的操作棚,应符合相应要求。
②地基坚固。卷扬机应尽量远离危险作业区域,选择地势较高、土质坚固的地方,埋设地锚用钢丝绳与卷扬机座锁牢,前方应打桩,防止卷扬机移动和倾覆。
(2)作业人员要求。
①卷扬机司机应经专业培训持证上岗。
②作业时要精神集中,发现视线内有障碍物时,要及时清除,信号不清时不得操作。当被吊物没有完全落在地面时,司机不得离岗。
(3)安全使用要求。
①安装时,基座应平稳牢固、周围排水畅通、地锚设置可靠,并应搭设工作棚。操作人员的位置应能看清指挥人员和拖动或起吊的物件。
②作业前,应检查卷扬机与地面的固定,弹性联轴器不得松旷。并应检查安全装置、防护设施、电气线路、接零或接地线、制动装置和钢丝绳等,全部合格后方可使用。
③使用皮带或开式齿轮传动的部分,均应设防护罩,导向滑轮不得用开口拉板式滑轮。
④卷扬机的卷筒旋转方向应与操纵开关上指示的方向一致。
⑤从卷筒中心线到第一导向滑轮的距离,带槽卷筒应大于卷筒宽度的 15 倍;无槽卷筒应大于卷筒宽度的 20 倍。当钢丝绳在卷筒中间位置时,滑轮的位置应与卷筒轴线垂直,其垂直度允许偏差为 6°。
⑥钢丝绳应与卷筒及吊笼连接牢固,不得与机架或地面摩擦,通过道路时,应设过路保护装置。
⑦在卷扬机制动操作杆的行程范围内,不得有障碍物或阻卡现象。
⑧卷筒上的钢丝绳应排列整齐,当重叠或斜绕时,应停机重新排列,严禁在转动中用手拉、脚踩钢丝绳。
⑨作业中,任何人不得跨越正在作业的卷扬钢丝绳。物件提升后,操作人员不得离开卷扬机,物件或吊笼下面严禁人员停留或通过。休息时应将物件或吊笼降至地面。
⑩作业中如发现异响、制动不灵、制动带或轴承等温度剧烈上升等异常情况时,应立即停机检查,排除故障后方可使用。
⑪作业中停电时,应切断电源,将提升物件或吊笼降至地面。
⑫作业完毕,应将提升吊笼或物件降至地面,并应切断电源,锁好开关箱</td></tr>
</table>

续表

<table>
<tr><th>项目</th><th>具体内容</th></tr>
<tr><td>机动翻斗车</td><td>1. 事故隐患
(1)车辆由于缺乏定期检查和维修保养而引起车辆伤害事故。
(2)司机未经培训违章行驶,引起车辆伤害事故。
2. 安全使用要求
(1)行驶前,应检查锁紧装置并将料斗锁牢,不得在行驶时掉斗。
(2)行驶时应从一挡起步。不得用离合器处于半结合状态来控制车速。
(3)上坡时,当路面不良或坡度较大时,应提前换入低挡行驶;下坡时严禁空挡滑行;转弯时应先减速;急转弯时应先换入低挡。
(4)翻斗车制动时,应逐渐踩下制动踏板,并应避免紧急制动。
(5)通过泥泞地段或雨后湿地时,应低速缓行,应避免换挡、制动、急剧加速,且不得靠近路边或沟旁行驶,并应防侧滑。
(6)翻斗车排成纵队行驶时,前后车之间应保持 8 m 的间距,在下雨或冰雪的路面上,应加大间距。
(7)在坑沟边缘卸料时,应设置安全挡块,车辆接近坑边时,应减速行驶,不得剧烈冲撞挡块。
(8)停车时,应选择合适地点,不得在坡道上停车。冬季应采取防止车轮与地面冻结的措施。
(9)严禁料斗内载人。料斗不得在卸料工况下行驶或进行平地作业。
(10)内燃机运转或料斗内载荷时,严禁在车底下进行任何作业。
(11)操作人员离机时,应将内燃机熄火,并挂挡、拉紧手制动器。
(12)作业后,应对车辆进行清洗,清除砂土及混凝土等黏结在料斗和车架上的脏物</td></tr>
<tr><td>小型空压机</td><td>1. 事故隐患
安全装置失灵、违章操作,导致空压机或储气罐物理性爆炸事故。
2. 安全使用要求
(1)固定式空压机应安装在固定的基础上,移动式空压机应用楔木将轮子固定。
(2)各部机件连接牢固,气压表、安全阀和压力调节器等齐全完整、灵敏可靠,外露传动部分防护罩齐全。
(3)输送管无急弯;储气罐附近严禁施焊和其他热作业。
(4)操作人员持有效证上岗,上岗前对机具做好例行保养工作。
(5)压力表和安全阀应每年至少校验 1 次。
(6)输气胶管应保持畅通,不得扭曲,开启送气阀前,应将输气管道连接好,并通知现场有关人员后方可送气。在出气口前方,不得有人工作或站立。
(7)作业中贮气罐内压力不得超过铭牌额定压力,安全阀应灵敏有效。进、排气阀、轴承及各部件应无异响或过热现象。
(8)发现下列情况之一时应立即停机检查,找出原因并排除故障后,方可继续作业:
①漏气、漏电。</td></tr>
</table>

续表

项目	具体内容
小型空压机	②压力表指示值超过规定。 ③排气压力突然升高，排气阀、安全阀失效。 ④机械有异响或电动机电刷发生强烈火花。 (9)在潮湿地区及隧道中施工时，对空气压缩机外露摩擦面应定期加注润滑油，对电动机和电气设备应做好防潮保护工作

案例分析

2015年5月23日8时30分，A特钢厂电炉车间电炉班在更换1号电炉炉体后，班长甲与本班员工乙、丙完成铁料斗装料，准备往电炉内加料。因起重作业指挥未在现场，甲指挥吊车起吊铁料斗，准备将固体料倒入电炉。乙用一根ϕ14 mm，长8 m的钢丝绳，将两端环扣分别挂住料斗出口端两侧的吊耳，并将钢丝绳挂在吊车主钩上，班长甲从自己工具箱中取出一根ϕ9.5 mm、长3 m的钢丝绳挂住料斗尾端下部的两个吊耳，并将钢丝绳两端的环扣挂在吊车副钩上，随后打手势指挥吊车司机丁起吊。吊车将料斗吊起，对准电炉加料口。在吊车司机丁操纵副钩升起料斗尾端，将料斗内固体料往电炉内倾倒时，ϕ9.5 mm钢丝绳在距离副钩约600 mm处突然破断，料斗尾端失控，部分固体料从料斗中甩出，其中1块掉在电炉平台护栏上弹出，砸中在地面进行修包作业的戊的头部，戊经医院抢救无效死亡。

事故发生后，事故调查组委托专业检测机构对钢丝绳进行了检测，检测结论为：ϕ14 mm钢丝绳无明显缺陷；ϕ9.5 mm钢丝绳距一端环扣600 mm区段曾受到高温烘烤，油麻芯失油干枯、钢丝生锈，经机械性能试验，该钢丝绳未受烘烤区段的破断拉力为4.7 t，受烘烤区段的破断拉力为4.1 t，经查，当班甲、乙、丙均未经起重作业指挥培训。

为了加强A特钢厂安全生产工作，属地人民政府安全生产监督管理部门采用“四不两直”的工作方法对该厂进行了安全生产检查，并约谈了该厂党政主要负责人，提出了一系列工作建议，其中包括要求该厂认真负责贯彻属地人民政府《安全生产“党政同责”暂行规定》精神，完善包括厂党组织负责人在内的安全生产责任体系。

根据以上场景，回答下列问题(1～3题为单选题，4～7题为多选题)：

1. 根据《中华人民共和国安全生产法》，关于A特钢厂安全生产管理人员的配备，下列说法正确的是(　　)。

A. 配备不少于1名兼职安全生产管理人员

B. 配备不少于1名兼职注册安全工程师

C. 配备不少于1名专职安全生产管理人员

D. 可不配备安全生产管理人员

E. 可不配备安全生产管理人员，委托注册安全工程师事务所代为管理

2. A 特钢厂建设项目安全设施施工或者试运行完成后,依法必须履行的程序是(　　)。

A. 向属地人民政府安全生产监督管理部门申请安全设施竣工验收

B. 委托具有相应资质的安全评价机构对安全设施进行验收评价

C. 邀请相关专家对安全设施进行竣工验收并形成书面报告

D. 由 A 特钢厂安全生产管理机构对安全设施进行竣工验收

E. 属地人民政府安全生产监督管理部门委托具有相应资质的安全评价机构对安全设施进行验收评价

3. 下列个人劳动防护用品中,应为 A 特钢厂电炉班员工配备的是(　　)。

A. 防静电鞋　　B. 阻燃工作服

C. 防切割手套　　D. 安全带

E. 防噪声头盔

4. A 特钢厂电炉车间在用吊车进行加料作业时,需要取得特种设备作业人员证或特种作业操作证的人员包括(　　)。

A. 班长　　B. 修包员

C. 吊车司机　　D. 装料辅助工

E. 起重作业指挥

5. 造成此次事故的直接原因包括(　　)。

A. 使用不合格的钢丝绳　　B. 班长甲违章指挥

C. 吊车司机丁违章起吊　　D. 甲、乙、丙、丁安全意识淡薄

E. 钢丝绳存放在甲的工具箱内

6. 下列选项中,属于"四不两直"中"四不"的内容包括(　　)。

A. 不发通知　　B. 不穿制服

C. 不听汇报　　D. 不用陪同和接待

E. 不查书面资料

7. 为落实《安全生产"党政同责"暂行规定》精神,A 特钢厂党组织的安全生产职责应包括(　　)。

A. 将安全生产纳入党组织年度工作重点内容

B. 组织对建设项目安全设施"三同时"工作进行评审

C. 加大安全生产工作在领导班子和领导干部年度考核中的分值权重

D. 组织全体员工进行职业健康体检并建立健康档案

E. 严肃查处安全生产工作中的不作为和乱作为行为

参考答案及解析

1. C　**【解析】**《中华人民共和国安全生产法》规定,矿山、金属冶炼、建筑施工、运输单位和危险物品的生产、经营、储存、装卸单位,应当设置安全生产管理机构或者配备专职安全生

产管理人员。

2. B　【解析】建设项目安全设施竣工或者试运行完成后，生产经营单位应当委托具有相应资质的安全评价机构对安全设施进行验收评价，并编制建设项目安全验收评价报告。

3. B　【解析】《中华人民共和国安全生产法》规定，生产经营单位必须为从业人员提供符合国家标准或者行业标准的劳动防护用品，并监督、教育从业人员按照使用规则佩戴、使用。劳动防护用品按防护部位分类，包括头部防护用品、呼吸器官防护用品、眼(面)部防护用品、听力防护用品、手部防护用品、足部防护用品、躯干防护用品、坠落防护用品、劳动护肤用品。根据A特岗厂电炉班员工的工作性质，应配备阻燃工作服。

4. ACE　【解析】锅炉、压力容器、压力管道、电梯、起重机械、客运索道、大型游乐设施、场(厂)内专用机动车辆的作业人员及其相关管理人员称为特种设备作业人员。特种作业人员，是指直接从事特种作业的从业人员。特种作业人员所持证件为特种作业操作证。特种作业的范围包括：电工作业、焊接与热切割作业、高处作业、制冷与空调作业、煤矿安全作业、金属非金属矿山安全作业、石油天然气安全作业、冶金(有色)生产安全作业、危险化学品安全作业、烟花爆竹安全作业、安全监管总局(现已并入应急管理部)认定的其他作业。

5. AB　【解析】事故的直接原因有：(1)机械、物质或环境的不安全状态；(2)人的不安全行为。

6. ACD　【解析】“四不两直”即不发通知、不打招呼、不听汇报、不用陪同接待、直奔基层、直插现场。

7. AC　【解析】《安全生产“党政同责”暂行规定》第二条，本规定所称“党政同责”，是指党委、行政对安全生产工作共同负有领导责任，其领导班子成员按照职责分工分别承担相应的安全生产工作职责。由题意，故选AC。

第三章　建筑施工临时用电安全技术

知识框架

- 建筑施工临时用电安全技术
  - 三相五线制、低压电力系统的安全技术要求
    - 三相五线制的安全技术要求
    - 低压电力系统的安全技术要求
  - 配电线路、外电线路、施工照明、施工配电箱的安全技术要求
    - 配电线路
    - 外电线路
    - 施工照明
    - 施工配电箱和开关箱
  - 建筑施工临时用电的危险因素及其安全技术措施
    - 施工现场临时用电安全要求
    - 施工现场临时用电的安全技术措施

考点精讲

第一节　三相五线制、低压电力系统的安全技术要求

考点1　三相五线制的安全技术要求

项目	具体内容
概念	三相五线制包括三相电的三个相线（A，B，C 线）、中性线（N 线），以及地线（PE 线）。中性线（N 线）就是零线。三相负载对称时，三相线路流入中性线的电流矢量和为零，但对于单独的一相来讲，电流不为零；三相负载不对称时，中性线的电流矢量和不为零，会产生对地电压。 三相五线制标准导线颜色为：A 线黄色，B 线绿色，C 线红色，N 线淡蓝色，PE 线黄绿色
接地方式	三相五线制分为 TT 接地方式和 TN 接地方式，其中 TN 又具体分为 TN－S，TN－C，TN－C－S 三种方式。 1. TT 接地方式 第一个字母 T 表示电源中性点接地，第二个 T 是设备金属外壳接地，这种方法高压系统普遍采用，低压系统中有大容量用电器时不宜采用。

续表

项目	具体内容
接地方式	2. TN－S 接地方式 字母 S 代表 N 与 PE 分开，设备金属外壳与 PE 相连，设备中性点与 N 相连。 其优点是 PE 中没有电流，故设备金属外壳对地电位为零。该接地方式主要用于数据处理，精密检测，高层建筑的供电系统。 3. TN－C 接地方式 字母 C 表示 N 与 PE 合并成为 PEN，实际上是四线制供电方式。设备中性点和金属外壳都和 N 相连。由于 N 正常时流通三相不平衡电流和谐波电流，故设备金属外壳正常对地有一定电压，通常用于一般供电场所。 4. TN－C－S 接地方式 一部分 N 与 PE 分开，是四线半制供电方式。该接地方式主要应用于环境较差的场所。当 N 和 PE 分开后不允许再合并。 我国规定，民用供电线路相线之间的电压（即线电压）为 380 V，相线和地线或中性线之间的电压（即相电压）均为 220 V。进户线一般采用单相二线制，即三个相线中的任意一相和中性线（作零线）。如遇大功率用电器，需自行设置接地线
安全技术要求	（1）由中性点直接接地的专用变压器供电的施工现场，必须采用 TN—S 保护接零系统（用电设备的金属外壳必须采用保护接零），专用保护接零线的首、末端及线路中间必须重复接地。 （2）由公用变压器供电的施工现场，全部金属设备的金属外壳，必须采用保护接地。电气设备的金属外壳必须通过专用接地干线与接地装置可靠连接，接地干线的首、末端及线路中间必须与接地装置可靠连接，每一接地装置的接地电阻不得大于 4 Ω。 （3）“三相五线制”的供电干线、分干线必须敷设至各级电制箱。 （4）专用保护接零（地）线的截面积与工作零线相同，且不得小于干线截面面积的 50%，其机械强度必须满足线路敷设方式的要求（架空敷设不得小于 10 mm^2 的铜芯绝缘线）。 （5）接至单台设备的保护接零（地）线的截面积不得小于接至该设备的相线截面积的 50%，且不得小于 2.5 mm^2 多股绝缘铜芯线（设备出厂已配电缆，且必须拆开密封部件才能更换电缆的设备除外，如潜水泵）。 （6）与相线包扎在同一外壳的专用保护接零（地）线（如电缆），其颜色必须为绿/黄双色线，该芯线在任何情况下不准改变用途。 （7）专用保护接零（地）线在任何情况下严禁通过工作电流。 （8）动力线路可装设短路保护，照明及安装在易燃易爆场所的线路必须装设过载保护。 （9）用熔断器作短路保护时，熔体额定电流应不大于电缆线路或绝缘导线穿管敷设线路的导体允许载流量的 2.5 倍，或明敷绝缘导线允许载流量的 1.5 倍。 （10）用自动开关作线路短路保护时，自动开关脱扣器的额定电流不小于线路负荷计算电流，其整定值应不大于线路导体长期允许载流量的 2.5 倍。 （11）装设过载保护的供电线路，其绝缘导线的允许载流量，应不小于熔断器熔体额定电流或自动开关过载电流长延时脱扣器整定电流的 1.25 倍。保护、控制线路的开关、熔断器应按线路负荷计算电流的 1.3 倍选择

考点2 低压电力系统的安全技术要求

项目	具体内容
低压电力系统安全技术	建筑施工现场临时用电工程专用的电源中性点直接接地的220/380V三相四线制低压电力系统，必须符合下列规定： 1. 采用TN－S接零保护系统 在施工现场用电工程专用的电源中性点直接接地的220/380V三相四线制低压电力系统中，必须采用TN－S接零保护系统。 (1)当施工现场与外电线路共用同一供电系统时，电气设备的接地、接零保护应与原系统保持一致，不得一部分设备做保护接地，另一部分设备做保护接零。 (2)采用TN－S系统做保护接零工作时，工作零线(N线)必须通过总漏电保护器，保护零线(PE线)必须由电源进线零线重复接地处或总漏电保护器电源侧零线处引出形成局部接零保护系统。 (3)TN－S系统为电源中性点直接接地时，电气设备外露可导电部分通过零线接地的接零保护系统，即设备外壳连接到PE上。 (4)系统正常运行时，专用保护线(PE线)上没有电流，只是工作零线(N线)上有不平衡电流，所以电气设备金属外壳接零保护是接在专用的保护线上。 2. 采用三级配电系统 三级配电是指施工现场从电源进线开始到用电设备之间，经过三级配电装置配送电力。在实施三级配电系统时，应遵循分级分路，动照分设，压缩配电间距的原则。 (1)从一级总配箱向二级分配电箱配电可以分路。 (2)从二级分配电箱向三级开关箱配电，一个分配电箱可以分若干分路向若干开关箱配电，每一分路也可以链接若干开关箱，但链接线路的总长度不得超过30 m。 (3)从三级开关箱向用电设备配电不得分路，实行“一机一闸”制，每台用电设备必须有其独立专用的开关箱，每一开关箱只能连续控制一台与其相关的用电设备，每一照明开关箱的容量不超过30 A负荷的照明器。 (4)总配电箱、分配电箱内动力与照明合置共箱配电，动力与照明必须分路配电，分配电箱的分路应动、照分设，设置动力开关箱和照明开关箱。 (5)分配电箱与开关箱之间，开关箱与用电设备之间的压缩配比间距有以下要求： ①分配电箱应设在用电设备或负荷相对集中的场所。 ②分配电箱与开关箱的距离一般不得超过30 m。 ③开关箱与其供电的固定式用电设备的水平距离不应超过3 m。 3. 采用二级漏电保护系统 二级漏电保护系统是指在施工现场基本供配电系统的总配电箱和开关箱首、末二级配电装置中，设置漏电保护器，其中总配电箱中的漏电保护器可以设置在总路，也可以设置在支路。 漏电保护器的安装除应遵守常规的电气设备安装规程外，还应注意以下要求： (1)漏电保护器极数和线数必须与负荷侧的相数和线数保持一致。 (2)漏电保护器的电源进线类别(相线或零线)必须与其进线端标记相对应，不允许交叉混接，标有电源侧和负荷侧的漏电保护器不得接反。

续表

项目	具体内容
低压电力系统安全技术	(3)漏电保护器的结构选型,优先选用无辅助电源型(电磁式)产品,或选用辅助电源故障时能自动断开的辅助电源型(电子式)产品。若选用辅助电源故障时不能断开的辅助电源型(电子式)产品,必须同时设置与其相配套的缺相保护装置。交流弧焊机应选用具有一次侧漏电保护和二次侧空载降压保护功能的漏电保护器。 (4)安装漏电保护器不得拆除或放弃原有的安全防护措施,漏电保护器只能作为电气安全防护系统中的附加保护措施。 (5)安装漏电保护器时,必须严格区分工作零线和保护线。使用三极四线式和四极四线式漏电保护器时,工作零线应接入漏电保护器。经过漏电保护器的工作零线不得作为保护线。 (6)工作零线不得在漏电保护器负荷侧重复接地,否则漏电保护器不能正常工作。 (7)采用漏电保护器的支路,其工作零线只能作为本回路的零线,禁止与其他回路工作零线相连,其他线路或设备也不能借用已采用漏电保护器后的线路或设备的工作零线

第二节　配电线路、外电线路、施工照明、施工配电箱的安全技术要求

考点1　配电线路

项目	具体内容
架空线路安全要求	(1)架空线必须采用绝缘导线。 (2)架空线必须设在专用电杆上,严禁架设在树木、脚手架上。其档距不得大于35 m,线间距不小于30 cm,靠近电杆的两导线的间距不得小于0.5 m。 (3)架空线的最大弧垂处与地面的最小垂直距离:施工现场4 m,机动车道6 m,铁路轨道7.5 m。 (4)架空线的最小截面,应通过负荷计算确定。但铝线不得小于16 mm^2,铜线不得小于10 mm^2。 (5)架空线在一个档距内,每层导线的接头数不得超过该层导线条数的50%,且一条导线应只有一个接头。在跨越铁路、公路、河流、电力线路档距内,架空线不得有接头。 (6)架空线电杆宜采用混凝土杆或木杆,但木杆梢径应不小于14 cm,其埋设深度为杆长的1/10加0.6 m,但在松软土质处应适当加大埋设深度,或采用卡盘加固。 (7)考虑施工情况,防止先架设的架空线与后施工的外脚手、结构挑檐、外墙装饰等距离太近而达不到要求。 (8)架空线路必须设置短路保护和过载保护。 (9)架空导线的相序排列: ①在一根横担架设时:面向负荷从左侧起依次为L1、N、L2、L3、PE。

续表

<table>
<tr><th>项目</th><th>具体内容</th></tr>
<tr><td rowspan="1">架空线路安全要求</td><td>②在两根横担上动力线、照明线分别架设时：上层横担面向负荷从左侧起为 L1、L2、L3；下层横担面向负荷从左侧起为 L1（L2、L3）、N、PE。
③横担长度：架设两线为 0.7 m，架设三线、四线为 1.5 m，架设五线为 1.8 m。
1. 一般规定
（1）电缆中必须包含全部工作芯线和用作保护零线或保护线的芯线。需要三相四线制配电的电缆线路必须采用五芯电缆。五芯电缆必须包含淡蓝、绿/黄两种颜色绝缘芯线。淡蓝色芯线必须用作 N 线；绿/黄双色芯线必须用作 PE 线，严禁混用。
（2）电缆线路应采用埋地或架空敷设，严禁沿地面明设，并应避免机械损伤和介质腐蚀。埋地电缆路径应设方位标志。
2. 埋地敷设
（1）埋地敷设宜选用铠装电缆；当选用无铠装电缆时，应能防水、防腐。架空敷设宜选用无铠装电缆。
（2）电缆直接埋地敷设的深度不应小于 0.7 m，并应在电缆紧邻上、下、左、右侧均匀敷设不小于 50 mm 厚的细砂，然后覆盖砖或混凝土板等硬质保护层。
（3）埋地电缆在穿越建筑物、构筑物、道路、易受机械损伤、介质腐蚀场所及引出地面从 2 m 高到地下 0.2 m 处，必须加设防护套管，防护套管内径不应小于电缆外径的 1.5 倍。
（4）埋地电缆与其附近外电电缆和管沟的平行间距不得小于 2 m、交叉间距不得小于 1 m。
（5）埋地电缆的接头应设在地面上的接线盒内，接线盒应能防水、防尘、防机械损伤，并应远离易燃、易爆、易腐蚀场所。
3. 架空敷设
（1）应沿电杆、支架或墙壁敷设，并采用绝缘子固定，绑扎线必须采用绝缘线，固定点间距应保证电缆能承受自重所带来的荷载，沿墙壁敷设时最大弧垂距地不得小于 2 m。
（2）架空电缆严禁沿脚手架、树木或其他设施敷设。
（3）在建工程内的电缆线路必须采用电缆埋地引入，严禁穿越脚手架引入。电缆垂直敷设应充分利用在建工程的竖井、垂直孔洞等，并宜靠近用电负荷中心，固定点每楼层不得少于一处。电缆水平敷设宜沿墙或门口固定，最大弧垂距地不得小于 2 m。
（4）装饰装修工程或其他特殊阶段，应补充编制单项施工用电方案。电源线可沿墙角、地面敷设，但应采取防机械损伤和电火措施。
（5）电缆线路必须有短路保护和过载保护。
室内配线分明装和暗装。不论哪种配线均应满足使用和安全可靠，一般要求如下：
（1）室内配线必须采用绝缘导线或电缆。
（2）室内配线应根据配线类型采用瓷瓶、瓷（塑料）夹、嵌绝缘槽、穿管或钢索敷设。
（3）潮湿场所或埋地非电缆配线必须穿管敷设，管口和管接头应密封；当采用金属管敷设时，金属管必须做等电位连接，且必须与 PE 线相连接。</td></tr>
</table>

续表

项目	具体内容
室内配线安全要求	(4)室内非埋地明敷主干线距地面高度不得小于2.5 m。 (5)架空进户线的室外端应采用绝缘子固定,过墙处应穿管保护,距地面高度不得小于2.5 m,并应采取防雨措施。 (6)室内配线所用导线或电缆的截面应根据用电设备或线路的计算负荷确定,但铜线截面不应小于1.5 mm^2,铝线截面不应小于2.5 mm^2。 (7)钢索配线的吊架间距不宜大于12 m。采用瓷夹固定导线时,导线间距不应小于35 mm,瓷夹间距不应大于800 mm;采用瓷瓶固定导线时,导线间距不应小于100 mm,瓷瓶间距不应大于1.5 m;采用护套绝缘导线或电缆时,可直接敷设于钢索上。 (8)室内配线必须有短路保护和过载保护。对穿管敷设的绝缘导线线路,其短路保护熔断器的熔体额定电流不应大于穿管绝缘导线长期连续负荷允许载流量的2.5倍

考点2　外电线路

项目	具体内容
外电线路的安全距离	安全距离主要是根据空气间隙的放电特性确定的。在施工现场中,安全距离主要是指在建工程(含脚手架)的外侧边缘与外电架空线路的边线之间的最小安全操作距离和施工现场机动车道与外电架空线路交叉时的最小垂直距离
外电线路安全技术	(1)在建工程不得在外电架空线路正下方施工、搭设作业棚、建造生活设施或堆放构件、架具材料及其他杂物等。 (2)在建工程(含脚手架)的周边与外电架空线路的边线之间的最小安全操作距离如表3－1所示。 (3)施工现场的机动车道与外电架空线路交叉时,架空线路的最低点与路面的最小垂直距离如表3－2所示。 (4)起重机严禁越过无防护设施的外电架空线路作业。在外电架空线路附近吊装时,起重机的任何部位或被吊物边缘在最大偏斜与架空线路边线的最小安全距离应如表3－3所示。 (5)施工现场开挖沟槽边缘与外电埋地电缆沟槽边缘之间的距离不得小于0.5 m。 (6)当达不到以上规定时,为了确保施工安全,必须采取绝缘隔离防护措施,并应悬挂醒目的警告标志。 (7)架设防护设施时,必须经有关部门批准,采用线路暂时停电或其他可靠的安全技术措施,并应有电气工程技术人员和专职安全人员监护。 (8)防护设施与外电线路之间的安全距离不应小于表3－4所列数值。 (9)防护设施应坚固、稳定,且对外电线路的隔离防护应达到IP30级。 (10)当(6)中规定的防护措施无法实现时,必须与有关部门协商,采取停电、迁移外电线路或改变工程位置等措施,未采取以上措施的严禁施工。 (11)在外电架空线路附近开挖沟槽时,必须会同有关部门采取加固措施,防止外电架空线路电杆倾斜、悬倒

表3-1　在建工程(含脚手架具)的周边与外电架空线路的边线之间的最小安全操作距离

外电线路电压等级(kV)	<1	1~10	35~110	220	330~500
最小安全操作距离(m)	4.0	6.0	8.0	10	15

表3-2　施工现场的机动车道与架空线路交叉时的最小垂直距离

外电线路电压等级(kV)	<1	1~10	35
最小垂直距离(m)	6.0	7.0	7.0

表3-3　起重机与架空线路边线的最小安全距离

电压(kV) 安全距离(m)	<1	10	35	110	220	330	500
沿垂直方向	1.5	3.0	4.0	5.0	6.0	7.0	8.5
沿水平方向	1.5	2.0	3.5	4.0	6.0	7.0	8.5

表3-4　防护设施与外电线路之间的最小安全距离

外电线路电压等级(kV)	≤10	35	110	220	330	500
最小安全距离(m)	1.7	2.0	2.5	4.0	5.0	6.0

考点3　施工照明

项目	具体内容
一般规定	(1)在坑、洞、井内作业、夜间施工或厂房、道路、仓库、办公室、食堂、宿舍、料具堆放场及自然采光差的场所,应设一般照明、局部照明或混合照明。在一个工作场所内,不得只装设局部照明。停电后,操作人员需及时撤离的施工现场,必须装设自备电源的应急照明。 (2)照明器的选择必须按下列环境条件确定: ①正常湿度的一般场所,选用密闭型防水照明器。 ②有爆炸和火灾危险的场所,按危险场所等级选用防爆型照明器。 ③含有大量尘埃但无爆炸和火灾危险的场所,选用防尘型照明器。 ④潮湿或特别潮湿的场所,选用密闭型防水照明器或配有防水灯头的开启式照明器。 ⑤有酸碱等强腐蚀介质的场所,采用耐酸碱型照明器。 ⑥存在较强振动的场所,选用防振型照明器。 (3)照明器具和器材的质量应符合国家现行有关强制性标准的规定,不得使用绝缘老化或破损的器具和器材。 (4)无自然采光的地下大空间施工场所,应编制单项照明用电方案

续表

项目	具体内容
照明供电	(1)一般场所宜选用额定电压为220 V的照明器。 (2)使用行灯应符合下列要求： ①电源电压不大于36 V。 ②灯体与手柄应坚固、绝缘良好并耐热、耐潮湿。 ③灯头与灯体结合牢固，灯头无开关。 ④灯泡外部有金属保护网。 ⑤金属网、反光罩、悬吊挂钩固定在灯具的绝缘部位上。 (3)下列特殊场所应使用安全特低电压照明器： ①隧道、人防工程、高温、有导电灰尘、比较潮湿或灯具离地面高度低于2.5 m等场所的照明，电源电压不应大于36 V。 ②潮湿和易触及带电体场所的照明，电源电压不得大于24 V。 ③特别潮湿的场所、导电良好的地面、锅炉或金属容器内的照明，电源电压不得大于12 V。 (4)照明变压器必须使用双绕组型安全隔离变压器，严禁使用自耦变压器。 (5)照明系统宜使三相负荷平衡，其中每一个单相回路上，灯具和插座数量不宜超过25个，负荷电流不宜超过15A。 (6)携带式变压器的一次侧电源线应采用橡皮护套或塑料护套软电缆，中间不得有接头，长度不宜超过3 m，其中绿/黄双色线只可作PE线使用，电源插销应有保护触头。 (7)工作零线截面应按下列规定选择： ①单相二线及二相二线线路中，零线截面与相线截面相同。 ②三相四线制线路中，当照明器为白炽灯时，零线截面不小于相线截面的50%；当照明器为气体放电灯时，零线截面按最大负载的电流选择。 ③在逐相切断的三相照明电路中，零线截面与最大负载相线截面相同
照明装置	(1)照明灯具的金属外壳必须与PE线相连接，照明开关箱内必须装设隔离开关、短路与过载保护器和漏电保护器。 (2)室外220 V灯具地面不得低于3 m，室内220 V灯具距地面不得低于2.5 m。普通灯具与易燃物距离不宜小于300 mm；聚光灯、碘钨灯等高热灯具与易燃物距离不宜小于500 mm，且不得直接照射易燃物。达不到规定安全距离时，应采取隔热措施。 (3)路灯的每个灯具应单独装设熔断器保护。灯头线应做防水弯。 (4)荧光灯管应采用管座固定或用吊链悬挂。荧光灯的镇流器不得安装在易燃的结构物上。 (5)碘钨灯及钠、铊、铟等金属卤化物灯具的安装高度宜在3 m以上，灯线应固定在杆线上，不得靠近灯具表面。 (6)螺口灯头及其接线应符合下列要求： ①灯头的绝缘外壳无损伤、无漏电。 ②相线接在与中心触头相连的一端，零线接在与螺纹口相连的一端。

续表

项目	具体内容
照明装置	(7)灯具内的接线必须牢固。灯具外的接线必须做可靠的防水绝缘包扎。 (8)暂设工程的照明灯具宜采用拉线开关控制。开关安装位置宜符合下列要求： ①拉线开关距地面高度为2～3 m,与出、入口的水平距离为0.15～0.2 m。拉线的出口应向下。 ②其他开关距地面高度为1.3 m,与出、入口的水平距离为0.15～0.2 m。 (9)灯具的相线必须经开关控制,不得将相线直接引入灯具。 (10)对于夜间影响飞机或车辆通行的在建工程及机械设备,必须安装设置醒目的红色信号灯。其电源应设在施工现场电源总开关的前侧,并应设置外电线路停止供电时应急自备电源

考点4　施工配电箱和开关箱

项目	具体内容
配电原则	1.“三级配电、两级保护”原则 (1)“三级配电”是指配电系统应设置总配电箱、分配电箱、开关箱,形成三级配电,这样配电层次清楚,便于管理又便于查找故障。总配电箱以下可设若干分配电箱;分配电箱以下可设若干开关箱;开关箱下就是用电设备。 (2)“两级保护”主要指采用漏电保护措施,除在末级开关箱内加装漏电保护器外,还要在上一级分配电箱或总配电箱中再加装一级漏电保护器,总体上形成两级保护。 2.开关箱“一机、一闸、一漏、一箱、一锁”原则 《建筑施工安全检查标准》规定,施工现场用电设备应当实行“一机、一闸、一漏、一箱”。其含义是:每台用电设备必须有各自专用的开关箱,严禁用同一个开关箱直接控制2台及2台以上用电设备(含插座)。开关箱内必须加装漏电保护器,该漏电保护器只能保护一台设备,不能保护多台设备。另外还应避免发生直接用漏电保护器兼作电器控制开关的现象。“一闸”是指一个开关箱内设一个刀闸(开关),也只能控制一台设备。“一锁”是要求配电箱、开关箱箱门应配锁,并应由专人负责。施工现场停止作业1小时以上时,应将动力开关箱断电上锁。 3.动力、照明配电分设原则 (1)动力配电箱与照明配电箱宜分别设置,当合并设置为同一配电箱时,动力和照明应分路配电。 (2)动力开关箱与照明开关箱必须分设
配电箱及开关箱的设置	(1)总配电箱应设在靠近电源的区域,分配电箱应设在用电设备或负荷相对集中的区域。分配电箱与开关箱的距离不得超过30 m。开关箱与其控制的固定式用电设备的水平距离不宜超过3 m。 (2)配电箱、开关箱应装设在干燥、通风及常温场所;不得装设在有严重损伤作用的瓦斯、烟气、潮气及其他有害介质中,亦不得装设在易受外来固体物撞击、强烈振动、液体

续表

项目	具体内容
配电箱及开关箱的设置	浸溅及热源烘烤场所。否则，应予清除或做防护处理。 （3）配电箱、开关箱周围应有足够2人同时工作的空间和通道。不得堆放任何妨碍操作、维修的物品；不得有灌木、杂草。 （4）配电箱、开关箱应采用冷轧钢板或阻燃绝缘材料制作，钢板厚度应为1.2～2.0 mm，其中开关箱箱体钢板厚度不得小于1.2 mm，配电箱箱体钢板厚度不得小于1.5 mm，箱体表面应做防腐处理。 （5）配电箱、开关箱应装设端正、牢固。固定式配电箱、开关箱的中心点与地面的垂直距离应为1.4～1.6 m。移动式配电箱、开关箱应装设在坚固的支架上。其中心点与地面的垂直距离宜为0.8～1.6 m。 （6）配电箱、开关箱内的电器（含插座）应先安装在金属或非木质阻燃绝缘电器安装板上，然后方可整体紧固在配电箱、开关箱箱体内。金属电器安装板与金属箱体应做电气连接。 （7）配电箱、开关箱内的电器（含插座）应按其规定的位置紧固在电器安装板上，不得歪斜或松动。 （8）配电箱的电器安装板上必须设N线端子板和PE线端子板。N线端子板必须与金属电器安装板绝缘；PE线端子板必须与金属电器安装板做电气连接。进出线中的N线必须通过N线端子板连接；PE线必须通过PE线端子板连接。 （9）配电箱、开关箱内的连接线必须采用铜芯绝缘导线。按颜色标志排列整齐；导线分支接头不得采用螺栓压接，应采用焊接并做好绝缘包扎，不得有外露带电部分。 （10）配电箱和开关箱的金属箱体、金属电器安装板以及电器正常不带电的金属底座、外壳等必须通过PE线端子板与PE线做电气连接，金属箱门与金属箱体必须通过采用编织软铜线做电气连接。 （11）配电箱、开关箱中导线的进线口和出线口应设在箱体的下底面。 （12）配电箱、开关箱的进、出线口应配置固定线卡，进出线应加绝缘护套并成束卡固在箱体上，不得与箱体直接接触。移动式配电箱、开关箱的进、出线应采用橡皮护套绝缘电缆，不得有接头。 （13）配电箱、开关箱外形结构应能防雨、防尘
隔离开关	（1）总配电箱，分配电箱，开关箱中，都要装设隔离开关，满足在任何情况下都可以使用电设备实行电源隔离。隔离开关应采用分断时具有可见分断点，能同时断开电源所有极的隔离电器，并应设置于电源进线端。 （2）开关箱中的隔离开关只可直接控制照明电路和容量不大于3.0 kW的动力电路，但不应频繁操作。容量大于3.0 kW的动力电路应采用断路器控制，操作频繁时还应附设接触器或其他启动控制装置
漏电保护器	（1）漏电保护器应装设在配电箱、开关箱靠近负荷的一侧，且不得用于启动电气设备的操作。 （2）开关箱中漏电保护器的额定漏电动作电流不应大于30 mA，额定漏电动作时间不应大于0.1 s。使用于潮湿和有腐蚀介质场所的漏电保护器应采用防溅型产品，其额定

续表

项目	具体内容
漏电保护器	漏电动作电流不应大于15 mA,额定漏电动作时间不应大于0.1 s。 (3)总配电箱中漏电保护器的额定漏电动作电流应大于30 mA,额定漏电动作时间应大于0.1 s,但其额定漏电动作电流与额定漏电动作时间的乘积不应大于30 mA·s。 (4)总配电箱和开关箱中漏电保护器的极数和线数必须与其负荷侧负荷的相数和线数一致。 (5)配电箱、开关箱中的漏电保护器宜选用无辅助电源型(电磁式)产品,或选用辅助电源故障时能自动断开的辅助电源型(电子式)产品。当选用辅助电源故障时不能自动断开的辅助电源型(电子式)产品,应同时设置缺相保护。 (6)配电箱、开关箱的电源进线端严禁采用插头和插座做活动连接
使用与维护	(1)配电箱、开关箱应有名称、用途、分路标记及系统接线图。 (2)配电箱、开关箱箱门应配锁,并应由专人负责。 (3)配电箱、开关箱应定期检查、维修。检查、维修人员必须是专业电工。检查、维修时必须按规定穿、戴绝缘鞋、手套,必须使用电工绝缘工具,并应做检查、维修工作记录。 (4)对配电箱、开关箱进行定期检查、维修时,必须将其前一级相应的电源隔离开关分闸断电,并悬挂"禁止合闸、有人工作"停电标志牌,严禁带电作业。 (5)配电箱、开关箱的操作,除了在电气故障的紧急情况外,必须按照下述顺序: ①送电操作顺序为:总配电箱—分配电箱—开关箱。 ②停电操作顺序为:开关箱—分配电箱—总配电箱。 (6)配电箱、开关箱内的电器配置和接线严禁随意改动。熔断器的熔体更换时,严禁采用不符合原规格的熔体代替。漏电保护器每天使用前应启动漏电试验按钮试跳一次,试跳不正常时严禁继续使用。 (7)配电箱、开关箱的进线和出线严禁承受外力。严禁与金属尖锐断口、强腐蚀介质和易燃易爆物接触

第三节　建筑施工临时用电的危险因素及其安全技术措施

考点1　施工现场临时用电安全要求

项目	具体内容
施工用电检查评定	施工用电检查评定应符合现行国家标准《建设工程施工现场供用电安全规范》和现行行业标准《施工现场临时用电安全技术规范》的规定
安全技术要求	(1)在施工现场的所谓"临时用电",主要是区别于建筑工程上的正式电气工程而得名的。施工现场中电能是不可缺少的能源。随着建筑业的迅猛发展,施工中的电气装置和电气设备也日益增加。而施工现场复杂多变的环境和用电的临时性,使得电气设备的工作条件变坏,从而发生电气事故,特别是因漏电引起的人身触电事故增多。

续表

项目	具体内容
安全技术要求	(2)为了有效地防止各种意外的触电伤害事故,保障施工人员的安全,规定了施工现场临时用电要求。它的主要特点是: 一是在施工现场实行 TN－S 系统,即增加了保护零线,做到了重复接地,把施工现场原来使用的三相四线变成了五线;二是实行了两级保护,即在电气设备的首末端分别安装漏电保护器。这些措施大大地加强了临时用电的安全性。 (3)安全技术要求的主要内容: 用电管理提出了临时用电必须编制施工组织设计方案;施工现场与周围环境,规定了电气设备的安全距离;注意接地与防雷;备有配电室与自备电源;配电线路,规定了架空线路、电缆线路、室内配线的规则;电动建筑机械及手持电动工具,规定了使用要求及漏电保护器的使用方法;规定了各种场所照明的使用原则等

考点2　施工现场临时用电的安全技术措施

项目	具体内容
安全技术措施	临时用电安全技术措施包括两个方面的内容:一是安全用电在技术上所采取的措施;二是为了保证安全用电和供电的可靠性在组织上所采取的各种措施,它包括各种制度的建立、组织管理等一系列内容。安全用电措施应包括下列内容: (1)保护接地。 保护接地是指将电气设备不带电的金属外壳与接地极之间做可靠的电气连接。它的作用是当电气设备的金属外壳带电时,如果人体触及此外壳时,由于人体的电阻远大于接地体电阻,则大部分电流经接地体流入大地,而流经人体的电流很小。这时只要适当控制接地电阻(一般不大于4 Ω)就可减少触电事故发生。但是在 TT 供电系统中,这种保护方式的设备外壳电压对人体来说还是相当危险的。因此这种保护方式只适用于 TT 供电系统的施工现场,按规定保护接地的电阻不大于4 Ω。 (2)保护接零。 在电源中性点直接接地的低压电力系统中,将用电设备的金属外壳与供电系统中的零线或专用零线直接做电气连接,称为保护接零。它的作用是当电气设备的金属外壳带电时,短路电流经零线而成闭合电路,使其变成单相短路故障,因零线的阻抗很小,所以短路电流很大,一般大于额定电流的几倍甚至几十倍,这样大的单相短路将使保护装置迅速而准确的动作,切断事故电源,保证人身安全。其供电系统为接零保护系统,即 TN 系统。保护零线是否与工作零线分开,可将 TN 供电系统划分为 TN－C、TN－S 和 TN－C－S 三种供电系统。 不管采用保护接地还是保护接零,必须注意:在同一系统中不允许对一部分设备采取接地,对另一部分采取接零。因为在同一系统中,如果有的设备采取接地,有的设备采取接零,则当采取接地的设备发生碰壳时,零线电位将升高,而使所有接零的设备外壳都带上危险的电压。

续表

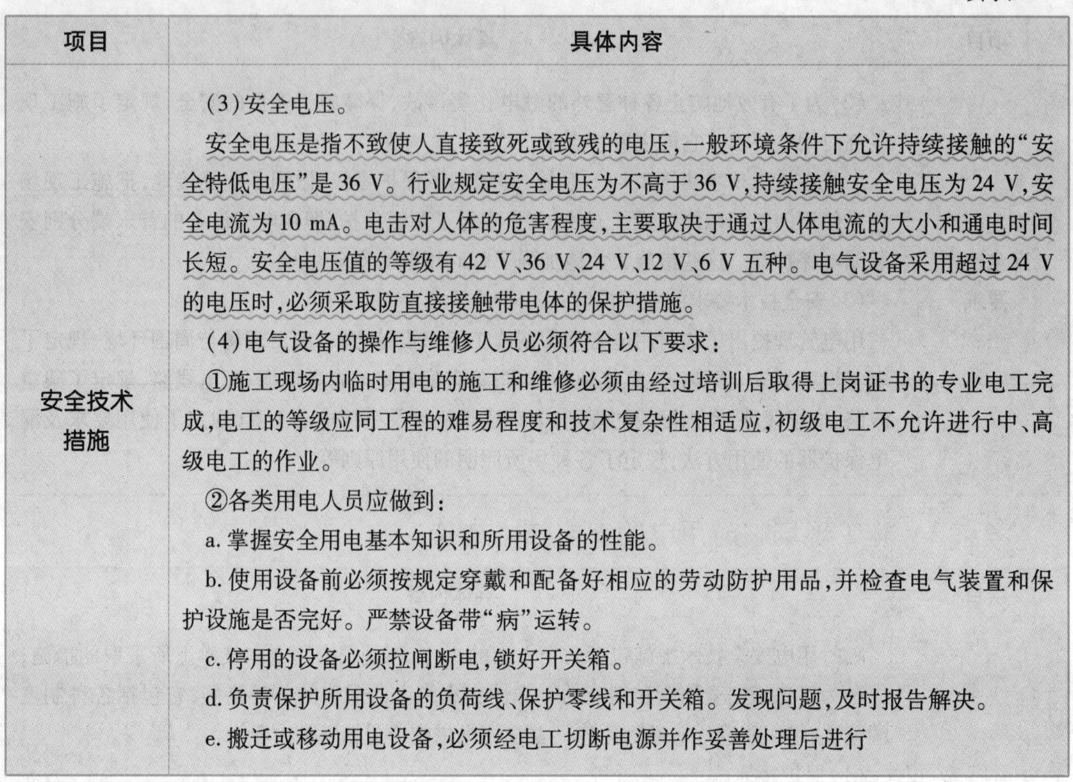

项目	具体内容
安全技术措施	(3)安全电压。 安全电压是指不致使人直接致死或致残的电压,一般环境条件下允许持续接触的“安全特低电压”是36 V。行业规定安全电压为不高于36 V,持续接触安全电压为24 V,安全电流为10 mA。电击对人体的危害程度,主要取决于通过人体电流的大小和通电时间长短。安全电压值的等级有42 V、36 V、24 V、12 V、6 V五种。电气设备采用超过24 V的电压时,必须采取防直接接触带电体的保护措施。 (4)电气设备的操作与维修人员必须符合以下要求: ①施工现场内临时用电的施工和维修必须由经过培训后取得上岗证书的专业电工完成,电工的等级应同工程的难易程度和技术复杂性相适应,初级电工不允许进行中、高级电工的作业。 ②各类用电人员应做到: a. 掌握安全用电基本知识和所用设备的性能。 b. 使用设备前必须按规定穿戴和配备好相应的劳动防护用品,并检查电气装置和保护设施是否完好。严禁设备带“病”运转。 c. 停用的设备必须拉闸断电,锁好开关箱。 d. 负责保护所用设备的负荷线、保护零线和开关箱。发现问题,及时报告解决。 e. 搬迁或移动用电设备,必须经电工切断电源并作妥善处理后进行

案例分析

河北省石家庄市某电机生产厂房工程在施工过程中,发生一起触电事故,造成3人死亡、3人轻伤,直接经济损失约25万元。

事发当日,分包单位10名施工人员进行室内顶棚的粉刷作业,作业采用长、宽均为5.7 m,高11.25 m,底部设有刚性滚动轮的移动式方形操作平台。19时左右,在未对操作平台底部地面的塑料电缆线采取任何保护措施的情况下,施工人员移动操作平台,平台的刚性滚动轮与塑料电缆线斜向碾压,将塑料电缆绝缘层轧破造成平台整体带电,导致正在平台上作业的6名施工人员触电。

根据事故调查和责任认定,对有关责任方作出以下处理:项目经理、监理工程师、现场电工等13名责任人受到暂停执业资格、吊销上岗证书、罚款等行政处罚;总分包、监理等单位受到暂扣安全生产许可证、降低施工资质等级等行政处罚。

根据以上事件,回答下列问题:

1. 此次生产安全责任事故说明在施工过程中存在哪些问题?

2. 提出针对该触电事故的安全技术措施。

参考答案及解析

1. 存在问题:这是一起由于安全管理措施落实不到位,施工人员缺乏必要的安全知识尤其是施工用电知识而导致的事故。相关人员对于施工过程中可能存在的安全隐患都没有得到充分的认识,在电源的使用、电线的保护、人员的防电等方面都缺乏必要的保护和防范的措施,这在很大程度上表现出施工人员没有接受过系统的安全教育,客观上不具备进行实际操作和施工的资格。这起事故反映出劳务分包、总包、建设和监理等单位对于安全生产工作的重视程度亟待提高。

2. (1)严格执行规范,加强监督检查。

一般来说,在建设工程触电事故中,造成3人以上死亡的事故发生概率是相对较小的,但是这不能说明触电事故的预防不重要。施工现场临时用电安全管理工作一直以来都是现场工作重点之一。因此需要切实加强对施工现场的监督检查,认真执行检查制度,要对每一项作业程序进行全面的检查;做到人员职能到位,技术措施落实,确保施工用电安全。

(2)加强安全教育,提高安全意识。

建设工程中的用电安全在目前的标准规范中其预防和应对措施已经相对完善,只要施工人员能够较好地掌握了这些措施的相关内容,并在实际的施工过程中进行应用,施工工程的用电安全是可以得到保证的。在这起事故中,施工人员违反了用电安全的基本原则才最终导致事故的发生。

(3)完善安全措施,提升管理水平。

完善施工用电安全技术措施,对于用电设备及配电线路按照规定进行布置,从根本上消除事故隐患。

(4)强化监理工作,认真履行职责。

监理单位及人员要严格履行法律法规赋予的责任,加大对施工现场安全生产工作的监督管理力度,把事故消灭在萌芽状态。

第四章　安全防护技术

知识框架

- 安全防护技术
  - 安全防护用品正确使用要求
    - 安全帽
    - 安全带
    - 安全网
  - 施工作业的安全防护要求
    - 临边与洞口作业安全防护要求
    - 攀登与悬空作业安全防护要求
    - 操作平台安全防护要求
    - 交叉作业安全防护要求
  - 高处作业施工中的危险因素及其安全技术措施
    - 高处作业的概念
    - 高处作业的基本安全要求

考点精讲

第一节　安全防护用品正确使用要求

考点1　安全帽

项目	具体内容
概念	(1)安全帽是用来避免或减轻外来冲击和碰撞对头部造成伤害的防护用品。 (2)它可以在以下几种情况下保护人的头部不受伤害或降低头部伤害的程度:飞来或坠落下来的物体击向头部时;当作业人员从 2 m 及以上的高处坠落下来时;当头部有可能触电时;在低矮的部位行走或作业,头部有可能碰撞到尖锐、坚硬的物体时
安全帽使用要求	(1)使用之前应检查安全帽的外观是否有裂纹、碰伤痕迹、凸凹不平、磨损,帽衬是否完整,帽衬的结构是否处于正常状态,安全帽上如存在影响其性能的明显缺陷应及时报废,以免影响防护作用。 (2)使用者不能随意在安全帽上拆卸或添加附件,以免影响其原有的防护性能。 (3)使用者不能随意调节帽衬的尺寸,这会直接影响安全帽的防护性能,落物冲击

续表

项目	具体内容
安全帽使用要求	一旦发生，安全帽会因佩戴不牢脱出或因冲击后触顶直接伤害佩戴者。 (4)佩戴者在使用时一定要将安全帽戴正、戴牢，不能晃动，要系紧下颚带，调节好后箍以防安全帽脱落。 (5)不能私自在安全帽上打孔，不要随意碰撞安全帽，不要将安全帽当板凳坐，以免影响其强度。 (6)经受过一次冲击或做过试验的安全帽应作废，不能再次使用。 (7)安全帽不能在有酸、碱或化学试剂污染的环境中存放，不能放置在高温、日晒或潮湿的场所中，以免其老化变质。 (8)应注意在有效期内使用安全帽，植物枝条编织的安全帽有效期为两年，塑料安全帽的有效期限为两年半，玻璃钢(包括维纶钢)和胶质安全帽的有效期限为三年半，超过有效期的安全帽应报废

考点2　安全带

项目	具体内容
概念	(1)高空安全带是工人所穿戴的用于坠落防护的个人防护用品。 (2)其主要作用在于防止高处作业人员发生坠落，或发生坠落后将作业人员安全悬挂，保护其不受伤害，也不会从安全带中滑脱
安全带使用要求	(1)思想上必须重视安全带的作用。无数事例证明，安全带是“救命带”。高处作业必须按规定要求系好安全带。 (2)安全带使用前应检查绳带有无损坏、卡环是否有裂纹，卡簧弹跳性是否良好。 (3)高处作业如安全带无固定挂处，应采用适当强度的钢丝绳或采取其他方法。禁止把安全带挂在移动或带尖锐棱角或不牢固的物件上。 (4)将安全带挂在高处，人在下面工作就叫作高挂低用。这是一种比较安全合理的科学系挂方法。它可以使有坠落发生时的实际冲击距离减小。与之相反的是低挂高用，就是安全带拴挂在低处，而人在上面作业。这是一种很不安全的系挂方法，因为当坠落发生时，实际冲击的距离会加大，人和绳都要受到较大的冲击负荷。 (5)安全带要拴挂在牢固的构件或物体上，要防止摆动或碰撞，绳子不能打结使用，钩子要挂在连接环上。 (6)安全带绳保护套要保持完好，以防绳被磨损。若发现保护套损坏或脱落，必须加上新套后再使用。 (7)安全带严禁擅自接长使用。如果使用3 m及以上的长绳时必须要加缓冲器，各部件不得任意拆除。 (8)安全带在使用前要检查各部位是否完好无损。安全带在使用后，要注意维护和保管，要经常检查安全带缝制部分和挂钩部分，必须详细检查捻线是否发生裂断和残损等。 (9)安全带不使用时要妥善保管，不可接触高温、明火、强酸、强碱或尖锐物体，不要存放在潮湿的仓库中保管。 (10)安全带在使用2年后应抽验1次，频繁使用应经常进行外观检查，发现异常必须立即更换

考点3 安全网

项目	具体内容
概念	安全网是用来防止人、物坠落，或用来避免、减轻坠落及物击伤害的网具
安全网使用要求	(1)施工现场使用的安全网必须有产品质量检验合格证，旧网必须有允许使用的证明书。 (2)根据安装形式和使用目的，安全网可分为平网和立网。施工现场立网不能代替平网。 (3)安装前，必须对网及支撑物(架)进行检查，要求支撑物(架)有足够的强度、刚性和稳定性，且系网处无撑角及尖锐边缘，确认无误时方可安装。 (4)安全网搬运时，禁止使用钩子，禁止把网拖过粗糙的表面或锐边。 (5)在施工现场安全网的支搭和拆除要严格按照施工负责人的安排进行，不得随意拆毁安全网。 (6)在使用过程中，不得随意向网上乱抛杂物或撕坏网片。 (7)安装时，在每个系结点上，边绳应与支撑物(架)靠紧，并用一根独立的系绳连接，系结点沿网边均匀分布，其距离不得大于750 mm。系结点应符合打结方便，连接牢固又容易解开，受力后又不会散脱的原则。有筋绳的网在安装时，也必须把筋绳连接在支撑物(架)上。 (8)多张网连接使用时，相邻部分应靠紧或重叠，连接绳材料与网相同，强力不得低于网绳强力。 (9)安装平网应外高里低，以15°为宜，网不宜绑紧。 (10)装立网时，安装平面应与水平面垂直，立网底部必须与脚手架全部封严。 (11)要保证安全网受力均匀。必须经常清理网上落物，网内不得有积物。 (12)安全网安装后，必须经专人检查验收合格签字后才能使用

第二节 施工作业的安全防护要求

考点1 临边与洞口作业安全防护要求

一、临边作业

项目	具体内容
临边作业的概念	临边作业是指施工现场中工作面边沿无围护或围护设施高度低于80 cm时的高处作业
临边作业的安全防护	对临边高处作业，必须设置防护措施，并符合下列规定： (1)基坑周边，尚未安装栏杆或栏板的阳台、料台与挑平台周边，雨篷与挑檐边，无外脚手的屋面与楼层周边及水箱与水塔周边等处，都必须设置防护栏杆。

续表

项目	具体内容
临边作业的安全防护	(2)头层墙高度超过3.2 m的二层楼面周边,以及无外脚手的高度超过3.2 m的楼层周边,必须在外围架设安全平网一道。 根据原建设部颁发的《建筑施工安全检查标准》的规定,取消了平网在落地式脚手架外围的使用,改为立网全封闭。立网应该使用密目式安全网,其标准是:密目密度不低于2 000个/cm^2;做耐贯穿试验,将网与地面成300°夹角,在其中心上方3 m处,用5 kg重的钢管(管径48～51 mm)垂直自由落下,不穿透。 (3)分层施工的楼梯口和梯段边,必须安装临时护栏。回转式楼梯间应支设首层水平安全网,每隔4层支设一道水平安全网。对于主体工程上升阶段的顶层楼梯口应随工程结构进度安装正式防护栏杆。 (4)井架与建筑物通道的两侧边,必须设防护栏杆。地面通道上部应装设安全防护棚。双笼井架通道中间,应予分隔封闭。 (5)各种垂直运输接料平台,除两侧设防护栏杆外,平台口还应设置安全门或活动防护栏杆。 (6)阳台栏板应随工程结构进度及时进行安装

二、洞口作业

项目	具体内容
洞口作业的概念	(1)洞口作业,是指洞与孔边口旁的高处作业,包括施工现场及通道旁深度在2 m及2 m以上的桩孔、人孔、沟槽与管道、孔洞等边沿上的作业。 (2)施工现场因工程和工序需要而产生的洞口,常见的有楼梯口、电梯井口、预留洞口、井架通道口,即常称的“四口”
洞口作业的安全防护	(1)进行洞口作业以及在因工程和工序需要而产生的,使人与物有坠落危险或危及人身安全的其他洞口进行高处作业时,必须按下列规定设置防护设施: ①板与墙的洞口,必须设置牢固的盖板、防护栏杆、安全网或其他防坠落的防护设施。 ②电梯井口必须设防护栏杆或固定栅门;电梯井内应每隔两层并最多隔10 m设一道安全网。 ③钢管桩、钻孔桩等桩孔上口,杯形、条形基础上口,未填土的坑槽,以及人孔、天窗、地板门等处,均应按洞口防护设置稳固的盖件。 ④施工现场通道附近的各类洞口与坑、槽等处,除设置防护设施与安全标志外,夜间还应设红灯示警。 (2)洞口根据具体情况采取设防护栏杆、加盖件、张挂安全网与装栅门等措施时,必须符合下列要求: ①楼板、屋面和平台等面上短边尺寸小于25 cm但大于2.5 cm的孔口,必须用坚实的盖板盖严。盖板应防止挪动移位。 ②楼板面等处边长为25～50 cm的洞口、安装预制构件时的洞口及缺件临时形成的

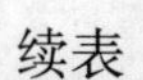

续表

项目	具体内容
洞口作业的安全防护	洞口,可用竹、木等做盖板盖住洞口。盖板须能保持四周搁置均衡,并有固定其位置的措施。 ③边长为50~150 cm的洞口,必须设置以扣件扣接钢管而成的网格,并在其上满铺竹笆或脚手板。也可采用贯穿于混凝土板内的钢筋构成防护网,钢筋网格间距不得大于20 cm。 ④边长在150 cm以上的洞口,四周应设防护栏杆(高度≥1.2m),洞口下张设安全平网。 ⑤垃圾井道和烟道,应随楼层的砌筑或安装而消除洞口,或参照预留洞口作防护。管道井施工时,除按上述办理外,还应加设明显的标志。如有临时性拆移,需经施工负责人核准,工作完毕后必须恢复防护设施。 ⑥位于车辆行驶道旁的洞口、深沟与管道坑、槽,所加盖板应能承受不小于当地额定卡车后轮有效承载力2倍的荷载。 ⑦墙面等处的竖向洞口,凡落地的洞口应加装开关式、工具式或固定式的防护门,门栅网格的间距不应大于15 cm,也可采用防护栏杆,下设挡脚板(笆)。 ⑧下边沿至楼板或底面低于80 cm的窗台等竖向洞口,如侧边落差大于2 m时,应加设1.2 m高的临时护栏。 ⑨对邻近的人与物有坠落危险性的其他竖向的孔、洞口,均应用钢板或钢筋制成的盖板加以防护,并有固定其位置的措施

考点2 攀登与悬空作业安全防护要求

一、攀登作业

项目	具体内容
攀登作业的概念	攀登作业指借助登高用具或登高设施,在攀登条件下进行的高处作业
攀登作业的安全防护	(1)在施工组织设计中应确定用于现场施工的登高和攀登设施。现场登高应借助建筑结构或脚手架上的登高设施,也可采用载人的垂直运输设备。进行攀登作业时可使用梯子或采用其他攀登设施。 (2)柱、梁和行车梁等构件吊装所需的直爬梯及其他登高用拉攀件,应在构件施工图或说明内作出规定。 (3)攀登的用具、设施、建筑结构构造必须牢固可靠。供人上下的踏板其使用荷载不应大于1 100 N。当梯面上有特殊作业,重量超过上述荷载时,应按实际情况加以验算。 (4)便携式梯子,均应按现行的国家标准验收其质量。 (5)梯脚底部应坚实,不得垫高使用。梯子的上端应有固定措施。立梯不得有缺档。立梯工作角度以75°±5°为宜,踏板上下间距以30 cm为宜。 (6)梯子如需接长使用,必须有可靠的连接措施,且接头不得超过一处。连接后梯梁的强度,不应低于单梯梯梁的强度。

续表

项目	具体内容
攀登作业的安全防护	(7)折梯使用时,上部夹角以35°~45°为宜。连接铰链必须牢固,并应有可靠的拉撑措施。 (8)固定式直梯应采用金属材料制成。梯子内侧净宽应为400 mm~600 mm,支撑应采用不小于L70×6的角钢,埋设与焊接均必须牢固。直梯顶端的踏棍应与攀登的顶面齐平,并加设高1.1~1.5 m的扶手。使用直梯进行攀登作业时,攀登高度以5 m为宜。超过3 m时,宜加设护笼;超过8 m时,必须设置梯间平台。 (9)作业人员应从规定的通道上下,不得在阳台之间等非规定通道进行攀登,也不得任意利用吊车臂架等施工设备进行攀登。上下梯子时,必须面向梯子,且不得手持器物。 (10)钢柱安装登高时,应使用钢挂梯或设置在钢柱上的爬梯,钢柱的接柱应使用梯子或操作台。操作台横杆的高度,当无电焊防风要求时,其不宜小于1.2 m;当有电焊防风要求时,其不宜小于1.8 m。 (11)登高安装钢梁时,应视钢梁高度,在两端设置挂梯或搭设钢管脚手架。梁面上需行走时,其一侧的临时护栏横杆可采用钢索,当改用扶手绳时,绳的自然下垂度不应大于l/20(l为绳的长度),并应控制在10 cm以内。 (12)钢屋架的安装,应遵守下列规定: ①在屋架上、下弦登高操作时,对于三角形屋架应在屋脊处,梯形屋架应在两端,设置攀登时上下的梯架。材料可选用毛竹或原木,踏步间距不应大于40 cm,毛竹梢径不应小于70 mm。 ②屋架吊装以前,应在上弦设置防护栏杆。 ③屋架吊装以前,应预先在下弦挂设安全网;吊装完毕后,即将安全网铺设固定

二、悬空作业

项目	具体内容
悬空作业的概念	在无立足点或无牢靠立足点的条件下,进行的高处作业,统称为悬空作业。即在施工现场,高度在2 m及2 m以上,周边临空状态下进行作业,属于悬空作业。因为无立足点,因此必须适当地建立牢靠的立足点,如搭设操作平台、脚手架或吊篮等,方可进行施工
悬空作业的安全防护	(1)悬空作业处应有牢靠的立足处,并必须视具体情况配置防护网、栏杆或其他安全设施。 (2)悬空作业所用的索具、脚手架、吊篮、操作平台等设备,均需检查或技术鉴定后方可使用。 (3)悬空安装大模板、吊装第一块预制构件、吊装单独的大中型预制构件时,必须站在操作平台上操作,吊装中的大模板和预制构件,严禁站人和行走。 (4)安装管道时,必须有已完结构或操作平台为立足点,严禁在安装中的管道上站立和行走。 (5)浇筑离地2 m以上的框架、过梁雨篷和小平台时,应设操作平台,不得直接站在模板或支撑件上操作。 (6)进行各项窗口作业时,必须系好安全带操作

续表

项目	具体内容
悬空作业的安全规定	1. 构件吊装和管道安装悬空作业 (1)钢结构的吊装,构件应尽可能在地面组装,并应搭设进行临时固定、电焊、高强螺栓连接等工序的高空安全设施,随构件同时上吊就位。拆卸时的安全措施,亦应一并考虑和落实。高空吊装预应力钢筋混凝土屋架、梁、柱等大型构件前,也应搭设悬空作业中所需的安全措施。 (2)悬空安装大模板、吊装第一块预制构件、吊装单独的大中型预制构件时,必须站在操作平台上操作。吊装中的大模板和预制构件及石棉水泥板等屋面板上,严禁站人和行走。 (3)安装管道时,必须有已完结构或操作平台为立足点,严禁在安装中的管道上站立和行走。 2. 混凝土浇筑悬空作业 (1)浇筑离地 2 m 以上框架、过梁、雨篷和小平台时,应设操作平台,不得直接站在模板或支撑件上操作。 (2)浇筑拱形结构,应自两边拱脚对称地相向进行。浇筑储仓,下口应先行封闭,并搭设脚手架以防人员坠落。 (3)特殊情况下,如无可靠的安全设施,必须系好安全带并扣好保险钩,或架设安全网。 3. 预应力张拉悬空作业 (1)进行预应力张拉时,应搭设站立操作人员和设置张拉设备用的牢固可靠的脚手架或操作平台。雨天张拉时,还应架设防雨篷。 (2)预应力张拉区域应标示明显的安全标志,禁止非操作人员进入。张拉钢筋的两端必须设置挡板。挡板应距所张拉钢筋的端部 1.5 ~ 2 m,且应高出最上一组张拉钢筋 0.5 m,其宽度应距张拉钢筋两外侧各不小于 1 m。 (3)孔道灌浆应按预应力张拉安全设施的有关规定进行。 4. 门、窗安装悬空作业 (1)安装门、窗,涂装及安装玻璃时,严禁操作人员站在樘子、阳台栏板上操作。门、窗临时固定,封填材料未达到强度,以及电焊时,严禁手拉门、窗进行攀登。 (2)在高处外墙安装门、窗,无外脚手架时,应张挂安全网。无安全网时,操作人员应系好安全带,其保险钩应挂在操作人员上方的可靠物件上。 (3)进行各项窗口作业时,操作人员的重心应位于室内,不得在窗台上站立,必要时应系好安全带进行操作。 5. 钢筋绑扎悬空作业 (1)绑扎钢筋和安装钢筋骨架时,必须搭设脚手架和马道。 (2)绑扎圈梁、挑梁、挑檐、外墙和边柱等钢筋时,应搭设操作台架和张挂安全网。悬空大梁钢筋的绑扎,必须在满铺脚手板的支架或操作平台上操作。 (3)绑扎立柱和墙体钢筋时,不得站在钢筋骨架上或攀登骨架。在 2 m 以上的高处绑扎柱钢筋时,必须搭设操作平台

考点3　操作平台安全防护要求

项目	具体内容
操作平台的概念	现场施工中用以站人、载物并可进行操作的平台
操作平台的安全防护要求	(1)移动式操作平台是指可以搬动的用于结构施工、室内装饰和水电安装等作业。移动式操作平台必须符合以下规定方可使用： ①操作平台由专业技术人员按现行的相应规范进行设计，计算及图样应编入施工组织设计。 ②操作平台面积不应超过 10 m^2，高度不应超过 5 m，其高宽比不应大于 2∶1。 ③装设轮子的移动式操作平台连接应牢固可靠，立柱底端离地面不得大于 80 mm。 ④操作平台采用 ϕ48.3 mm×3.6 mm 钢管扣件连接，亦可采用门架式部件，按产品要求进行组装。平台的次梁间距不应大于 40 cm，台面应满铺 5 cm 厚的木板或竹笆。 ⑤操作平台四周必须设置防护栏杆，并应设置登高扶梯。 ⑥移动式操作平台在移动时，平台上的操作人员必须撤离，不准上面载人移动平台。 (2)悬挑式钢平台是指可以吊运和搁置于楼层边的用于接送物料和转运模板等的悬挑式的操作平台，通常采用钢构件制作。 悬挑式钢平台，必须符合以下规定方可使用： ①按现行规范进行设计，其结构构造应能防止左右晃动。计算书及图样应编入施工组织设计或专项方案，并按规定进行审批。 ②悬挑式钢平台的搁置点与上部拉结点必须位于建筑物上，不得设置在脚手架等施工设施上。 ③斜拉杆或钢丝绳，构造上宜两边各设置前后两道，两道中的每一道均应作单道受力计算。应设 4 只吊环（经验算），吊环用甲类 3 号沸腾钢（不得使用螺纹钢）。 ④安装、吊运时应用卸扣（卸甲）。钢丝绳绳卡应按规定设置（最少不少于 3 只），钢丝绳与建筑物（柱、梁等）锐角利口处应加软垫物。钢平台外口略高于内口，周边设置固定的防护栏杆，并用结实的挡板进行围挡。钢平台底板不得有破损。 ⑤钢平台搭设完毕后应组织专业人员进行验收，合格后挂牌方可使用，同时挂设限载重量牌以及操作规程牌

考点4　交叉作业安全防护要求

项目	具体内容
交叉作业的概念	施工现场常会有上下立体交叉的作业。凡在上下不同层次，处于空间贯通状态下同时进行高处作业，属于交叉作业
交叉作业的安全防护	(1)支模、粉刷、砌墙等各工种进行立体交叉作业时，不得在同一垂直方向上操作。下层作业的位置，必须处于依上层高度确定的可能坠落范围半径之外。不符合以上条件时，应设置安全防护层。

续表

项目	具体内容
交叉作业的安全防护	(2)钢模板、脚手架等拆除时,下方不得有其他操作人员。 (3)钢模板部件拆除后,临时堆放处距楼层边沿不应小于1 m。楼层边口、通道口、脚手架边缘等处,严禁堆放任何拆下物件。 (4)结构施工自二层起,凡人员进出的通道口(包括井架、施工用电梯的进出通道口)均应搭设安全防护棚。高度超过24 m的层次上的交叉作业,应设双层防护棚。 (5)由于上方施工可能坠落物件或处于起重机拖杆回转范围之内的通道,在其受影响的范围内,必须搭设顶部能防止穿透的双层防护棚

第三节 高处作业施工中的危险因素及其安全技术措施

考点1 高处作业的概念

项目	具体内容
高处作业的概念	(1)在坠落高度基准面2 m或2 m以上,有可能坠落的高处进行的作业称为高处作业。 (2)所谓坠落高度基准面,是指通过可能坠落范围内最低处的水平面。如从作业位置可能坠落到的最低点的地面、楼面、楼梯平台、相邻较低建筑物的屋面、基坑的底面、脚手架的通道板等

考点2 高处作业的基本安全要求

项目	具体内容
高处作业的危险因素	1.高处作业的危险有害因素 高处作业极易发生高处坠落事故,也容易因高处作业人员违章或失误,发生物体打击事故,结构安装工程的高处作业,还可能发生起重伤害事故。 2.高处作业的安全隐患主要表现形式 (1)作业人员不正确佩戴安全帽,在无可靠安全防护措施的情况下不按规定系挂安全带。 (2)作业人员患有不适宜高处作业的疾病。 (3)违章酒后作业。 (4)各种形式的临边无防护或防护不严密。 (5)各种类型的洞口无防护或防护不严密。 (6)攀登作业所使用的工具不牢固。

续表

项目	具体内容
高处作业的危险因素	(7)设备、管道安装、临空构筑物模板支设、钢筋绑扎、安装钢筋骨架、框架、过梁、雨篷、小平台混凝土浇筑等作业无操作架,操作架搭设不稳固,防护不严密。 (8)构架式操作平台、预制钢平台设计、安装、使用不符合安全要求。 (9)不按安全程序组织施工,地上地下同时施工,多层多工种交叉作业。 (10)安全设施无人监管,在施工中任意拆除、改变。 (11)高处作业的作业面材料、工具乱堆乱放。 (12)高温季节施工无良好的防暑降温措施
高处作业的基本安全要求	1. 高处作业的基本安全要求 (1)必须将每个工程项目中涉及的所有高处作业的安全技术措施列入工程的施工组织设计,并经公司上级主管部门审批后方可施工。 (2)施工前,应逐级进行安全技术教育及交底,落实所有安全技术措施及人身防护用品,未经落实时不得进行施工。 (3)高处作业中的安全标志、工具、仪表、电气设施以及各种设备,必须在施工前加以检查,确认其完好,方能投入使用。 (4)攀登和悬空高处作业人员以及搭设高处作业安全设施的人员,必须通过专业技术培训及专业考试合格,持证上岗,并必须定期体格检查。 (5)高处作业人员的衣着要灵便,并且必须正确穿戴好个人防护用品。 (6)高处作业中所用的物料,均应堆放平稳,不妨碍通行及装卸。对有坠落可能的物件,应一律先将其撤除或加以固定。工具应随手放入工具袋;作业中的走道、通道板以及登高用具,应随时清扫干净;拆卸下的物件及余料和废料均应及时清理运走,不得任意乱置或者向下丢弃。传递物件禁止抛掷。 (7)雨天和雪天进行高处作业时,必须采取可靠的防滑、防寒以及防冻措施。凡水、冰、霜以及雪均应及时清除。对进行高处作业的高耸建筑物,应事先设置避雷设施。遇有六级以上强风、浓雾、沙尘暴等恶劣气候,不得进行露天攀登与悬空高处作业。暴风雪及台风暴雨之后,应对高处作业安全设施逐一进行检查,发现有松动、变形、损坏或者脱落等现象,应立即修理完善。 (8)不得擅自拆除用于高处作业的防护设施。确因作业需要,临时拆除或变动安全防护设施时,必须经施工负责人同意,并采取相应的可靠措施,作业之后应立即恢复。 (9)建筑物出入口应搭设长 6 m,且宽于出入通道两边各 1 m 的防护棚,棚顶满铺厚度不小于 5 cm 的脚手板,防护棚两侧必须封严。 (10)对人或物构成威胁的地方,必须支搭防护棚,确保人、物安全。 (11)高处作业的防护棚搭设与拆除时,应设置警戒区并应派专人监护。禁止上下同时拆除。 (12)施工中如果发现高处作业的安全设施有缺陷及隐患,必须及时解决;危及人身安全时,必须停止作业。

续表

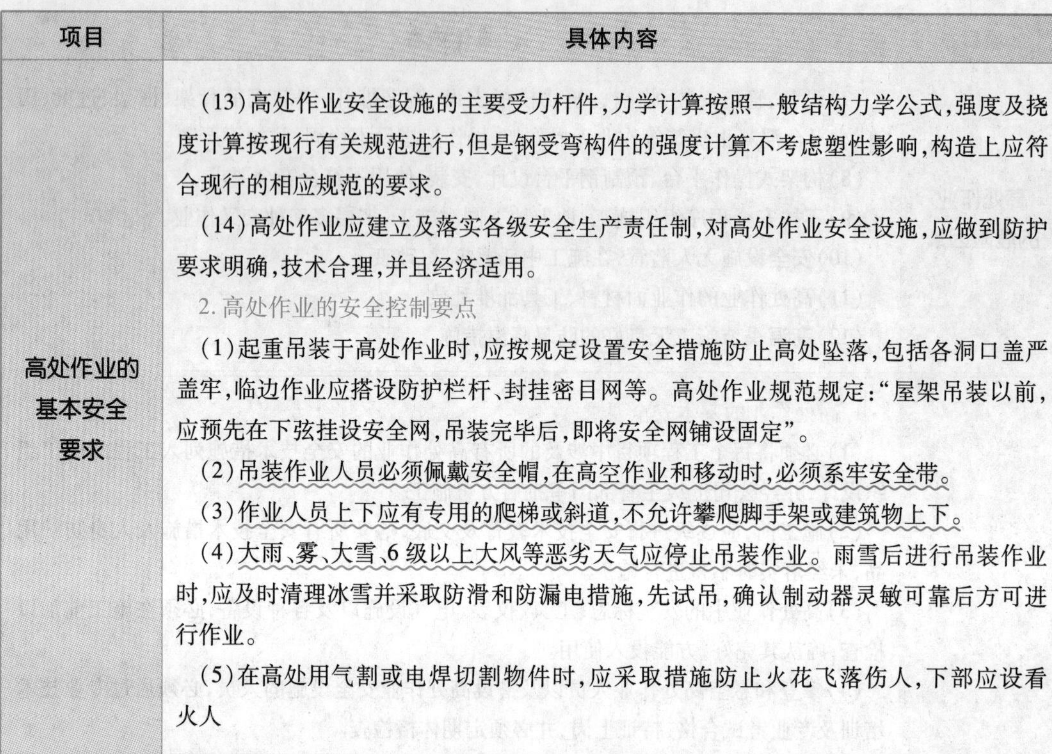

项目	具体内容
高处作业的基本安全要求	(13)高处作业安全设施的主要受力杆件,力学计算按照一般结构力学公式,强度及挠度计算按现行有关规范进行,但是钢受弯构件的强度计算不考虑塑性影响,构造上应符合现行的相应规范的要求。 (14)高处作业应建立及落实各级安全生产责任制,对高处作业安全设施,应做到防护要求明确,技术合理,并且经济适用。 2. 高处作业的安全控制要点 (1)起重吊装于高处作业时,应按规定设置安全措施防止高处坠落,包括各洞口盖严盖牢,临边作业应搭设防护栏杆、封挂密目网等。高处作业规范规定:"屋架吊装以前,应预先在下弦挂设安全网,吊装完毕后,即将安全网铺设固定"。 (2)吊装作业人员必须佩戴安全帽,在高空作业和移动时,必须系牢安全带。 (3)作业人员上下应有专用的爬梯或斜道,不允许攀爬脚手架或建筑物上下。 (4)大雨、雾、大雪、6级以上大风等恶劣天气应停止吊装作业。雨雪后进行吊装作业时,应及时清理冰雪并采取防滑和防漏电措施,先试吊,确认制动器灵敏可靠后方可进行作业。 (5)在高处用气割或电焊切割物件时,应采取措施防止火花飞落伤人,下部应设看火人

案例分析

某局修试管理所在新建的110 kV马牵线N61塔进行线路参数测试,由本局送电管理所配合在该线路末端进行短路和接地等工作。当进行到C相线路测绝缘时,在铁塔横担主材内侧角铁上待命的检修班工作人员受令去解开C相接地线。当其解开扣于角铁上的安全带,起立并用手去拿身旁已解开的转移防坠保险绳时,因站立不稳,从18 m高处坠落,所戴安全帽在下坠过程中脱落,致使头部撞在塔基回填土上,受重伤。

请根据此次事故,回答下列问题:

1. 分析事故发生原因及暴露出哪些问题?

2. 怎样预防类似事故的发生?

参考答案及解析

1. 事故原因及暴露的问题:

(1)工作人员在杆塔上作业时,因解开扣于角铁上的安全带,致使失稳从高处坠落,是事故的直接原因。

(2)作业人员安全意识淡薄,自我保护意识不强。送电管理所工作人员在杆塔上作业,虽然是一项经常性工作，但对杆上作业危险性重视不够，以致在高处作业移位时失去安全保护。

(3)安全帽及其佩戴方法不符合要求。佩戴安全帽时，下颚带没有扎紧系好，以致下坠时安全帽脱落，导致头部直接受外力冲击，加重了脑部的受伤程度。

(4)安全组织技术措施还未真正落实到班组，现场施工管理中缺乏全面的安全防范措施，在杆塔上作业，未明确工作监护人。对现场作业的习惯性违章行为未能及时纠正。

(5)对生产现场安全工器具、劳保用品、安全防护用品的购置、发放、使用未制订统一的管理规定，并进行监督检查。

2. 事故对策及防范措施：

(1)杆塔上作业的安全要求。

①凡在杆塔上高处作业，必须使用安全带和戴安全帽。

②上杆前应先检查登杆工具、防坠工具是否牢固、可靠、完整、符合要求。上、下杆时，应有具体防止坠落的安全技术措施，以防登高过程中下坠时失去保护。

③在杆塔上作业，包括在杆塔上待命、休息、位置转移等，任何时候都不得失去后背防坠保险绳的保护。

④在办理许可手续后，工作负责人必须始终在工作现场认真履行监护职责。当工作地点分散，监护有困难时，每个工作地点要增设专责监护人，及时制止违章作业行为。

⑤攀登杆塔和在杆塔上作业时，每基杆塔都应设专人进行全过程监护。对有触电危险或施工复杂，容易发生事故的部位以及由新工作人员负责进行的工作，应设专责监护人。专责监护人不得兼任其他工作。

⑥挂接地线时，应先接接地端，后接导线端。装、拆接地线时，工作人员应使用绝缘棒，戴绝缘手套，人体不得碰触接地线，以防感应电压伤害。

(2)安全帽方面的防范措施。

①进入生产现场，必须戴安全帽，并系好下颚带。没有下颚带的安全帽不允许使用。

②购入的安全帽应有产品检验合格证，安全帽应经验收合格后方准使用。

③现场使用的安全帽应有制造厂家、商标、型号、制造日期、生产合格证、生产许可证编号等永久性标记。不齐全的，应查明产品来源，否则视为不合格产品。

④安全帽的使用期以产品制造日期开始计算，植物枝条编织帽不超过 2 年，塑料帽不超过 2.5 年，玻璃钢橡胶帽不超过 3.5 年。

⑤达到上述使用期后的安全帽，由单位组织进行抽查测试，合格后方可继续使用，以后每年抽检 1 次，抽检不合格的应将全批安全帽报废。

(3)安全带方面的防范措施。

①在杆塔上或其他构架上高处作业，必须使用带有后背防坠保险绳的双保险安全带，系安全带后必须立即检查扣环是否扣牢扣好。

②安全带应系在杆塔及牢固的构架上，防止安全带从杆顶脱出或从构架上松脱。在杆

塔、构架上转移位置时，不得失去后背防坠保险绳的保护。

③为了减少人体对地的绝对落差，安全带应高挂低用，并注意防止摆动碰撞。当使用3 m以上长绳时，应加装缓冲器。

④安全带应全数作定期试验。外表检查每月1次，试验后检查是否有变形、破裂等情况，并做好试验、检查记录。不合格的安全带应及时淘汰。

⑤安全带使用2年后，按批量购入情况，抽检1次，无破断可以继续使用。对抽试过的样带，必须更换安全绳后才能继续使用。

⑥安全带使用期限为3 ~5 年，发现异常应提前报废。达到使用期限5年的安全带，尽管外表无损伤，也应报废。

第五章　土石方及基坑工程安全技术

知识框架

- 土石方及基坑工程安全技术
  - 土石方及基坑工程安全技术要求
    - 土石方工程的安全技术要求
    - 基坑工程的安全技术要求
  - 人工开挖和机械开挖的安全技术措施
    - 人工开挖安全技术措施
    - 机械开挖安全技术措施
  - 土石方及基坑工程施工中的危险因素及其安全技术措施
    - 土石方及基坑工程危险因素
    - 土石方及基坑工程中的安全控制

考点精讲

第一节　土石方及基坑工程安全技术要求

考点1　土石方工程的安全技术要求

项目	具体内容
基本规定	(1)土石方工程施工应由具有相应资质及安全生产许可证的企业承担。土石方工程应编制专项施工安全方案,并应严格按照方案实施。 (2)施工前应针对安全风险进行安全教育及安全技术交底。特种作业人员必须持证上岗,机械操作人员应经过专业技术培训。 (3)施工现场发现危及人身安全和公共安全的隐患时,必须立即停止作业,排除隐患后方可恢复施工。 (4)在土石方施工过程中,当发现古墓、古物等地下文物或其他不能辨认的液体、气体及异物时,应立即停止作业,做好现场保护,并报有关部门处理后方可继续施工
场地平整	(1)作业前应查明地下管线、障碍物等情况,制定处理方案后方可开始场地平整工作。 (2)土石方施工区域应在行车行人可能经过的路线点处设置明显的警示标志。有爆破、塌方、滑坡、深坑、高空滚石、沉陷等危险的区域应设置防护栏栅或隔离带。 (3)行人及车辆易掉进开挖沟槽、窨井里造成人员伤亡及车辆损坏,所以设立警示

续表

项目	具体内容
场地平整	标志和护栏是进行土石方施工的必要措施。警示标牌和防护栏栅要清晰坚固,可抗日晒雨淋。 (4)施工现场临时供水管线应埋设在安全区域,冬期应有可靠的防冻措施。供水管线穿越道路时应有可靠的防振防压措施。 (5)场地内有洼坑或暗沟时,应在平整时填埋压实;未及时填实的,必须设置明显的警示标志。 (6)雨期施工时,现场应根据场地泄排量设置防洪排涝设施。计算泄排量需要根据工程重要性合理选取最大日雨水量,其资料数据以气象部门提供的为基准。施工区域不宜积水。当积水坑深度超过 500 mm 时,应设安全防护措施。积水坑深度超过 500 mm 时,易产生人员尤其是少年、儿童落水伤亡事故,所以需要采取有效防护措施。 (7)有爆破施工的场地应设置保证人员安全撤离的通道和庇护场所。庇护场所需要坚固可靠,可容纳人员不少于 10 人,同时要便于紧急庇护和疏散。 (8)当现场堆积物高度超过 1.8 m 时,应在四周设置警示标志或防护栏;清理时严禁掏挖。 (9)当松散堆积物(如块石、炉渣、建筑垃圾等)的堆积高度大于 1.8 m 时,会因堆积物坍塌危及人身及设备安全,需要设置警示标志、护栏。清理时分层挖除。 (10)在河、沟、塘、沼泽地(滩涂)等场地施工时,应了解淤泥、沼泽的深度和成分,并应符合下列规定:施工中应做好排水工作;对有机质含量较高、有刺激臭味及淤泥厚度大于 1.0 m 的场地,不得采用人工清淤;根据淤泥、软土的性质和施工机械的重量,可采用抛石挤淤或木(竹)排(筏)铺垫等措施,确保施工机械移动作业安全;施工机械不得在淤泥、软土上停放、检修;第一次回填土的厚度不得小于 0.5 m
土石方爆破	(1)土石方爆破工程应由具有相应爆破资质和安全生产许可证的企业承担。爆破作业人员应取得有关部门颁发的资格证书,做到持证上岗。爆破工程作业现场应由具有相应资质的技术人员负责指导施工。 (2)A 级、B 级、C 级和对安全影响较大的 D 级爆破工程均应编制爆破设计书,并对爆破方案进行专家论证。 (3)爆破前应对爆区周围的自然条件和环境状况进行调查,了解危及安全的不利环境因素,采取必要的安全防范措施。 (4)爆破作业环境有下列情况时,严禁进行爆破作业:爆破可能产生不稳定边坡、滑坡、崩塌的危险;爆破可能危及建(构)筑物、公共设施或人员的安全;恶劣天气条件下。 (5)爆破作业环境有下列情况时,不应进行爆破作业:药室或炮孔温度异常,而无有效针对措施;作业人员和设备撤离通道不安全或堵塞。 (6)爆破警戒范围由设计确定。在危险区边界,应设有明显标志,并派出警戒人员。爆破警戒时,应确保指挥部、起爆站和各警戒点之间有良好的通信联络。通信联络的工具和方式可以根据现场条件而定,但要确保指挥部、起爆站和各警戒点之间有良好的通信联络,避免出现混乱。常用的联络方法有口哨、警报器、对讲机、彩旗等。

续表

项目	具体内容
土石方爆破	(7)爆破后应检查有无盲炮及其他险情。当有盲炮及其他险情时,应及时上报并处理,同时在现场设立危险标志。 (8)装药和填塞过程中,应保护好起爆网路;当发生装药卡堵时,不得用钻杆捣捅药包。 (9)起爆后,应至少经过15 min并等待炮烟消散后方可进入爆破区检查。当发现问题时,应立即上报并提出处理措施。 (10)深孔爆破起爆后,要求等待炮烟消散、并确认坍落体和边坡稳定后才准进入爆破区检查。 (11)光面爆破或预裂爆破宜采用不耦合装药,应按设计装药量、装药结构制作药串。药串加工完毕后应标明编号,并按药串编号送入相应炮孔内

考点2　基坑工程的安全技术要求

项目	具体内容
一般规定	(1)基坑土方要求分层、分段、对称、均衡开挖,使支护结构受力连续均匀,防止坍塌。 (2)土方开挖前,应查明基坑周边影响范围内建(构)筑物、上下水、电缆、燃气、排水及热力等地下管线情况,并采取措施保护其使用安全;要查清基坑周边影响范围内建(构)筑物、管线等情况并采取相应的措施,防止盲目开挖造成对建(构)筑物和管线的破坏。 (3)基坑开挖深度范围内有地下水时,应采取有效的地下水控制措施。基坑工程应编制应急预案。 (4)基坑内宜设置供施工人员上下的专用梯道。梯道应设扶手栏杆,梯道的宽度不应小于1 m。梯道的搭设应符合相关安全规范要求。 (5)基坑支护结构及边坡顶面等有坠落可能的物件时,应先行拆除或加以固定。 (6)基坑顶部坠物对坑内作业人员的安全威胁极大,施工中要引起足够的重视,对可能坠落物料要在基坑开挖前予以清除。 (7)同一垂直作业面的上下层不宜同时作业。需同时作业时,上下层之间应采取隔离防护措施
基坑支护	1. 一般规定 (1)基坑支护结构施工应与降水、开挖相互协调,各工况和工序应符合设计要求。 (2)基坑支护结构施工与拆除不应影响主体结构、邻近地下设施与周围建(构)筑物等的正常使用,必要时应采取减少不利影响的措施。 (3)支护结构施工前应进行试验性施工,并应评估施工工艺和各项参数对基坑及周边环境的影响程度;应根据试验结果调整参数、工法或反馈修改设计方案。 (4)支护结构施工和开挖过程中,应对支护结构自身、已施工的主体结构和邻近道路、市政管线、地下设施、周围建(构)筑物等进行施工监测,施工单位应采用信息施工法配合设计单位采用动态设计法,及时调整施工方法及预防风险措施,并可通过采用设置隔

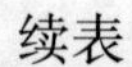

续表

项目	具体内容
基坑支护	离桩、加固既有建筑地基基础、反压与配合降水纠偏等技术措施,控制邻近建(构)筑物产生过大的不均匀沉降。 (5)施工现场道路布置、材料堆放、车辆行走路线等应符合设计荷载控制要求;当设置施工栈桥时,应按设计文件编制施工栈桥的施工、使用及保护方案。 (6)当遇有可能产生相互影响的邻近工程进行桩基施工、基坑开挖、边坡工程、盾构顶进、爆破等施工作业时,应确定相互间合理的施工顺序和方法,必要时应采取措施减少相互影响。 (7)遇有雷雨、6级以上大风等恶劣天气时,应暂停施工,并应对现场的人员、设备、材料等采取相应的保护措施。 2. 常见基坑支护施工安全技术 (1)土钉墙支护。 ①土钉墙支护施工应配合土石方开挖和降水工程施工等进行,并应符合下列规定:分层开挖厚度应与土钉竖向间距协调同步,逐层开挖并施工土钉,严禁超挖。开挖后应及时封闭临空面,完成土钉墙支护;在易产生局部失稳的土层中,土钉上下排距较大时,宜将开挖分为二层并应控制开挖分层厚度,及时喷射混凝土底层。上一层土钉墙施工完成后,应按设计要求或间隔不小于48 h后开挖下一层土方。施工期间坡顶应按超载值设计要求控制施工荷载。严禁土方开挖设备碰撞上部已施工土钉,严禁振动源振动土钉侧壁。对环境调查结果显示基坑侧壁地下管线存在渗漏或存在地表水补给的工程,应反馈修改设计,提高土钉墙设计安全度,必要时应调整支护结构方案。 ②土钉施工应符合下列规定:干作业法施工时,应先降低地下水位,严禁在地下水位以下成孔施工;当成孔过程中遇有障碍物或成孔困难需调整孔位及土钉长度时,应对土钉承载力及支护结构安全度进行复核计算,根据复核计算结果调整设计;对灵敏度较高的粉土、粉质黏土及可能产生液化的土体,严禁采用振动法施工土钉;设有水泥土截水帷幕的土钉支护结构,土钉成孔过程中应采取措施防止土体流失;土钉应采用孔底注浆施工,严禁采用孔口重力式注浆;对空隙较大的土层,应采用较小的水灰比,并应采取二次注浆方法;膨胀土土钉注浆材料宜采用水泥砂浆,并应采用水泥浆二次注浆技术。 ③喷射混凝土施工应符合下列规定:作业人员应佩戴防尘口罩、防护眼镜等防护用具,并应避免直接接触液体速凝剂,接触后应立即用清水冲洗;非施工人员不得进入喷射混凝土的作业区,施工中喷嘴前严禁站人;喷射混凝土施工中应检查输料管、接头的情况,当有磨损、击穿或松脱时应及时处理;喷射混凝土作业中如发生输料管路堵塞或爆裂时,必须依次停止投料、送水和供风。 (2)地下连续墙。 ①地下连续墙成槽施工应符合下列规定:地下连续墙成槽前应设置钢筋混凝土导墙及施工道路;导墙养护期间,重型机械设备不应在导墙附近作业或停留。地下连续墙成槽前应进行槽壁稳定性验算;对位于暗河区、扰动土区、浅部砂性土中的槽段或邻近建筑物保护要求较高时,宜在连续墙施工前对槽壁进行加固;地下连续墙单元槽段成槽施

续表

项目	具体内容
基坑支护	工宜采用跳幅间隔的施工顺序;在保护设施不齐全、监管人不到位的情况下,严禁人员下槽、孔内清理障碍物。 ②地下连续墙成槽泥浆制备应符合下列规定:护壁泥浆使用前应根据材料和地质条件进行试配,并进行室内性能试验,泥浆配合比宜按现场试验确定;泥浆的供应及处理系统应满足泥浆使用量的要求,槽内泥浆面不应低于导墙面 0.3 m,同时槽内泥浆面应高于地下水位 0.5 m 以上。 ③地下连续墙钢筋笼吊装应符合下列规定: a. 吊装所选用的吊车应满足吊装高度及起重量的要求,主吊和副吊应根据计算确定。 b. 钢筋笼吊点布置应根据吊装工艺通过计算确定,并应进行整体起吊安全验算,按计算结果配置吊具、吊点加固钢筋、吊筋等。 c. 吊装前必须对钢筋笼进行全面检查,防止有剩余的钢筋断头、焊接接头等遗留在钢筋笼上。 d. 采用双机抬吊作业时,应统一指挥,动作应配合协调,载荷应分配合理。 e. 起重机械起吊钢筋笼时应先稍离地面试吊,确认钢筋笼已挂牢,钢筋笼刚度、焊接强度等满足要求时,再继续起吊。 f. 起重机械在吊钢筋笼行走时,载荷不得超过允许起重量的 70%,钢筋笼离地不得大于 500 mm,并应拴好拉绳,缓慢行驶。 ④预制墙段的堆放和运输应符合下列规定: a. 预制墙段应达到设计强度 100% 后方可运输及吊放。 b. 堆放场地应平整、坚实、排水通畅;垫块宜放置在吊点处,底层垫块面积应满足墙段自重对地基荷载的有效扩散。 c. 预制墙段叠放层数不宜超过 3 层,上下层垫块应放置在同一直线上。 d. 运输叠放层数不宜超过 2 层。 e. 墙段装车后应采用紧绳器与车板固定,钢丝绳与墙段阳角接触处应有护角措施。 f. 异形截面墙段运输时应有可靠的支撑措施。 ⑤预制墙段的安放应符合下列规定: 预制墙段应验收合格,待槽段完成并验槽合格后方可安放入槽段内。安放顺序为先转角槽段后直线槽段,安放闭合位置宜设置在直线槽段上。相邻槽段应连续成槽,幅间接头宜采用现浇接头。吊放时应在导墙上安装导向架;起吊吊点应按设计要求或经计算确定,起吊过程中所产生的内力应满足设计要求;起吊回直过程中应防止预制墙段根部拖行或着力过大。 ⑥成槽机、履带吊应在平坦坚实的路面上作业、行走和停放。外露传动系统应有防护罩,转盘方向轴应设有安全警告牌。成槽机、起重机工作时,回转半径内不应有障碍物,吊臂下严禁站人。 (3)灌注桩排桩围护墙。 ①钻机施工应符合下列规定:作业前应对钻机进行检查,各部件验收合格后方能使

续表

项目	具体内容
基坑支护	用;钻头和钻杆连接螺纹应良好,钻头焊接应牢固,不得有裂纹;钻机钻架基础应夯实、整平,地基承载力应满足,作业范围内地下应无管线及其他地下障碍物,作业现场与架空输电线路的安全距离应符合规定;钻进中,应随时观察钻机的运转情况,当发生异响、吊索具破损、漏气、漏渣以及其他不正常情况时,应立即停机检查,排除故障后,方可继续施工;当桩孔净间距过小或采用多台钻机同时施工时,相邻桩应间隔施工,当无特别措施时完成浇筑混凝土的桩与邻桩间距不应小于4倍桩径,或间隔施工时间宜大于36 h;泥浆护壁成孔时发生斜孔、塌孔或沿护筒周围冒浆以及地面沉陷等情况应停止钻进,采取措施处理后方可继续施工。 ②当采用空气吸泥时,其喷浆口应遮挡,并应固定管端。 ③冲击成孔施工前以及过程中应检查钢丝绳、卡扣及转向装置,冲击施工时应控制钢丝绳放松量。 ④当非均匀配筋的钢筋笼吊放安装时,应有方向辨别措施确保钢筋笼的安放方向与设计方向一致。 ⑤混凝土浇筑完毕后,应及时在桩孔位置回填土方或加盖盖板。 ⑥遇有湿陷性土层、地下水位较低、既有建筑物距离基坑较近时,不宜采用泥浆护壁的工艺施工灌注桩。当需采用泥浆护壁工艺时,应采用优质低失水量泥浆、控制孔内水位等措施减少和避免对相邻建(构)筑物产生影响。 ⑦基坑土方开挖过程中,宜采用喷射混凝土等方法对灌注排桩的桩间土体进行加固,防止土体掉落对人员、机具造成损害
基坑降排水	1.一般规定 (1)当基坑内出现临时局部深挖时,可采取集水明排、盲沟等技术措施,并应与整体降水系统有效结合。 (2)抽水应采取措施控制出水含砂量。含砂量控制,应满足设计要求,并应满足有关规范要求。 (3)当支护结构或地基处理施工时,应采取措施防止打桩、注浆等施工行为造成管井、点井的失效。 (4)当坑底下部的承压水影响到基坑安全时,应采取坑底土体加固或降低承压水头等治理措施。 (5)当因地下水或地表水控制原因引起基坑周边建(构)筑物或地下管线产生超限沉降时,应查找原因并采取有效控制措施。 (6)基坑降水期间应根据施工组织设计配备发电机组,并应进行相应的供电切换演练。 (7)井点的拔除或封井方案应满足设计要求,并应在施工组织设计中体现。 (8)截水帷幕与灌注桩间不应存在间隙,当环境保护设计要求较高时,应在灌注桩与截水帷幕之间采取注浆加固等措施。 (9)所有运行系统的电力电缆的拆接必须由专业人员负责,井管、水泵的安装应采用起

续表

项目	具体内容
基坑降排水	重设备。 2. 降排水施工安全技术 (1)排水沟和集水井宜布置于地下结构外侧,距坡脚不宜小于0.5 m。单级放坡基坑的降水井宜设置在坡顶,多级放坡基坑的降水井宜设置于坡顶、放坡平台。 (2)排水沟、集水井设计应符合下列规定:排水沟深度、宽度、坡度应根据基坑涌水量计算确定,排水沟底宽不宜小于300 mm;集水井大小和数量应根据基坑涌水量和渗漏水量、积水水量确定,且直径(或宽度)不宜小于0.6 m,底面应比排水沟沟底深0.5 m,间距不宜大于30 m;集水井壁应有防护结构,并应设置碎石滤水层、泵端纱网;当基坑开挖深度超过地下水位后,排水沟与集水井的深度应随开挖深度加深,并应及时将集水井中的水排出基坑。 (3)当降水管井采用钻、冲孔法施工时,应符合下列规定:应采取措施防止机具突然倾倒或钻具下落造成人员伤亡或设备损坏;施工前先查明井位附近地下构筑物及地下电缆、水、煤气管道的情况,并应采取相应防护措施;钻机转动部分应有安全防护装置;在架空输电线附近施工,应按安全操作规程的有关规定进行,钻架与高压线之间应有可靠的安全距离;夜间施工应有足够的照明设备,对钻机操作台、传动及转盘等危险部位和主要通道不应留有黑影。 (4)降水系统运行应符合下列规定:降水系统应进行试运行,试运行之前应测定各井口和地面标高、静止水位,检查抽水设备、抽水与排水系统;试运行抽水控制时间为1 d,并应检查出水质量和出水量。 (5)轻型井点降水系统运行应符合下列规定:总管与真空泵接好后应开动真空泵开始试抽水,检查泵的工作状态;真空泵的真空度应达到0.08 MPa及以上;正式抽水宜在预抽水15 d后进行;应及时做好降水记录。 (6)管井降水抽水运行应符合下列规定:正式抽水宜在预抽水3 d后进行。坑内降水井宜在基坑开挖20 d前开始运行。应加盖保护深井井口;车辆行驶道路上的降水井,应加盖市政承重井盖,排水通道宜采用暗沟或暗管。 (7)真空降水管井抽水运行应符合下列规定:井点使用时抽水应连续,不得停泵,并应配备能自动切换的电源。当降水过程中出现长时间抽浑水或出现清后又浑情况时,应立即检查纠正。应采取措施防止漏气,真空度应控制在-0.06~-0.03 MPa;当真空度达不到要求时,应检查管道漏气情况并及时修复。当井点管淤塞太多,严重影响降水效果时,应逐个用高压水反复冲洗井点管或拔出重新埋设。应根据工程经验和运行条件、泵的质量情况等配备一定数量的备用射流泵;对使用的射流泵应进行日常保养与检查,发现不正常应及时更换。 (8)降水运行阶段应有专人值班,应对降排水系统进行定期或不定期巡察,防止停电或其他因素影响降排水系统正常运行。 (9)降水井随基坑开挖深度需切除时,对继续运行的降水井应去除井管四周地面下1 m的滤料层,并应采用黏土封井后再运行

第二节 人工开挖和机械开挖的安全技术措施

考点1 人工开挖安全技术措施

项目	具体内容
安全技术措施	(1)挖土前根据安全技术交底了解地下管线、人防及其他构筑物情况和具体位置,地下构筑物外露时,必须进行加固保护。作业过程中应避开管线和构筑物。在现场电力、通信电缆2 m范围内和现场燃气、热力、给排水等管道1 m范围内挖土时,必须在主管单位人员监护下采取人工挖土。 (2)开挖槽、坑、沟深度超过1.5 m的,必须根据土质和深度情况,按安全技术交底放坡或加可靠支撑;遇边坡不稳、有坍塌危险征兆时,必须立即撤离现场,并及时报告施工负责人,采取安全可靠排险措施后,方可继续挖土。 (3)槽、坑、沟必须设置人员上下坡道或安全梯。严禁攀登护壁支撑上下,或在沟、坑边壁上挖洞攀登爬上或跳下。施工间歇时,不得在槽、坑坡脚下休息。 (4)挖土过程中遇有古墓、地下管道、电缆或其他不能辨认的异物和液体、气体时,应立即停止挖土,并报告施工现场负责人,待查明处理后,再继续挖土。 (5)槽、坑、沟边1 m以内不得堆土、堆料、停放机具。堆土高度不得超过1.5 m。槽、坑、沟与建筑物、构筑物的距离不得小于1.5 m。开挖深度超过2 m时,必须在周边设两道牢固护身栏杆,并张挂密目式安全网。 (6)人工挖土,前后操作人员横向间距不应小于2~3 m,纵向间距不得小于3 m。严禁掏洞挖土,抠底挖槽。 (7)每日或雨后必须检查土壁及支撑稳定情况,在确保安全的情况下继续工作,并且不得将土和其他物件堆在支撑上,不得在支撑上行走或站立。混凝土支撑梁底面上的黏附物必须及时清除

考点2 机械开挖安全技术措施

项目	具体内容
安全技术措施	(1)施工机械进场前必须经过验收,合格后方能使用。 (2)机械挖土,应严格控制开挖面坡度和分层厚度,防止边坡和挖土机下的土体滑动。 (3)挖土机作业半径内不得有人进入。司机必须持证作业。 (4)机械挖土,启动前应检查离合器、液压系统及各铰接部分等,经空车试运转正常后再开始作业,机械操作中进铲不应过深,提升不应过猛,作业中不得碰撞基坑支撑。 (5)机械不得在输电线路和线路一侧工作,不论在任何情况下,机械的任何部位与架空输电线路的最近距离应符合安全操作规程要求(根据现场输电线路的电压等级确定)。 (6)机械应停在坚实的地基上,如基础过差,应采取走道板等加固措施,不得将挖土机

续表

项目	具体内容
安全技术措施	履带与挖空的基坑平行2 m停、驶。运土汽车不宜靠近基坑平行行驶，防止塌方翻车。 (7)向汽车上卸土应在车子停稳定后进行，禁止铲斗从汽车驾驶室上越过。 (8)场内道路应及时整修，确保车辆安全畅通，各种车辆应有专人负责指挥引导。 (9)车辆进出门口的人行道下，如有地下管线(道)必须铺设厚钢板，或浇筑混凝土加固。车辆出大门口前，应将轮胎冲洗干净，不污染道路

第三节　土石方及基坑工程施工中的危险因素及其安全技术措施

考点1　土石方及基坑工程危险因素

项目	具体内容
施工安全隐患的主要表现形式	(1)挖土机械作业无可靠的安全距离。 (2)没有按规定放坡或设置可靠的支撑。 (3)设计的考虑因素和安全可靠性不够。 (4)地下水没能有效控制。 (5)土体出现渗水、开裂、剥落。 (6)在基础底部进行掏挖。 (7)沟槽内作业人员过多。 (8)施工时地面上无专人巡视监护。 (9)地面堆载离坑槽边过近、过高。 (10)邻近的坑槽有影响土体稳定的施工作业。 (11)基础施工离现有建筑物过近，其间土体不稳定。 (12)防水施工无防火、防毒措施。 (13)灌注桩成孔后未覆盖孔口。 (14)人工挖孔桩施工前不进行有毒气体检测
基坑发生坍塌前的主要迹象	(1)周围地面出现裂缝，并不断扩展。 (2)支撑系统发出挤压等异常响声。 (3)环梁或排桩、挡墙的水平位移较大，并持续发展。 (4)支护系统出现局部失稳。 (5)大量水土不断涌入基坑。 (6)相当数量的锚杆螺母松动，甚至有的槽钢松脱等

考点2　土石方及基坑工程中的安全控制

项目	具体内容
安全控制的主要内容	(1)挖土机械作业安全。 (2)边坡与基坑支护安全。 (3)降水设施与临时用电安全。 (4)防水施工时的防火、防毒安全。 (5)桩基施工的安全防范
基坑施工的安全应急措施	(1)在基坑开挖过程中,一旦出现了渗水或漏水,应根据水量大小,采用坑底设沟排水、引流修补、密实混凝土封堵、压密注浆、高压喷射注浆等方法及时进行处理。 (2)如果水泥土墙等重力式支护结构位移超过设计估计值时,应予以高度重视,同时做好位移监测,掌握发展趋势。如果位移持续发展,超过设计值较多时,则应采用水泥土墙背后卸载、加快垫层施工及加大垫层厚度和加设支撑等方法及时进行处理。 (3)如果悬臂式支护结构位移超过设计值时,应采取加设支撑或锚杆、支护墙背卸土等方法及时进行处理。如果悬臂式支护结构发生深层滑动时,应及时浇筑垫层,必要时也可以加厚垫层,形成下部水平支撑。 (4)如果支撑式支护结构发生墙背土体沉陷,应采取增设坑外回灌井、进行坑底加固、垫层随挖随浇、加厚垫层或采用配筋垫层、设置坑底支撑等方法及时进行处理。 (5)对于轻微的流沙现象,在基坑开挖后可采用加快垫层浇筑或加厚垫层的方法"压住"流沙。对于较严重的流沙,应增加坑内降水措施进行处理。 (6)如果发生管涌,可以在支护墙前再打设一排钢板桩,在钢板桩与支护墙间进行注浆。 (7)对邻近建筑物沉降的控制一般可以采用回灌井、跟踪注浆等方法。对于沉降很大,而压密注浆又不能控制的建筑,如果基础是钢筋混凝土的,则可以考虑采用静力锚杆压桩的方法进行处理。 (8)对于基坑周围管线保护的应急措施一般包括增设回灌井、打设封闭桩或管线架空等方法

案例分析

某建筑公司承揽了某住宅小区的部分项目的施工任务。一天,施工人员进行基础回填作业时,由于回填的土方集中,致使该工程南侧的保护墙受侧压力的作用,呈一字形倒塌(倒塌段长35 m,高2.3 m,厚0.24 m),将在保护墙前负责治理工作的2名民工砸伤致死。经事故调查,在基础回填作业中,施工人员未认真执行施工方案,砌筑的墙体未达到一定强度就进行回填作业。在技术方面,未针对实际制定对墙体砌筑宽度较小的部位进行稳固的技术措施,造成墙体自稳性较差。在施工中,现场管理人员对这一现象又未能及时发现,监督检查不力。

根据以上场景,回答下列问题:

1. 简要分析造成这起事故的原因。

2. 基础施工阶段,施工安全控制要点有哪些?

3. 何谓危险源?危险源如何分类?各包括哪些?

参考答案及解析

1. 造成这起事故的原因是:

(1)施工人员违反施工技术交底的有关规定,墙体未达到一定强度就开始进行回填,回填的土方相对集中。

(2)施工技术方面有疏忽,制定的施工方案未结合现场实际。

(3)负责施工的管理人员,对施工现场安全状况失察。

(4)施工安排不合理,颠倒施工程序。

2. 基础施工阶段,施工安全控制要点有:

(1)挖土机械作业安全。

(2)边坡防护安全。

(3)降水设备与临时用电安全。

(4)防水施工时的防火、防毒。

(5)人工挖扩孔桩安全。

3. 危险源是可能导致人身伤害或疾病、财产损失、工作环境破坏或这些情况组合的危险因素和有害因素。

根据危险源在事故发生发展中的作用把危险源分为两大类。即第一类危险源和第二类危险源。可能发生意外释放的能重的载体或危险物质称作第一类危险源。通常把产生能量的能量源或拥有能量的能量载体作为第一类危险源来处理。造成约束、限制能量措施失效或破坏的各种不安全因素称作第二类危险源。第二类危险源包括人的不安全行为、物的不安全状态和不良环境条件三个方面。

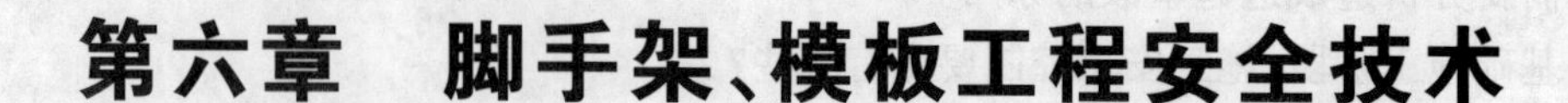

第六章　脚手架、模板工程安全技术

知识框架

脚手架、模板工程安全技术
- 脚手架、模板工程的安全技术要求
  - 常见类型脚手架的安全技术要求
  - 常见模板的安全技术要求
- 脚手架、模板工程的安全技术要点
  - 脚手架工程在施工、查验中的安全技术要点
  - 模板工程在施工、查验中的安全技术要点

考点精讲

第一节　脚手架、模板工程的安全技术要求

考点1　常见类型脚手架的安全技术要求

一、工具式脚手架

项目	具体内容
工具式脚手架的概念	工具式脚手架，是指为操作人员搭设或设立作业场所或平台，其主要架体构件为工厂制作的专用的钢结构产品，在现场按特定的程序组装后，附着在建筑物上自行或利用机械设备，沿建筑物可整体或部分升降的脚手架
工具式脚手架的安全技术要求	1. 基本要求 (1)工具式脚手架安装前，应根据工程结构、施工环境等特点编制专项施工方案，并应经总承包单位技术负责人审批、项目总监理工程师审核后实施。 (2)总承包单位必须将工具式脚手架专业工程发包给具有相应资质等级的专业队伍，并应签订专业承包合同，明确总包、分包或租赁等各方的安全生产责任。工具式脚手架专业施工单位应设置专业技术人员、安全管理人员及相应的特种作业人员。特种作业人员应经专门培训，并应经建设行政主管部门考核合格，取得特种作业操作资格证书后，方可上岗作业。 (3)施工现场使用工具式脚手架应由总承包单位统一监督，并应符合下列规定： ①安装、升降、使用、拆除等作业前，应向有关作业人员进行安全教育，并应监督对作业人员的安全技术交底；应对专业承包人员的配备和特种作业人员的资格进行审查。 安装、升降、拆卸等作业时，应派专人进行监督；应组织工具式脚手架的检查验收；应

续表

<table>
<tr><th>项目</th><th>具体内容</th></tr>
<tr><td>工具式脚手架的安全技术要求</td><td>定期对工具式脚手架使用情况进行安全巡检。
②临街搭设时，外侧应有防止坠物伤人的防护措施。安装、拆除时，在地面应设围栏和警戒标志，并应派专人看守，非操作人员不得入内。
③在工具式脚手架使用期间，不得拆除下列杆件：架体上的杆件；与建筑物连接的各类杆件（如连墙件、附墙支座）等。作业层上的施工荷载应符合设计要求，不得超载。不得将模板支架、缆风绳、泵送混凝土和砂浆的输送管等固定在架体上；不得用其悬挂起重设备。遇 5 级以上大风和雨天，不得提升或下降工具式脚手架。
④当施工中发现工具式脚手架故障和存在安全隐患时，应及时排除，对可能危及人身安全时，应停止作业。应由专业人员进行整改。整改后的工具式脚手架应重新进行验收检查，合格后方可使用。工具式脚手架作业人员在施工过程中应戴安全帽、系安全带、穿防滑鞋，酒后不得上岗作业。
2. 工具式脚手架的类别
（1）附着式升降脚手架。
①附着式升降脚手架，是指仅需搭设一定高度并附着于工程结构上，依靠自身的升降设备和装置，可随工程结构施工逐层爬升，具有防倾覆、防坠落装置，并能实现下降作业的外脚手架。整体式附着升降脚手架，是指有三个以上提升装置的连跨升降的附着式升降脚手架。单跨式附着升降脚手架，是指仅有两个提升装置并独自升降的附着升降脚手架。
②附着式升降脚手架可采用手动、电动或液压三种升降形式，并应符合下列规定：
a. 单跨架体升降时，可采用手动、电动或液压。
b. 当两跨以上的架体同时整体升降时，应采用电动或液压设备。
③附着式升降脚手架的升降操作应符合下列规定：
a. 升降作业程序和操作规程。
b. 操作人员不得停留在架体上。
c. 升降过程中不得有施工荷载。
d. 所有妨碍升降的障碍物应已拆除。
e. 所有影响升降作业的约束应已拆开。
f. 各相邻提升点间的高差不得大于 30 mm，整体架最大升降差不得大于 80 mm。
④升降过程中应实行统一指挥、统一指令。升降指令应由总指挥一人下达；当有异常情况出现时，任何人均可立即发出停止指令。架体升降到位后，应及时按使用状况要求进行附着固定；在没有完成架体固定工作前，施工人员不得擅自离岗或下班。
⑤附着式升降脚手架应按设计性能指标进行使用，不得随意扩大使用范围；架体上的施工荷载应符合设计规定，不得超载，不得放置影响局部杆件安全的集中荷载。附着式升降脚手架在使用过程中不得进行下列作业：
a. 用架体吊运物料。
b. 在架体上拉结吊装缆绳（或缆索）。
c. 在架体上推车。</td></tr>
</table>

续表

<table>
<tr><th>项目</th><th>具体内容</th></tr>
<tr><td>工具式脚手架的安全技术要求</td><td>d. 任意拆除结构件或松动连接件。
e. 拆除或移动架体上的安全防护设施。
f. 利用架体支撑模板或卸料平台。
g. 其他影响架体安全的作业。
⑥当附着式升降脚手架停用超过 3 个月时,应提前采取加固措施。当附着式升降脚手架停用超过 1 个月或遇 6 级及以上大风后复工时,应进行检查,确认合格后方可使用。螺栓连接件、升降设备、防倾装置、防坠落装置、电控设备、同步控制装置等应每月进行维护保养。
⑦附着式升降脚手架的拆除工作应按专项施工方案及安全操作规程的有关要求进行。应对拆除作业人员进行安全技术交底。拆除时应有可靠的防止人员与物料坠落的措施,拆除的材料及设备不得抛扔。拆除作业应在白天进行。遇 5 级及以上大风和大雨、大雪、浓雾和雷雨等恶劣天气时,不得进行拆除作业。
(2)高处作业吊篮。
①高处作业吊篮,是指悬挑机构架设于建筑物或构筑物上,利用提升机构驱动悬吊平台通过钢丝绳沿建筑物或构筑物立面上下运行的施工设施,也是为操作人员设置的作业平台。
②高处作业吊篮应由悬挂机构、吊篮平台、提升机构、防坠落机构、电气控制系统、钢丝绳和配套附件、连接件组成。吊篮平台应能通过提升机构沿动力钢丝绳升降。吊篮悬挂机构前后支架的间距,应能随建筑物外形变化进行调整。安装作业前,应划定安全区域并应排除作业障碍。
③在建筑物屋面上进行悬挂机构的组装时,作业人员应与屋面边缘保持 2 m 以上的距离。组装场地狭小时应采取防坠落措施。悬挂机构前支架严禁支撑在女儿墙上、女儿墙外或建筑物挑檐边缘。配重件应稳定可靠地安放在配重架上,并应有防止随意移动的措施。严禁使用破损的配重件或其他替代物。配重件的重量应符合设计规定。安装时钢丝绳应沿建筑物立面缓慢下放至地面,不得抛掷。
④安装任何形式的悬挑结构,其施加于建筑物或构筑物支承处的作用力,均应符合建筑结构的承载能力,不得对建筑物和其他设施造成破坏和不良影响。高处作业吊篮安装和使用时,在 10 m 范围内如有高压输电线路,应按照现行行业标准《施工现场临时用电安全技术规范》的规定,采取隔离措施。
⑤高处作业吊篮应设置作业人员专用的挂设安全带的安全绳及安全锁扣。安全绳应固定在建筑物可靠位置上不得与吊篮上任何部位有连接,并应符合下列规定:
a. 安全绳应符合现行国家标准《安全带》的要求,其直径应与安全锁扣的规格相一致。
b. 安全绳不得有松散、断股、打结现象。
c. 安全锁扣的配件应完好、齐全,规格和方向标识应清晰可辨。吊篮宜安装防护棚,防止高处坠物造成作业人员伤害。吊篮应安装上限位装置,宜安装下限位装置。
⑥使用吊篮作业时,应排除影响吊篮正常运行的障碍。在吊篮下方可能造成坠落物</td></tr>
</table>

续表

项目	具体内容
工具式脚手架的安全技术要求	伤害的范围，应设置安全隔离区和警告标志，人员或车辆不得停留、通行。在吊篮内从事安装、维修等作业时，操作人员应佩戴工具袋。不得将吊篮作为垂直运输设备，不得采用吊篮运送物料。 ⑦吊篮内的作业人员不应超过2个。吊篮正常工作时，人员应从地面进入吊篮内，不得从建筑物顶部、窗口等处或其他孔洞处出入吊篮。在吊篮内的作业人员应佩戴安全帽，系安全带，并应将安全锁扣正确挂置在独立设置的安全绳上。吊篮平台内应保持荷载均衡，不得超载运行。吊篮做升降运行时，工作平台两端高差不得超过150 mm。在吊篮内进行电焊作业时，应对吊篮设备、钢丝绳、电缆采取保护措施，不得将电焊机放置在吊篮内。电焊缆线不得与吊篮任何部位接触，电焊钳不得搭挂在吊篮上。 ⑧当吊篮施工遇有雨雪、大雾、风沙及5级以上大风等恶劣天气时，应停止作业，并应将吊篮平台停放至地面，应对钢丝绳、电缆进行绑扎固定。下班后不得将吊篮停留在半空中，应将吊篮放至地面。人员离开吊篮、进行吊篮维修或每日收工后应将主电源切断，并应将电气柜中各开关置于断开位置并加锁。 ⑨高处作业吊篮拆除时应按照专项施工方案，并应在专业人员的指挥下实施。拆除前应将吊篮平台下落至地面，并应将钢丝绳从提升机、安全锁中退出，切断总电源。拆除支承悬挂机构时，应对作业人员和设备采取相应的安全措施。拆卸分解后的构配件不得放置在建筑物边缘，应采取防止坠落的措施。零散物品应放置在容器中。不得将吊篮任何部件从屋顶处抛下。 (3)外挂防护架。 ①外挂防护架，是指用于建筑主体施工时临边防护而分片设置的外防护架。每片防护架由架体、两套钢结构构件及预埋件组成。在使用过程中，利用起重设备为提升动力，每次向上提升一层并固定，建筑主体施工完毕后，用起重设备将防护架吊至地面并拆除。 ②安装防护架时，应先搭设操作平台。防护架应配合施工进度搭设，一次搭设的高度不应超过相邻连墙件以上两个步距。每搭完一步架后，应校正步距、纵距、横距及立杆的垂直度，确认合格后方可进行下道工序。 ③提升防护架的起重设备能力应满足要求，公称起重力矩值不得小于400 kN · m，其额定起升重量的90%应大于架体重量。提升钢丝绳的长度应能保证提升平稳。提升速度不得大于3.5 m/min。 ④在防护架从准备提升到提升到位交付使用前，除操作人员以外的其他人员不得从事临边防护等作业。操作人员应佩戴安全带。当防护架提升、下降时，操作人员必须站在建筑物内或相邻的架体上，严禁站在防护架上操作；架体安装完毕前，严禁上人。防护架在提升时，必须按照“提升一片、固定一片、封闭一片”的原则进行，严禁提前拆除两片以上的架体、分片处的连接杆、立面及底部封闭设施。 ⑤拆除防护架时，应符合下列规定： a. 应采用起重机械把防护架吊运到地面进行拆除。 b. 拆除的构配件应按品种、规格随时码堆存放，不得抛掷

二、门式钢管脚手架

项目	具体内容
门式钢管脚手架的概念	门式钢管脚手架，是指以门架、交叉支撑、连接棒、挂扣式脚手板、锁臂、底座等组成基本结构，再以水平加固杆、剪刀撑、扫地杆加固，并采用连墙件与建筑物主体结构相连的一种定型化钢管脚手架
门式钢管脚手架的安全技术要求	（1）搭拆门式脚手架或模板支架应由专业架子工担任，并应按住房城乡建设部特种作业人员考核管理规定考核合格，持证上岗。上岗人员应定期进行体检，凡不适合登高作业者，不得上架操作。搭拆架体时，施工作业层应铺设脚手板，操作人员应站在临时设置的脚手板上进行作业，并应按规定使用安全防护用品，穿防滑鞋。 （2）门式脚手架与模板支架作业层上严禁超载。严禁将模板支架、缆风绳、混凝土泵管、卸料平台等固定在门式脚手架上。6级及以上大风天气应停止架上作业；雨、雪、雾天应停止脚手架的搭拆作业；雨、雪、霜后上架作业应采取有效的防滑措施，并应扫除积雪。 （3）门式脚手架与模板支架在使用期间，当预见可能有强风天气所产生的风压值超出设计的基本风压值时，对架体应采取临时加固措施。 （4）在门式脚手架使用期间，脚手架基础附近严禁进行挖掘作业。满堂脚手架与模板支架的交叉支撑和加固杆，在施工期间禁止拆除。门式脚手架在使用期间，不应拆除加固杆、连墙件、转角处连接杆、通道口斜撑杆等加固杆件。当施工需要，脚手架的交叉支撑可在门架一侧局部临时拆除，但在该门架单元上下应设置水平加固杆或挂扣式脚手板，在施工完成后应立即恢复安装交叉支撑。应避免装卸物料对门式脚手架或模板支架产生偏心、振动和冲击荷载。 （5）门式脚手架外侧应设置密目式安全网，网间应严密，防止坠物伤人。门式脚手架与架空输电线路的安全距离、工地临时用电线路架设及脚手架接地、防雷措施，应按现行行业标准《施工现场临时用电安全技术规范》的有关规定执行。在门式脚手架或模板支架上进行电、气焊作业时，必须有防火措施和专人看护。不得攀爬门式脚手架。 （6）搭拆门式脚手架或模板支架作业时，必须设置警戒线、警戒标志，并应派专人看守，严禁非作业人员入内。对门式脚手架与模板支架应进行日常性的检查和维护，架体上的建筑垃圾或杂物应及时清理

三、扣件式钢管脚手架

项目	具体内容
扣件式钢管脚手架的概念	扣件式钢管脚手架，是指为建筑施工而搭设的、承受荷载由扣件和钢管等构成的脚手架与支撑架。扣件是指采用螺栓紧固的扣接连接件，包括直角扣件、旋转扣件、对接扣件
扣件式钢管脚手架的安全技术要求	（1）扣件式钢管脚手架安装与拆除人员必须是经考核合格的专业架子工。架子工应持证上岗。搭拆脚手架人员必须戴安全帽、系安全带、穿防滑鞋。脚手架的构配件质量与搭设质量，应按本规范的规定进行检查验收，并应确认合格后使用。钢管上严禁打孔。 （2）单、双排脚手架必须配合施工进度搭设，一次搭设高度不应超过相邻连墙件以上两步；如果超过相邻连墙件以上两步，无法设置连墙件时，应采取撑拉固定等措施与建筑结构拉结。每搭完一步脚手架后，应按规范的规定校正步距、纵距、横距及立杆的垂

续表

项目	具体内容
扣件式钢管脚手架的安全技术要求	直度。脚手板应铺设牢靠、严实,并应用安全网双层兜底。施工层以下每隔10 m应用安全网封闭。单、双排脚手架、悬挑式脚手架沿架体外围应用密目式安全网全封闭,密目式安全网宜设置在脚手架外立杆的内侧,并应与架体绑扎牢固。满堂脚手架与满堂支撑架在安装过程中,应采取防倾覆的临时固定措施。临街搭设脚手架时,外侧应有防止坠物伤人的防护措施。 (3)作业层上的施工荷载应符合设计要求,不得超载。不得将模板支架、缆风绳、泵送混凝土和砂浆的输送管等固定在架体上;严禁悬挂起重设备,严禁拆除或移动架体上安全防护设施。满堂支撑架在使用过程中,应设有专人监护施工,当出现异常情况时,应立即停止施工,并应迅速撤离作业面上人员。应在采取确保安全的措施后,查明原因,做出判断和处理。满堂支撑架顶部的实际荷载不得超过设计规定。 (4)在脚手架使用期间,严禁拆除下列杆件: a. 主节点处的纵、横向水平杆,纵、横向扫地杆。 b. 连墙件。 (5)当在脚手架使用过程中开挖脚手架基础下的设备基础或管沟时,必须对脚手架采取加固措施。在脚手架上进行电、气焊作业时,应有防火措施和专人看守。工地临时用电线路的架设及脚手架接地、避雷措施等,应按现行行业标准《施工现场临时用电安全技术规范》的有关规定执行。 (6)单、双排脚手架拆除作业必须由上而下逐层进行,严禁上下同时作业;连墙件必须随脚手架逐层拆除,严禁先将连墙件整层或数层拆除后再拆脚手架;分段拆除高差大于两步时,应增设连墙件加固。架体拆除作业应设专人指挥,当有多人同时操作时,应明确分工、统一行动,且应具有足够的操作面。卸料时各构配件严禁抛掷至地面。 (7)当有6级强风及以上风、浓雾、雨或雪天气时应停止脚手架搭设与拆除作业。雨、雪后上架作业应有防滑措施,并应扫除积雪。夜间不宜进行脚手架搭设与拆除作业。搭拆脚手架时,地面应设围栏和警戒标志,并应派专人看守,严禁非操作人员入内

四、碗扣式脚手架

项目	具体内容
碗扣式脚手架的概念	碗扣式钢管脚手架,是指采用碗扣方式连接的钢管脚手架和模板支撑架
碗扣式脚手架的安全技术要求	1. 碗扣式脚手架的设计 (1)双排脚手架首层立杆应采用不同的长度交错布置,底层纵、横向横杆作为扫地杆距地面高度应小于或等于350 mm,严禁施工中拆除扫地杆,立杆应配置可调底座或固定底座。双排脚手架专用外斜杆设置应符合下列规定: ①斜杆应设置在有纵、横向横杆的碗扣节点上。 ②在封圈的脚手架拐角处及一字形脚手架端部应设置竖向通高斜杆。 ③当脚手架高度小于或等于24 m时,每隔5跨应设置一组竖向通高斜杆,当脚手架高度大于24 m时,每隔3跨应设置一组竖向通高斜杆,斜杆应对称设置。

续表

项目	具体内容
碗扣式脚手架的安全技术要求	④当斜杆临时拆除时,拆除前应在相邻立杆间设置相同数量的斜杆。 (2)连墙件的设置应符合下列规定: ①连墙件应呈水平设置,当不能呈水平设置时,与脚手架连接的一端应下斜连接。 ②每层连墙件应在同一平面,其位置应由建筑结构和风荷载计算确定,且水平间距不应大于4.5 m。 ③连墙件应设置在有横向横杆的碗扣节点处,当采用钢管扣件做连墙件时,连墙件应与立杆连接,连接点距碗扣节点距离不应大于150 mm。 ④连墙件应采用可承受拉、压荷载的刚性结构,连接应牢固可靠。当脚手架高度大于24 m时,顶部24 m以下所有的连墙件层必须设置水平斜杆,水平斜杆应设置在纵向横杆之下。 (3)脚手板设置应符合下列规定: ①工具式钢脚手板必须有挂钩,并带有自锁装置与廊道横杆锁紧,严禁浮放。 ②冲压钢脚手板、木脚手板、竹串片脚手板,两端应与横杆绑牢,作业层相邻两根廊道横杆间应加设间横杆,脚手板探头长度应小于或等于150 mm。人行通道坡度宜小于或等于1:3,并应在通道脚手板下增设横杆,通道可折线上升。 (4)脚手架内立杆与建筑物距离应小于或等于150 mm;当脚手架内立杆与建筑物距离大于150 mm时,应按需要分别选用窄挑梁或宽挑梁设置作业平台。挑梁应单层挑出,严禁增加层数。 (5)模板支撑架应根据所承受的荷载选择立杆的间距和步距,底层纵、横向水平杆作为扫地杆,距地面高度应小于或等于350 mm,立杆底部应设置可调底座或固定底座;立杆上端包括可调螺杆伸出顶层水平杆的长度不得大于0.7 m。模板支撑架斜杆设置应符合下列要求: ①当立杆间距大于1.5 m时,应在拐角处设置通高专用斜杆,中间每排每列应设置通高八字形斜杆或剪刀撑。 ②当立杆间距小于或等于1.5 m时,模板支撑架四周从底到顶连续设置竖向剪刀撑;中间纵、横间由底至顶连续设置竖向剪刀撑,其间距应小于或等于4.5 m。 ③剪刀撑的斜杆与地面夹角应在45°~60°之间,斜杆应每步与立杆扣接。 当模板支撑架高度大于4.8 m时,顶端和底部必须设置水平剪刀撑,中间水平剪刀撑设置间距应小于或等于4.8 m。当模板支撑架周围有主体结构时,应设置连墙件。模板支撑架高宽比应小于或等于2;当高宽比大于2时可采取扩大下部架体尺寸或采取其他构造措施。模板下方应放置次楞(梁)与主楞(梁),次楞(梁)与主楞(梁)应按受弯杆件设计计算。支架立杆上端应采用U形托撑,支撑应在主楞(梁)底部。 (6)当双排脚手架设置门洞时,应在门洞上部架设专用梁,门洞两侧立杆应加设斜杆。模板支撑架设置人行通道时,应符合下列规定: ①通道上部应架设专用横梁,横梁结构应经过设计计算确定。 ②横梁下的立杆应加密,并应与架体连接牢固。 ③通道宽度应小于或等于4.8 m。 ④门洞及通道顶部必须采用木板或其他硬质材料全封闭,两侧应设置安全网。

续表

<table>
<tr><th>项目</th><th>具体内容</th></tr>
<tr><td>碗扣式脚手架的安全技术要求</td><td>⑤通行机动车的洞口，必须设置防撞击设施。
2. 碗扣式脚手架的施工
(1)双排脚手架及模板支撑架施工前必须编制专项施工方案，并经批准后，方可实施。双排脚手架搭设前，施工管理人员应按双排脚手架专项施工方案的要求对操作人员进行技术交底。对进入现场的脚手架构配件，使用前应对其质量进行复检。对经检验合格的构配件应按品种、规格分类放置在堆料区内或码放在专用架上，清点好数量备用；堆放场地排水应畅通，不得有积水。当连墙件采用预埋方式时，应提前与相关部门协商，按设计要求预埋。脚手架搭设场地必须平整、坚实、有排水措施。
(2)脚手架基础必须按专项施工方案进行施工，按基础承载力要求进行验收。当地基高低差较大时，可利用立杆0.6 m节点位差进行调整。土层地基上的立杆应采用可调底座和垫板。双排脚手架立杆基础验收合格后，应按专项施工方案的设计进行放线定位。
(3)双排脚手架搭设，底座和垫板应准确地放置在定位线上；垫板宜采用长度不少于立杆两跨、厚度不小于50 mm的木板；底座的轴心线应与地面垂直。双排脚手架搭设应按立杆、横杆、斜杆、连墙件的顺序逐层搭设，底层水平框架的纵向直线度偏差应小于1/200架体长度；横杆间水平度偏差应小于1/400架体长度。双排脚手架的搭设应分阶段进行，每段搭设后必须经检查验收合格后，方可投入使用。双排脚手架的搭设应与建筑物的施工同步上升，并应高于作业面1.5 m。
(4)当双排脚手架高度 H 小于或等于30 m时，垂直度偏差应小于或等于 $H/500$；当高度 H 大于30 m时，垂直度偏差应小于或等于 $H/1\ 000$。当双排脚手架内外侧加挑梁时，在一跨挑梁范围内不得超过一名施工人员操作，严禁堆放物料。连墙件必须随双排脚手架升高及时在规定的位置处设置，严禁任意拆除。作业层设置应符合下列规定：
①脚手板必须铺满、铺实，外侧应设180 mm挡脚板及1 200 mm高两道防护栏杆。
②防护栏杆应在立杆0.6 m和1.2 m的碗扣接头处搭设两道。
③作业层下部的水平安全网设置应符合国家现行标准《建筑施工安全检查标准》的规定。
(5)当采用钢管扣件做加固件、连墙件、斜撑时，应符合国家现行标准《建筑施工扣件式钢管脚手架安全技术规范》的有关规定。
(6)双排脚手架拆除时，必须按专项施工方案，在专人统一指挥下进行。拆除作业前，施工管理人员应对操作人员进行安全技术交底。双排脚手架拆除时必须划出安全区，并设置警戒标志，派专人看守。拆除前应清理脚手架上的器具及多余的材料和杂物。拆除作业应从顶层开始，逐层向下进行，严禁上下层同时拆除。连墙件必须在双排脚手架拆到该层时方可拆除，严禁提前拆除。拆除的构配件应采用起重设备吊运或人工传递到地面。严禁抛掷。当双排脚手架采取分段、分立面拆除时，必须事先确定分界处的技术处理方案。拆除的构配件应分类堆放，以便于运输、维护和保管。
(7)模板支撑架的搭设应按专项施工方案，在专人指挥下，统一进行。应按施工方案弹线定位，放置底座后应分别按先立杆后横杆再斜杆的顺序搭设。在多层楼板上连续设置模板支撑架时，应保证上下层支撑立杆在同一轴线上。模板支撑架拆除应符合现行国家标准《混凝土结构工程施工质量验收规范》中混凝土强度的有关规定。架体拆除应按施工方案设计的顺序进行。模板支撑架浇筑混凝土时，应由专人全过程监督。</td></tr>
</table>

续表

项目	具体内容
碗扣式脚手架的安全技术要求	3. 碗扣式脚手架的验收和使用 (1)双排脚手架搭设应重点检查下列内容: ①保证架体几何不变性的斜杆、连墙件等设置情况。 ②基础的沉降,立杆底座与基础面的接触情况。 ③上碗扣锁紧情况。 ④立杆连接销的安装、斜杆扣接点、扣件拧紧程度。 (2)双排脚手架搭设质量应按下列情况进行检验: ①首段高度达到 6 m 时,应进行检查与验收。 ②架体随施工进度升高应按结构层进行检查。 ③架体高度大于 24 m 时,在 24 m 处或在设计高度 H/2 处及达到设计高度后,进行全面检查与验收。 ④遇 6 级及以上大风、大雨、大雪后施工前检查。 ⑤停工超过一个月恢复使用前。 (3)双排脚手架搭设过程中,应随时进行检查,及时解决存在的结构缺陷。 (4)双排脚手架验收时,应具备下列技术文件: ①专项施工方案及变更文件。 ②安全技术交底文件。 ③周转使用的脚手架构配件使用前的复验合格记录。 ④搭设的施工记录和质量安全检查记录。 (5)作业层上的施工荷载应符合设计要求,不得超载,不得在脚手架上集中堆放模板、钢筋等物料。混凝土输送管、布料杆、缆风绳等不得固定在脚手架上。遇 6 级及以上大风、雨雪、大雾天气时,应停止脚手架的搭设与拆除作业,脚手架使用期间,严禁擅自拆除架体结构杆件;如需拆除必须经修改施工方案并报请原方案审批人批准,确定补救措施后方可实施。严禁在脚手架基础及邻近处进行挖掘作业。脚手架应与输电线路保持安全距离,施工现场临时用电线路架设及脚手架接地防雷措施等应按国家现行标准《施工现场临时用电安全技术规范》的有关规定执行。 (6)搭设脚手架人员必须持证上岗。上岗人员应定期体检,合格者方可持证上岗。搭设脚手架人员必须戴安全帽、系安全带、穿防滑鞋

五、液压升降整体脚手架

项目	具体内容
液压升降整体脚手架的概念	液压升降整体脚手架,是指依靠液压升降装置,附着在建(构)筑物上,实现整体升降的脚手架
液压升降整体脚手架的安全技术要求	(1)液压升降整体脚手架架体及附着支承结构的强度、刚度和稳定性必须符合设计要求,防坠落装置必须灵敏、制动可靠,防倾覆装置必须稳固、安全可靠。安装和操作人员应经过专业培训合格后持证上岗,作业前应接受安全技术交底。

续表

<table>
<tr><th>项目</th><th>具体内容</th></tr>
<tr><td>液压升降整体脚手架的安全技术要求</td><td>(2)液压升降整体脚手架不得与物料平台相连接。当架体遇到塔吊、施工电梯、物料平台等需断开或开洞时,断开处应加设栏杆并封闭,开口处应有可靠的防止人员及物料坠落的措施。安全防护措施应符合下列要求:
①架体外侧必须采用密目式安全立网围挡,密目式安全立网必须可靠固定在架体上。
②架体底层的脚手板除应铺设严密外,还应具有可翻起的翻板构造。
③工作脚手架外侧应设置防护栏杆和挡脚板,挡脚板的高度不应小于180 mm,顶层防护栏杆高度不应小于1.5 m。
④工作脚手架应设置固定牢靠的脚手板,其与结构之间的间距应符合国家现行标准《建筑施工扣件式钢管脚手架安全技术规范》的相关规定。
(3)液压升降整体脚手架的每个机位必须设置防坠落装置。防坠落装置的制动距离不得大于80 mm。防坠落装置应设置在竖向主框架或附着支承结构上。防坠落装置使用完一个单体工程或停止使用6个月后,应经检验合格后方可再次使用。防坠落装置受力杆件与建筑结构必须可靠连接。
(4)液压升降整体脚手架在升降工况下,竖向主框架位置的最上附着支承和最下附着支承之间的最小间距不得小于2.8 m或1/4架体高度;在使用工况下,竖向主框架位置的最上附着支承和最下附着支承之间的最小间距不得小于5.6 m或1/2架体高度。
(5)技术人员和专业操作人员应熟练掌握液压升降整体脚手架的技术性能及安全要求。遇到雷雨、6级及以上大风、大雾、大雪天气时,必须停止施工。架体上人员应对设备、工具、零散材料、可移动的铺板等进行整理、固定,并应做好防护,全部人员撤离后应立即切断电源。液压升降整体脚手架施工区域内应有防雷设施,并应设置相应的消防设施。
(6)液压升降整体脚手架安装、升降、拆除过程中,应统一指挥,在操作区域应设置安全警戒。升降过程中作业人员必须撤离工作脚手架。
(7)液压升降整体脚手架应由有资质的安装单位施工。安装单位应核对脚手架搭设构(配)件、设备及周转材料的数量、规格,查验产品质量合格证、材质检验报告等文件资料。应核实预留螺栓孔或预埋件的位置和尺寸。应查验竖向主框架、水平支承、附着支承、液压升降装置、液压控制台、油管、各液压元件、防坠落装置、防倾覆装置、导向部件的数量和质量。应设置安装平台,安装平台应能承受安装时的垂直荷载。高度偏差应小于20 mm;水平支承底平面高差应小于20 mm。架体的垂直度偏差应小于架体全高的0.5%,且不应大于60 mm。
(8)安装过程中竖向主框架与建筑结构间应采取可靠的临时固定措施,确保竖向主框架的稳定。架体底部应铺设脚手板,脚手板与墙体间隙不应大于50 mm,操作层脚手板应满铺牢固,孔洞直径宜小于25 mm。剪刀撑斜杆与地面的夹角应为45°~60°。
(9)每个竖向主框架所覆盖的每一楼层处应设置一道附着支承及防倾覆装置。防坠落装置应设置在竖向主框架处,防坠吊杆应附着在建筑结构上,且必须与建筑结构可靠连接。每一升降点应设置一个防坠落装置,在使用和升降工况下应能起作用。架体的外侧防护应采用安全密目网,安全密目网应布设在外立杆内侧。</td></tr>
</table>

续表

项目	具体内容
液压升降整体脚手架的安全技术要求	(10)在液压升降整体脚手架升降过程中,应设立统一指挥,统一信号。参与的作业人员必须服从指挥,确保安全。升降时应进行检查,并应符合下列要求: ①液压控制台的压力表、指示灯、同步控制系统的工作情况应无异常现象。 ②各个机位建筑结构受力点的混凝土墙体或预埋件应无异常变化。 ③各个机位的竖向主框架、水平支承结构、附着支承结构、导向与防倾覆装置、受力构件应无异常现象。 ④各个防坠落装置的开启情况和失力锁紧工作应正常。 (11)当发现异常现象时,应停止升降工作,查明原因、隐患排除后方可继续进行升降工作,在使用过程中严禁下列违章作业: ①架体上超载、集中堆载。 ②利用架体作为吊装点和张拉点。 ③利用架体作为施工外模板的支模架。 ④拆除安全防护设施和消防设施。 ⑤构件碰撞或扯动架体。 ⑥其他影响架体安全的违章作业。 (12)施工作业时,应有足够的照度。作业期间,应每天清理架体、设备、构配件上的混凝土、尘土和建筑垃圾。每完成一个单体工程,应对液压升降整体脚手架部件、液压升降装置、控制设备、防坠落装置等进行保养和维修。 (13)液压升降整体脚手架的部件及装置,出现下列情况之一时,应予以报废: ①焊接结构件严重变形或严重锈蚀。 ②螺栓发生严重变形、严重磨损、严重锈蚀。 ③液压升降装置主要部件损坏。 ④防坠落装置的部件发生明显变形。 (14)液压升降整体脚手架的拆除工作应按专项施工方案执行,并应对拆除人员进行安全技术交底。液压升降整体脚手架的拆除工作宜在低空进行。拆除后的材料应随拆随运,分类堆放,严禁抛掷

考点2　常见模板的安全技术要求

项目	具体内容
普通模板的安全技术要求	1.基础及地下工程模板 (1)地面以下支模应先检查土壁的稳定情况。当有裂纹及塌方危险迹象时,应采取安全防范措施后,方可下人作业。当深度超过 2 m 时,操作人员应设梯上下。 (2)距基槽(坑)上口边缘 1 m 内不得堆放模板。向基槽(坑)内运料应使用起重机、溜槽或绳索;运下的模板严禁立放在基槽(坑)土壁上。 (3)斜支撑与侧模的夹角不应小于 45°,支在土壁的斜支撑应加设垫板,底部的对角楔木应与斜支撑连牢。高大长脖基础若采用分层支模时,其下层模板应经就位校正并支撑稳固后,方可进行上一层模板的安装。

续表

<table>
<tr><th>项目</th><th>具体内容</th></tr>
<tr><td>普通模板的安全技术要求</td><td>(4)在有斜支撑的位置,应在两侧模间采用水平撑连成整体。
2. 柱模板
(1)现场拼装柱模时,应适时地安设临时支撑进行固定,斜撑与地面的倾角宜为60°,严禁将大片模板系在柱子钢筋上。
(2)待四片柱模就位组拼经对角线校正无误后,应立即自下而上安装柱箍。
(3)若为整体预组合柱模,吊装时应采用卡环和柱模连接,不得采用钢筋钩代替。
(4)柱模校正(用四根斜支撑或用连接在柱模四角带花篮螺栓的缆风绳,底端与楼板钢筋拉环固定进行校正)后,应采用斜撑或水平撑进行四周支撑,以确保整体稳定。当高度超过4 m时,应群体或成列同时支模,并应将支撑连成一体,形成整体框架体系。当需单根支模时,柱宽大于500 mm,应每边在同一标高上设置不得少于两根斜撑或水平撑。斜撑与地面的夹角宜为45°~60°,下端应有防滑移的措施。
(5)角柱模板的支撑,除满足上款要求外,还应在里侧设置能承受拉力和压力的斜撑。
3. 墙模板
(1)当采用散拼定型模板支撑时,应自下而上进行,必须在下一层模板全部紧固后,方可进行上一层安装。当下层不能独立安设支撑件时,应采取临时固定措施。
(2)当采用预拼装的大块墙模板进行支模安装时,严禁同时起吊两块模板,并应边就位、边校正、边连接,固定后方可摘钩。
(3)安装电梯井内墙模前,必须在板底下200 mm处牢固地满铺一层脚手板。
(4)模板未安装对拉螺栓前,板面应向后倾一定角度。
(5)当钢楞长度需接长时,接头处应增加相同数量和不小于原规格的钢楞,其搭接长度不得小于墙模板宽或高的15%~20%。
(6)拼接时的U形卡应正反交替安装,间距不得大于300 mm;两块模板对接接缝处的U形卡应满装。
(7)对拉螺栓与墙模板应垂直,松紧应一致,墙厚尺寸应正确。
(8)墙模板内外支撑必须坚固、可靠,应确保模板的整体稳定。当墙模板外面无法设置点撑时,应在里面设置能承受拉力和压力的支撑。多排并列且间距不大的墙模板,当其与支撑互成一体时,应采取措施防止灌筑混凝土时引起临近模板变形。
4. 独立梁和整体楼盖梁结构模板
(1)安装独立梁模板时应设安全操作平台,并严禁操作人员站在独立梁底模或柱模支架上操作及上下通行。
(2)底模与模楞应拉结好,模楞与支架、立柱应连接牢固。
(3)安装梁侧模时,应边安装边与底模连接,当侧模高度多于两块时,应采取临时固定措施。
(4)起拱应与侧模内外连接同时进行。
(5)单片预组合梁模,钢楞与板面的拉结应按设计规定制作,并应按设计吊点试吊无误后,方可正式吊运安装,侧模与支架支撑稳定后方准摘钩。
5. 楼板或平台板模板
(1)当预组合模板采用桁架支模时,桁架与支点的连接应固定牢靠,桁架支承应采用平直通长的型钢或木方。</td></tr>
</table>

续表

项目	具体内容
普通模板的安全技术要求	(2)当预组合模板块较大时,应加钢楞后方可吊运。当组合模板为错缝拼配时,板下横楞应均匀布置,并应在模板端穿插销。 (3)单块模就位安装,必须与支架搭设稳固、板下横楞与支架连接牢固后进行。 (4)U形卡应按设计规定安装。 6.其他结构模板 (1)安装圈梁、阳台,雨篷及挑檐等模板时,其支撑应独立设置,不得支搭在施工脚手架上。 (2)安装悬挑结构模板时,应搭设脚手架或悬挑工作台,并应设置防护栏杆和安全网。作业处的下方不得有人通行或停留。 (3)烟囱、水塔及其他高大构筑物的模板,应编制专项施工组织设计和安全技术措施,并应详细地向操作人员进行交底后方可安装。 (4)在危险部位进行作业时,操作人员应系好安全带
爬升模板的安全技术要求	(1)进入施工现场的爬升模板系统中的大模板、爬升支架、爬升设备,脚手架及附件等,应按施工组织设计及有关图纸验收,合格后方可使用。 (2)爬升模板安装时,应统一指挥,设置警戒区与通信设施,做好原始记录。并应符合下列规定: ①检查工程结构上预埋螺栓孔的直径和位置,并应符合图纸要求。 ②爬升模板的安装顺序应为底座、立柱、爬升设备、大模板、模板外侧吊脚手。 (3)施工爬升大模板及支架时,应符合下列规定: ①爬升前,应检查爬升设备的位置、牢固程度、吊钩及连接杆件等,确认无误后,拆除相邻大模板及脚手架间的连接杆件,使各个爬升模板单元彻底分开。 ②爬升时,应先收紧千斤钢丝绳,吊住大模板或支架,然后拆卸穿墙螺栓,并检查再无任何连接,卡环和安全钩无问题,调整好大模板或支架的重心,保持垂直,开始爬升。爬升时,作业人员应站在固定件上,不得站在爬升件上爬升。爬升过程中应防止晃动与扭转。 ③每个单元的爬升不宜中途交接班,不得隔夜再继续爬升。每单元爬升完毕应及时固定。 ④大模板爬升时,新浇混凝土的强度不应低于1.2 N/mm^2。支架爬升时的附墙架穿墙螺栓受力处的新浇混凝土强度应达到10 N/mm^2 以上。 ⑤爬升设备每次使用前均应检查,液压设备应由专人操作。 (4)作业人员应背工具袋,以便存放工具和拆卸下的零件,防止物件跌落。且严禁高空向下抛物。 (5)每次爬升组合安装好的爬升模板、金属件应涂刷防锈漆,板面应涂刷脱模剂。 (6)爬模的外附脚手架或悬挂脚手架应铺脚手板,脚手架外侧应设防护栏杆和安全网。爬架底部亦应满铺脚手板和设置安全网。 (7)每步脚手架应设置爬梯,作业人员应经由爬梯上下。进入爬架内,上下严禁攀爬模板、脚手架和爬架外侧。 (8)脚手架上不应堆放材料。脚手架上的垃圾应及时清除。如需临时堆放少量材料或机具,必须及时取走,且不得超过设计承受荷载的规定。 (9)所有螺栓孔均应安装螺栓,螺栓应施加50~60 N·m的扭矩予以紧固

续表

项目	具体内容
飞模的安全技术要求	(1)飞模的制作、组装必须按设计图进行。运到施工现场后,应按设计需求检查合格后方可使用安装。安装前应进行一次试压和试吊,以检验确认各部件确无隐患。对利用组合钢模板、门式脚手架、钢管脚手架组装的飞模,所用的材料、部件应符合现行国家标准《组合钢模板技术规范》《冷弯薄壁型钢结构技术规范》以及其他专业技术规范的要求。凡采用铝合金型材、木或竹塑胶合板组装的飞模,所用材料及部件应符合有关专业标准的要求。 (2)飞模起吊时,应在吊离地面 0.5 m 后停下,待飞模完全平衡后再起吊。吊装应使用安全卡环,不得使用吊钩。 (3)飞模就位后,应立即在外侧设置防护栏,其高度不得小于 1.2 m,外侧应另加设安全网,同时应设置楼层护栏。并应准确、牢固地搭设出模操作平台。 (4)当飞模在不同楼层转运时,上下层的信号人员应分工明确、统一指挥、统一信号,并应采用步话机联络。 (5)当飞模转运采用地滚轮推出时,前滚轮应高出后滚轮 10 ~ 20 mm,并应将飞模重心标画在旁侧,严禁外侧吊点在未挂钩前将飞模向外倾斜。 (6)飞模外推时,必须用多根安全绳一端牢固拴在飞模两侧,另一端围绕挂往飞模两侧建筑物的可靠部位上,并应设专人掌握缓慢推出飞模,并松放安全绳,飞模外端吊点的钢丝绳应逐渐收起,待内外端吊钩挂牢后再转运起吊。 (7)在飞模上操作的挂钩作业人员应穿防滑鞋,且应系好安全带,并应挂在上层的预埋铁环上。 (8)吊运时,飞模上不得站人和存放自由物料,操作电动平衡吊具的作业人员应站在连接面上,并不得斜拉歪吊。 (9)飞模出模时,下层应设安全网,且飞模每次运转后应检查各部件的损坏情况,同时应对所有的连接螺栓重新进行紧固
隧道模的安全技术要求	(1)组装好的半隧道模应按模板编号顺序吊装就位。并应将两个半隧道模顶板边缘的角钢用连接板和螺栓进行连接。 (2)合模后应采用千斤顶升降模板的底沿,按导墙上所确定的水准点调整到设计标高,并应采用斜支撑和垂直支撑调整模板的水平度和垂直度,再将连接螺栓拧紧。 (3)支卸平台钩架的支设,必须符合下列规定: ①支卸平台的设计应便于支卸平台吊装就位,平台的受力应合理。 ②平台桁架中立柱下面的垫板,必须落在楼板边缘以内 400 mm 左右,并应在楼层下相应位置加设临时垂直支撑。 ③支卸平台台面的顶面,必须和混凝土楼面齐平,并应紧贴接面边缘。相邻支卸平台间的空隙不得过大。支卸平台外周边应设安全护栏和安全网。 (4)山墙作业平台应符合下列规定: ①隧道模拆除吊离后,应将特制承托 U 形卡对准山墙的上撑对拉螺栓孔,从外向内插入,并用螺母紧固。承托 U 形卡的间距不得大于 1.5 m。 ②将作业平台吊至已埋设的 U 形卡位置就位,并将平台每根垂直杆件上的 φ30 水平

续表

项目	具体内容
隧道模的安全技术要求	件落入U形卡内,平台下部靠墙的垂直支撑用穿墙螺栓紧固。 ③每个山墙作业平台的长度不应超过7.5 m,且不应小于2.5 m,并应在端头分别增加外挑1.5 m的两角平台。作业平台外周边应设安全护栏和安全网

第二节　脚手架、模板工程的安全技术要点

考点1　脚手架工程在施工、查验中的安全技术要点

项目	具体内容
脚手架工程在施工中的安全技术要点	1. 搭设前的准备 (1)技术人员要对脚手架搭设及现场管理人员进行技术、安全交底,未参加交底的人员不得参与搭设作业;脚手架搭设人员须熟悉脚手架的设计内容。 (2)对钢管、扣件、脚手板、爬梯、安全网等材料的质量、数量进行清点、检查、验收,确保满足设计要求,不合格的构配件不得使用,材料不齐时不得搭设,不同材质、不同规格的材料、构配件不得在同一脚手架上使用。 (3)清除搭设场地的杂物,在高边坡下搭设时,应先检查边坡的稳定情况,对边坡上的危石进行处理,并设专人警戒。 (4)根据脚手架的搭设高度、搭设场地地基情况,对脚手架基础进行处理,确认合格后按设计要求放线定位。 (5)对参与脚手架搭设和现场管理人员的身体状况进行确认,凡有不适合从事高处作业的人员不得从事脚手架的搭设和现场施工管理工作。 2. 搭设要求 (1)脚手架的搭设必须按照经过审批的方案和现场交底的要求进行,严禁偷工减料,严格遵守搭设工艺,不得将变形或校正过的材料作为立杆。 (2)脚手架搭设过程中,现场须有熟练的技术人员带班指导,并有安全员跟班检查监督。脚手架搭设过程中严禁上下交叉作业。要采取切实措施保证材料、配件、工具传递和使用安全,并根据现场情况在交通道口、作业部位上下方设安全哨监护。 (3)脚手架须配合施工进度搭设,一次搭设高度不得超过相邻连墙件(锚固点等)以上两步。 (4)脚手架搭设中,跳板、护栏、连墙件(锚固、揽风等)、安全网、交通梯等必须同时跟进。 3. 技术要求 (1)脚手架在满足使用要求的构架尺寸的同时,还应满足以下安全要求:构架结构稳定,构架单元不缺基本的稳定构造杆部件;整体按规定设置斜杆、剪刀撑、连墙件或撑、拉、提件;在通道、洞口以及其他需要加大尺寸(高度、跨度)或承受超规定荷载的部位,根据需要设置加强杆件或构造。联结节点可靠,杆件相交位置符合节点构造规定;联结件的安装和紧固力符合要求。

续表

项目	具体内容
脚手架工程在施工中的安全技术要点	(2)脚手架立杆的基础(地)应平整夯实,具有足够的承载力和稳定性,设于坑边或台上时,立杆距坑、台的边缘不得小于1m,且边坡的坡度不得大于土的自然安息角,否则应做边坡的保护和加固处理。脚手架立杆之下不平整、坚实或为斜面时,须设置垫座或垫板。 (3)脚手架的连墙点(锚固点)、撑拉点和悬空挂(吊)点必须设置在能可靠地承受撑拉荷载的结构部位,必要时须进行结构验算,设置尽量不能影响后续施工,以防在后续施工中被人为拆除。 4. 检验要求 (1)施工现场应建立健全脚手架工程的质量管理制度和搭设质量检查验收制度。 (2)搭设脚手架的材料、构配件和设备应按进入施工现场的批次分品种、规格进行检验,检验合格后方可搭设施工,并应符合下列规定:新产品应有产品质量合格证,工厂化生产的主要承力杆件、涉及结构安全的构件应具有型式检验报告;材料、构配件和设备质量应符合《建筑施工脚手架安全技术统一标准》及国家现行相关标准的规定;按相关规定应进行施工现场抽样复验的构配件,应经抽样复验合格;周转使用的材料、构配件和设备,应经维修检验合格。 (3)脚手架在搭设过程中和阶段使用前,应进行阶段施工质量检查,确认合格后方可进行下道工序施工或阶段使用,在下列阶段应进行阶段施工质量检查:搭设场地完工后及脚手架搭设前;附着式升降脚手架支座、悬挑脚手架悬挑结构固定后;首层水平杆搭设安装后;落地作业脚手架和悬挑作业脚手架每搭设一个楼层高度,阶段使用前;附着式升降脚手架在每次提升前、提升就位后和每次下降前、下降就位后;支撑脚手架每搭设2～4步或不大于6 m高度。 (4)在落地作业脚手架、悬挑脚手架、支撑脚手架达到设计高度后,附着式升降脚手架安装就位后,应对脚手架搭设施工质量进行完工验收。脚手架搭设施工质量合格判定应符合下列规定:所用材料、构配件和设备质量应经现场检验合格;搭设场地、支承结构件固定应满足稳定承载的要求;阶段施工质量检查合格,符合脚手架相关的国家现行标准、专项施工方案的要求;观感质量检查应符合要求;专项施工方案、产品合格证及形式检验报告、检查记录、测试记录等技术资料应完整

考点2　模板工程在施工、查验中的安全技术要点

项目	具体内容
模板工程在施工中的安全技术要点	(1)模板安装前必须做好下列安全技术准备工作:应审查模板结构设计与施工说明书中的荷载、计算方法、节点构造和安全措施,设计审批手续应齐全;应进行全面的安全技术交底,操作班组应熟悉设计与施工说明书,并应做好模板安装作业的分工准备;采用爬模、飞模、隧道模等特殊模板施工时,所有参加作业人员必须经过专门技术培训,考核合格后方可上岗;应对模板和配件进行挑选、检测,不合格者应剔除,并应运至工地指定地点堆放;备齐操作所需的一切安全防护设施和器具。 (2)模板构造与安装应符合下列规定:模板安装应按设计与施工说明书顺序拼装。木杆、钢管、门架等支架立柱不得混用。竖向模板和支架立柱支承部分安装在基土上时,应

续表

项目	具体内容
模板工程在施工中的安全技术要点	加设垫板,垫板应有足够的强度和支承面积,且应中心承载。基土应坚实,并应有排水措施。对湿陷性黄土应有防水措施,对特别重要的结构工程可采用混凝土、打桩等措施,防止支架柱下沉。对冻胀性土应有防冻融措施。当满堂或共享空间模板支架立柱高度超过 8 m 时,若地基土达不到承载要求,无法防止立柱下沉,则应先施工地面下的工程,再分层回填夯实基土,浇筑地面混凝土垫层,达到强度后方可支模。模板及其支架在安装过程中,必须设置有效防倾覆的临时固定设施。现浇钢筋混凝土梁、板,当跨度大于 4 m 时,模板应起拱;当设计无具体要求时,起拱高度宜为全跨长度的 1/1 000 ~ 3/1 000。 (3)现浇多层或高层房屋和构筑物,安装上层模板及支架应符合下列规定:下层楼板应具有承受上层施工荷载的承载能力,否则应加设支撑支架;上层支架立柱应对准下层支架立柱,并应在立柱底铺设垫板;当采用悬臂吊模板、桁架支模方法时,其支撑结构的承载能力和刚度必须符合设计构造要求。当层间高度大于 5 m 时,应选用桁架支模或多层支架支模。当层间高度小于或等于 5 m 时,可采用木立柱支模。 (4)模板应具有足够的承载能力、刚度和稳定性,应能可靠承受新浇混凝土自重和侧压力以及施工过程中所产生的荷载。 (5)拼装高度为 2 m 以上的竖向模板,不得站在下层模板上拼装上层模板。安装过程中应设置临时固定设施。 (6)当支架立柱成一定角度倾斜,或其支架立柱的顶表面倾斜时,应采取可靠措施确保支点稳定,支撑底脚必须有防滑移的可靠措施。 (7)支撑梁、板的支架立柱构造与安装应符合下列规定:梁和板的立柱,其纵横向间距应相等或成倍数。木立柱底部应设垫木,顶部应设支撑头。钢管立柱底部应设垫木和底座,顶部应设可调支托,U 形支托与楞梁两侧间如有间隙,必须楔紧,其螺杆伸出钢管顶部不得大于 200 mm,螺杆外径与立柱钢管内径的间隙不得大于 3 mm,安装时应保证上下同心。在立柱底距地面 200 mm 高处,沿纵横水平方向应按纵下横上的程序设扫地杆。可调支托底部的立柱顶端应沿纵横向设置一道水平拉杆。扫地杆与顶部水平拉杆之间的间距,在满足模板设计所确定的水平拉杆步距要求条件下,进行平均分配确定步距后,在每一步距处纵横向应各设一道水平拉杆。当层高在 8 ~ 20 m 时,在最顶步距两水平拉杆中间应加设一道水平拉杆;当层高大于 20 m 时,在最顶两步距水平拉杆中间应分别增加一道水平拉杆。所有水平拉杆的端部均应与四周建筑物顶紧顶牢。无处可顶时,应在水平拉杆端部和中部沿竖向设置连续式剪刀撑。 (8)木立柱的扫地杆、水平拉杆、剪刀撑应采用 40 mm × 50 mm 木条或 25 mm × 80 mm 的木板条与木立柱钉牢;钢管立柱的扫地杆、水平拉杆、剪刀撑应采用 48 mm × 3.5 mm 钢管,用扣件与钢管立柱扣牢;木扫地杆、水平拉杆、剪刀撑应采用搭接,并应采用铁钉钉牢;钢管扫地杆、水平拉杆应采用对接,剪刀撑应采用搭接,搭接长度不得小于 500 mm,并应采用 2 个旋转扣件分别在离杆端不小于 100 mm 处进行固定。 (9)施工时,在已安装好的模板上的实际荷载不得超过设计值。已承受荷载的支架和附件,不得随意拆除或移动。 (10)安装模板时,安装所需各种配件应置于工具箱或工具袋内,严禁散放在模板或脚

续表

项目	具体内容
模板工程在施工中的安全技术要点	手板上;安装所用工具应系挂在作业人员身上或置于所配带的工具袋中,不得掉落。当模板安装高度超过3.0 m时,必须搭设脚手架,除操作人员外,脚手架不得站其他人。 (11)吊运模板时,必须符合下列规定:作业前应检查绳索、卡具、模板上的吊环,必须完整有效,在升降过程中应设专人指挥,统一信号,密切配合;吊运大块或整体模板时,竖向吊运不应少于2个吊点,水平吊运不应少于4个吊点;吊运必须使用卡环连接,并应稳起稳落,待模板就位连接牢固后,方可摘除卡环;吊运散装模板时,必须码放整齐,待捆绑牢固后方可起吊;严禁起重机在架空输电线路下面工作;遇5级及以上大风时,应停止一切吊运作业。 (12)木料应堆放在下风向,离火源不得小于30 m,且料场四周应设置灭火器材
模板工程在查验中的安全技术要点	(1)施工过程中的检查项目应符合下列要求:立柱底部基土应回填夯实;垫木应满足设计要求;底座位置应正确,顶托螺杆伸出长度应符合规定;立杆的规格尺寸和垂直度应符合要求,不得出现偏心荷载;扫地杆、水平拉杆、剪刀撑等的设置应符合规定,固定应可靠;安全网和各种安全设施应符合要求。 (2)模板施工中应设专人负责安全检查,发现问题应报告有关人员处理。当遇险情时,应立即停工和采取应急措施;待修复或排除险情后,方可继续施工。 (3)每批模板安装完毕后,监理应及时对模板的几何尺寸、轴线、标高、垂直度、平整度、接缝、清扫口及支撑体系等进行验收,验收合格后方可进行下道工序施工。 (4)对负荷面积大和高4 m以上的支架立柱采用扣件式钢管、门式钢管脚手架时,除应有合格证外,对所用扣件应采用扭矩扳手进行抽检,达到合格后方可承力使用。 (5)进场时应抽样检验模板和支架材料的外观、规格和尺寸。模板的安装质量应符合国家现行有关标准的规定和施工方案的要求。后浇带处的模板及支架应独立设置。竖向模板安装在土层上时,应符合下列规定:土层应坚实、平整,其承载力或密实度应符合施工方案的要求;应有防水、排水措施;对冻胀性土,应有预防冻融措施;支架竖杆下应有底座或垫板

案例分析

某银行郴州市分行家属住宅区大门工程委托郴州市设计院设计,由湖南省某建筑公司(一分公司)承包施工。大门工程包括传达室、门厅雨篷,其中雨篷面积为60 m^2。雨篷采用钢筋混凝土结构,底面标高为5.10 m。

7月12日开工,7月20日浇筑完大门柱混凝土,8月2日支雨篷模板,8月10日下午开始浇筑雨篷混凝土至8月11日凌晨混凝土接近浇筑完成时,由于雨篷模板支撑立柱失稳,雨篷整体倒塌,造成正在施工的作业人员4人死亡、4人受伤的重大事故。

根据以上情景,回答下列问题:

1. 分析此次模板坍塌事故发生的原因。
2. 简要归纳该起事件的性质和责任。
3. 针对模板支架坍塌的预防措施有哪些?

参考答案及解析

1. 事故原因分析

(1)技术方面:

①没有制定施工方案。施工有一定难度,如不预先编制施工方案,采取措施确保模板支架的稳定性,施工中一旦发生意外极易导致事故。

②模板及其支架无计算书。由于支架搭设未经计算确认,导致了现场支模的随意性,尤其对高度在5 m以上的模板支架,如何确保其支撑的强度及整体稳定性,必须从计算及构造上提出明确要求指导现场施工。

(2)管理方面:

模板施工无检查验收处于失控。门厅雨篷为后追加工程,误认为属"零星"工程,从发包到承包都没引起足够重视而放松管理。

2.(1)本次事故属于违章造成的责任事故。施工前未编制施工方案,施工中未按有关规定对模板支架立柱的接长和将立柱支撑在足够强度和稳定的结构上,对支架立柱(尤其高度超过5 m以上时),不仅应设置水平支撑,同时还必须设置剪刀撑,以确保其整体稳定性。

(2)建筑公司一分公司项目负责人,施工前未编制支模方案,未进行支模技术交底及提出注意事项,浇筑混凝土前对模板支撑情况又未进行验收,造成模板失稳,对事故负有违章指挥责任。建筑公司主要负责人应对企业安全负全面管理责任,由于企业管理失误,项目施工不编制施工方案,不进行交底的违章管理无人检查,导致隐患不能及早发现。

3.(1)按照《中华人民共和国建筑法》的规定,工程发包与承包应订立书面合同。承包单位应具有相应资质等级。《中华人民共和国建筑法》规定,对专业性较强的工程项目,应编制专项安全施工组织设计,并采取安全技术措施。

(2)工程施工不能用经济承包代替管理。企业中各基层单位对工程施工实行承包后,企业各级领导的安全责任不能随之"承包",不能"以包代管"放弃管理责任。企业的领导首先应具有高度的责任心,对广大职工和各层管理人员负有教育和监督检查的责任,企业的主要负责人对工程施工发生的重大事故应负有领导责任。

(3)建设单位在发包工程时,必须对承包单位的资质进行审查,并对施工过程中的安全生产情况进行监理,依法承担建设工程的安全责任。

(4)模板工程施工前应按规定编制专项施工方案。此模板坍塌事故直接原因是由支架立柱失稳引起,而立柱失稳原因除立柱接长做法不符合要求外,主要是未设置必要的剪刀撑。模板支架立柱并非只承受轴向压力,当混凝土在模板上运输和浇筑过程中产生的水平力,如果没有剪刀撑来支撑将会造成立杆失稳,如果水平支撑的步距过大,将造成立杆长细比过大也会导致失稳。当然立杆的基础稳定也是至关重要的,如果基础不牢,仍然会导致立杆不均匀沉降和失稳。所以模板工程施工前必须编制专项施工方案,并在混凝土浇筑之前进行检查验收。

第七章　城市轨道交通工程施工安全技术

知识框架

- 城市轨道交通工程施工安全技术
  - 城市轨道交通工程施工安全与风险管理
    - 城市轨道交通工程施工安全概述
    - 城市轨道交通工程施工风险管理方法
  - 施工安全检查的主要内容
    - 安全检查的目的
    - 施工安全检查的主要内容
    - 城市轨道交通工程质量安全检查的主要内容
    - 建筑工程安全检查的形式、要求和方法
  - 城市轨道交通施工危险因素分析及其安全技术措施
    - 城市轨道交通工程施工危险因素分析
    - 城市轨道交通工程安全技术措施

考点精讲

第一节　城市轨道交通工程施工安全与风险管理

考点1　城市轨道交通工程施工安全概述

项目	具体内容
概述	(1)城市轨道交通地下工程勘察设计风险管理应编制风险管理文件，同时可根据实际条件开展风险评估。 (2)为便于有效开展施工阶段的风险技术管理工作，轨道交通工程建设的施工阶段细分为施工准备期和施工过程。具体包括勘察、可行性研究、初步设计、施工图设计、施工等阶段，各阶段应有针对性地开展风险管理工作，并采取有效的预防和控制措施。 (3)工程建设过程中各阶段应对工程风险进行识别、分析、评估，并在工程设计、施工过程中进行全面的控制。 (4)城市轨道交通地下工程施工必须实施动态风险管理，以便于现场监测数据和风险记录，实现施工风险动态跟踪与控制。 (5)为便于进行风险技术管理，工程风险分为工程自身风险和工程环境风险。工程自身风险指因工程本身特点和地质条件复杂性等导致工程实施难度大、风险高的轨道交通工程。工程环境风险指因轨道交通工程周边环境条件复杂，轨道交通施工过程中，可能导致轨道交通工程正常使用或功能、结构安全受到影响的环境。周边环境主要指既有的轨道交通工程(含铁路)、建(构)筑物、管线、道路、水体等。

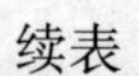

续表

项目	具体内容
概述	(6)城市轨道交通风险等级及应对措施。 风险等级→对各风险等级采取的措施: ①不容许→必须消除风险。 ②不希望→应首先选择消除风险,当不能消除或降低风险措施不可行时,应经过独立的安全审核,并经业主或主管部门同意后方可接受。 ③可容许→应采取合理有效的风险控制措施,应该经过独立的安全审核,并经业主或主管部门同意后方可接受。 ④可接受→有无业主或主管部门同意均可接受的风险,应保持持续的风险监控

考点2　城市轨道交通工程施工风险管理方法

项目	具体内容
设计阶段安全风险管理	(1)设计阶段应识别工程自身风险和环境风险,并进行工程风险分级,工程风险分级原则上考虑到各工点(车站、区间)的主体和附属工程,并满足设计文件的深度要求。 (2)施工图设计阶段需再次核准初步设计的风险等级,根据不同的风险级别开展相应的设计风险分析与评估。 (3)施工图设计风险管理中对重大环境影响的区域,应明确现场监控量测要求,提出工程环境影响的风险预警控制指标,并建议实施信息化施工,开展风险预警控制工作。另外,需配合建设单位招标、投标和建设管理,编制工程现场施工注意事项说明及事故应对技术处置方案。 (4)在施工图设计及工程施工期间,设计单位需充分注意施工配合工作,并向施工、监理等单位就设计意图、设计要求、设计条件等设计文件做设计交底,充分进行相关单位之间的风险沟通和交流。对施工过程中发现的尚未落实的情况或与设计条件不符的情况,设计单位应及时通知建设单位,并要求责任相关单位及时改正
施工阶段安全风险管理	(1)城市轨道交通是地下工程施工风险管理过程的核心,也是工程建设风险能否得到有效控制的关键阶段。随着工程施工紧张,工程建设风险不断动态变化,各项风险的发生概率及损失也将发生改变,而且,地下工程建设易受外部天气和环境等条件的干扰,现场风险情况瞬息万变,因此,工程建设过程中各方必须实施动态风险管理。动态风险管理主要体现在风险信息的收取、分析与决策过程的动态,对风险的预报、预警与控制实施的动态。 (2)城市轨道交通地下工程建设中无法完全消除或避免风险,加之外界条件影响或变化也会导致不可预见的风险,因此,需针对潜在的各类重大风险建立健全响应的事故呈报管理体系与制度,确保事故信息能及时、可靠地传递给相关建设各方,以方便开展事故抢险与救护。风险管理中针对辨识的重大风险需编制风险控制预案,包括现场监测预警标准及预告、风险抢险队伍与物资准备、事故处理应急处置决策等。同时,还要做好风险告示牌和风险记录,及时更新施工现场及参与人员等相关信息。 (3)施工前期应结合地质勘查报告,对工程影响范围内的工程地质水文地质条件进行踏勘,并结合环境调查报告和设计文件对工程影响范围内的建(构)筑物、桥梁、地下管线、河流、市政道路等周边环境进行全面核查和必要的物探普查工作。

续表

项目	具体内容
施工阶段安全风险管理	(4)施工前期应进行施工安全设计交底,并根据地质踏勘、环境核查结果和物探普查情况,结合施工单位自身施工经验、施工工艺设备等,开展对设计文件的学习和分析。 (5)施工前期应根据设计阶段的安全风险分级清单,以及结合各工点(车站、区间)具体风险事件综合确定的施工风险等级进行工程风险分级综合调整。 (6)施工单位、监理单位和第三方监测单位在施工监测过程中应及时进行评估、预警和加强信息报送,对预警状态应先及时组织分析和风险处置,并上报有关部门,根据其综合预警及相关反馈建议加强风险处置。 (7)施工单位、监理单位、第三方监测单位和设计单位应根据预警级别的不同,组织不同管理层加强施工过程风险处置的实施和管理工作

第二节　施工安全检查的主要内容

考点1　安全检查的目的

项目	具体内容
安全检查的目的	(1)为了加强安全生产监督管理,防止和减少生产安全事故,保障施工人员和操作人员及人民群众生命财产安全,安全生产工作的目的是保护劳动者在生产过程中的安全与健康,维护企业的生产和发展。 (2)安全检查是及时发现不安全行为和不安全状态的重要途径,是消除事故隐患,落实整改措施,防止事故伤害,改善劳动条件的重要方法。 (3)预防事故伤害或把事故降低至最低水平,把事故伤害频率和经济损失降低到容许范围和同行业的先进水平。 (4)不断改善生产条件和作业环境,达到最佳安全状态。 (5)通过安全检查,可以发现施工中人、机、料、工、环的不安全状态、不卫生问题,从而采取对策,消除不安全因素,保障安全生产。 (6)建设工程安全检查的目的在于发现不安全因素(危险因素)的存在状况,如机械、设施、工具等的潜在不安全因素状况、不安全的作业环境场所条件、不安全的作业职工行为和操作潜在危险,以采取防范措施,防止或减少建设工程伤亡事故的发生。 (7)通过安全检查,进一步宣传、贯彻、落实党和国家的安全生产方针、政策、法令、法规和安全生产规章制度。 (8)通过安全检查总结经验,互相学习,取长补短,有利于进一步促进安全工作的发展

考点2　施工安全检查的主要内容

项目	具体内容
检查的主要内容	安全检查是发现、消除事故隐患,预防安全事故和职业危害比较有效和直接的方法之一,是主动性的安全防范。

续表

项目	具体内容
检查的主要内容	1. 建筑工程施工安全检查 主要是以查安全思想、查安全责任、查安全制度、查安全措施、查安全防护、查设备培训、查操作行为、查劳动防护用品使用和查伤亡事故处理等为主要内容。安全检查要根据施工生产特点，具体确定检查的项目和检查的标准。 （1）查安全思想主要是检查以项目经理为首的项目全体员工（包括分包作业人员）的安全生产意识和对安全生产工作的重视程度。 （2）查安全责任主要是检查现场安全生产责任制度的建立；安全生产责任目标的分解与考核情况；安全生产责任制与责任目标是否已落实到了每一个岗位和每一个人员，并得到了确认。 （3）查安全制度主要是检查现场各项安全生产规章制度和安全技术操作堆积的建立和执行情况。 （4）查安全措施主要是检查现场安全措施计划及各项安全专项施工方案的编制、审核、审批及实施情况；重点检查方案的内容是否全面、措施是否具体并有针对性，现场的实施运行是否与方案规定的内容相符。 （5）查安全防护主要是检查现场临边、洞口等各项安全防护设施是否到位，有无安全隐患。 （6）查设备设施主要是检查现场投入使用的设备设施的购置、租赁、安装、验收、使用、过程维护保养等各个环节是否符合要求；设备设施的安全装置是否齐全、灵敏、可靠，有无安全隐患。 （7）查教育培训主要检查现场教育培训岗位、教育培训人员、教育培训内容是否明确、具体、有针对性；三级安全教育制度和特种作业人员持证上岗制度的落实情况是否到位；教育培训档案资料是否真实、齐全。 （8）查操作行为主要是检查现场施工作业过程中有无违章指挥、违章作业、违反劳动纪律的行为发生。 （9）查劳动防护用品的使用主要是检查现场劳动防护用品、用具的购置、产品质量、配备数量和使用情况是否符合安全与职业卫生的要求。 （10）查伤亡事故处理是检查现场是否发生伤亡事故，对发生的伤亡事故是否已按照“四不放过”的原则进行了调查处理，是否已有针对性地制定了纠正与预防措施；制定的纠正与预防措施是否已得到落实并取得实效。 2. 安全检查的内容 （1）安全管理的检查内容包括：安保体系是否建立；安全责任分配是否落实；各项安全制度是否完善；安全教育、安全目标是否落实；安全技术方案是否制定和交底；各级管理人员、施工人员、分包人员的证件是否齐全；作业人员和管理人员是否有不安全行为，如作业职工是否按相关工种的安全操作规程操作，操作时的动作是否符合安全要求等。 （2）文明施工的检查内容包括现场围挡是否封闭安全；《建筑施工安全检查标准》各要求是否落实；各项防护措施是否到位，现场安全标志、标识是否齐全；施工场地、材料堆放是否整洁明了；各种消防配置、各种易燃物品保管是否达到消防要求；各级消防责任是否落实；现场治安、宿舍防范是否达到要求；现场食堂卫生管理是否达标；卫生防疫的

续表

项目	具体内容
检查的主要内容	责任是否落实;社区共建、不扰民措施是否落实。 (3)脚手架工程的检查内容包括:落地、悬挑、门型脚手架、吊篮、挂脚手架、附着式提升脚手架的方案是否经过审批;架体搭设及与建筑物拉结是否达到规范;脚手板与防护栏杆是否规范;杠杆锁件,间距,大、小横杆,斜撑,剪刀撑是否达到要求;升降操作是否达到规范要求。 (4)机械设备(提升机、外用电梯、塔吊、起重吊装)的检查内容包括:各种机械设备的施工、搭拆方案是否经过审批;各种机械的检测报告、验收手续是否齐全;各种机械的安装是否按照施工方案进行;各种机械的保险装置是否安全可靠、灵敏有效;各种机械的机况、机貌是否良好;机械的例保是否正常;各种机械配置是否达到规范要求;机械操作人员是否持证上岗。 (5)施工用电的检查内容包括:临时用电、生活用电、生产用电是否按施工组织设计实施;各种电器、电箱是否达到《施工现场临时用电安全技术规范》的要求,各种电器装置是否达到安全要求。 (6)"三宝""四口"防护的检查内容包括:安全帽、安全带、安全网的设置、佩戴是否达到规范要求;楼梯口、电梯井口、预留洞口、通道口防护是否达到规范要求,各种防护措施是否落实,各种基础台账及记录是否齐全完整。 (7)基坑支护与模板工程的检查内容包括:基坑支护方案、模板工程施工方案是否经过审批;基坑临边防护、坑壁支护、排水措施是否达到方案要求;模板支撑部门是否稳定;操作人员是否遵守安全操作规程,模板支、拆的作业环境是否安全

考点3 城市轨道交通工程质量安全检查的主要内容

一、建设单位质量安全检查

检查项目	不符合质量安全要求的内容
质量安全管理机构、人员	未设置质量安全管理机构;未配备质量、安全管理人员,或未明确应急管理人员;专职管理人员数量与建设规模、管理要求不相适应;专职管理人员不具备相应的知识、经验
质量安全责任制	未建立质量安全责任制;法律、法规、规章、规范性文件规定的建设单位质量安全责任未包含在责任制中;各部门、岗位质量安全责任范围不明确或不完整;未建立考核制度和各岗位考核标准,或未开展考核;未明确本单位项目负责人,未签订法定代表人授权书;项目负责人未签署工程质量终身责任承诺书;未设立永久性标牌
质量安全管理制度与标准	未制定质量安全管理制度;质量安全管理制度不健全;制度内容不符合相关法律、法规、规章、规范性文件的规定,或内容不能满足工程质量安全管理需要;工程施工、质量验收标准不明确
质量安全会议制度	未建立质量安全会议(例会、专题会、年度工作会等)制度,或制度未落实;会议记录不详实

续表

检查项目	不符合质量安全要求的内容
质量安全教育培训	未对新员工(包括实习人员、被派遣劳动者)、换岗员工进行岗前质量安全教育培训;质量安全教育培训工作无计划或计划未落实;培训学时少于规定;质量安全教育培训内容与工程实际脱节;未建立员工教育培训档案或档案不完整
招标工期、造价	招标前,未对工期、造价组织专家论证;工程概算中未包括工程安全生产措施费用及其他保障工程质量安全所需的费用(工伤保险费用、安全风险评估费、第三方监测费、第三方质量检测费、工程周边环境调查费、现状检测评估费);招标时,未将建设工程安全生产措施费用及其他保障工程质量安全所需的费用单独列支,未作为不可竞争费;迫使勘察、设计、施工、监理、监测等单位低于成本价竞标;压缩合同工期未经专家论证或合同双方未签订补充协议,或未有确保质量安全的相应措施与费用
参建各方主体资质和人员资格审查	参建单位资质不符合规定;施工单位未取得安全生产许可证,或投标时安全生产许可证被暂扣;勘察、设计、施工、监理、监测、检测以及其他有关单位的项目负责人、项目技术负责人资格不符合规定;施工单位项目经理、专职安全员未获得安全生产考核合格证书;未建立管理台账,或台账与实际不符
组织工程周边环境调查与现状评估	未组织设计单位提出工程周边环境调查的技术要求;未组织开展工程周边环境调查;未根据设计或工程需要对影响施工安全的地下管线、地表水体渗漏情况进行专项调查;未根据设计要求或工程实际需要组织现状评估;未组织工程周边环境调查报告或现状评估报告验收
提供工程基础资料	未按规定向勘察、设计、施工、监理、监测等单位提供基础资料(气象、水文、地形地貌、工程地质、水文地质和工程周边环境、现状评估报告等);所提供资料不真实;所提供资料不准确或不完整,未及时组织补充完善;无资料交接双方签字,或移交资料不齐全
委托专项勘察、设计	未及时办理详细勘察文件审查;对特殊地质条件未委托进行专项勘察;在勘察区域具备勘察条件后,未及时通知勘察单位完成勘察;工程设计、施工条件发生变化时,未及时委托进行补充勘察;对高风险工程未组织开展专项设计
办理施工图审查	施工图设计文件未经审查或审查不合格,擅自施工;设计文件发生重大变更的,未重新报审;施工图设计文件审查单位不具备规定条件;未及时办理消防建审;对拟采用的无现行工程建设强制性标准的新技术、新工艺、新材料,未组织技术论证并按照规定报相关主管部门核准
组织勘察、设计地下管线交底	未组织勘察单位向设计、施工单位交底;未组织设计单位向施工单位、工程周边环境调查单位交底;未组织施工图会审;未组织所涉及地下管线的产权单位或管理单位向施工单位进行现场交底;未形成交底记录、会审意见;勘察、设计、地下管线现场交底任一记录不详或签字手续不全
采购材料设备	采购的建筑材料(含预拌混凝土)、构配件或设备不符合产品质量标准、设计要求和合同约定;国家实行生产许可证管理、强制性产品认证管理的未具有相应证书;未按规定进行材料检验,或检验不合格擅自使用;违反规定使用已被淘汰,被禁止使用的建材产品;未按规定对涉及结构安全的试块、试件以及有关材料进行监理见证下的现场取样,或未按规定送交工程质量检测机构进行检测

续表

检查项目	不符合质量安全要求的内容
提供施工场地	场地、水、电、交通条件不能满足施工要求;"拆、改、移"不到位,危及施工安全或工程周边环境安全
支付工程款及安全措施费	合同中未明确安全措施费预付、支付计划、使用要求及调整方式;未按合同约定及时拨付工程款;未按合同约定及时拨付安全措施费用及工伤保险费;未建立支付台账
办理质量安全监督手续	未按规定办理施工许可手续;未按规定办理质量监督手续;未按规定办理安全监督手续
质量安全风险管理	质量安全风险管理体系不健全;科研阶段未对工程选址和设计方案进行抗灾设防专项论证;初步设计阶段未组织专家进行抗震、抗风等专项论证;初步设计阶段未开展工程质量安全风险评估,或初步设计文件报审时未提交风险评估报告;质量安全风险评估报告与工程质量安全控制要求脱节,或不含建设工期、造价对工程质量安全影响性评估;未制定风险控制总体方案;未实施风险工程分级管理;风险控制指标体系不健全;未建立风险工程档案;未建立危险性较大的分部分项工程或安全管理措施清单;对超过一定规模的危险性较大分部分项工程专项方案项目负责人(业主现场代表)未签字
委托第三方监测、检测	未按规定委托并组织开展第三方监测;未按规定委托并组织开展第三方质量检测;第三方监测或质量检测单位的资质不符合规定;第三方监测、检测单位与所监测、检测工程的施工单位存在隶属关系或者其他利害关系;未组织审查第三方监测方案;对第三方监测或质量检测单位反馈的预警信息或质量问题处理不及时
履约管理与现场检查	工程合同未规定双方质量安全责任或责任规定不符合法律、法规、规章、规范性文件的相关规定;工程合同中双方质量安全责任不明确,内容存在缺陷,或未明确质量安全违约责任;未定期组织质量安全履约考核检查;未组织或很少组织质量安全日常检查、隐患排查;对施工或监理单位上报的质量安全问题,未及时处理;在履约考核、日常检查、隐患排查中,对发现的安全隐患、质量缺陷没有明确处理意见;未建立质量安全检查记录或隐患管理档案;未对专业分包进行审核并建立台账;未组织开展施工现场质量安全标准化考评工作;未对重大事故隐患的整改情况进行跟踪、复查
现场协调管理	两个以上施工单位在同一施工场地内作业的,未组织施工单位双方签订施工安全管理协议,或协议未明确各自安全管理责任和措施;未明确现场协调组织机构、现场协调负责人;未组织落实车站、轨行区等多方共同作业区管理办法(包括现场照明、临时用电、安全防护设施、消防设施管理,轨行区运输管理、施工管理,轨行区送电管理,车辆和设备联合调试管理等);未及时组织现场交底、交接;未进行协调管理或协调管理不到位,现场杂乱无序;未建立现场协调工作会议制度或制度未落实
应急预案管理	未编制综合应急预案、项目应急预案;综合应急预案未经专家评审;综合应急预案未报工程所在地建设主管部门备案;应急预案不规范,缺乏针对性或可操作性;应急协调联动机制不健全,与相关预案不衔接;未建立应急物资数据库、应急救援人员数据库、应急集结路线数据库,或未及时更新;未组织预案涉及人员参加应急预案培训;未定期组织应急预案评估;未制定应急演练计划;未按计划组织演练;未组织演练评估;演练不具有针对性

续表

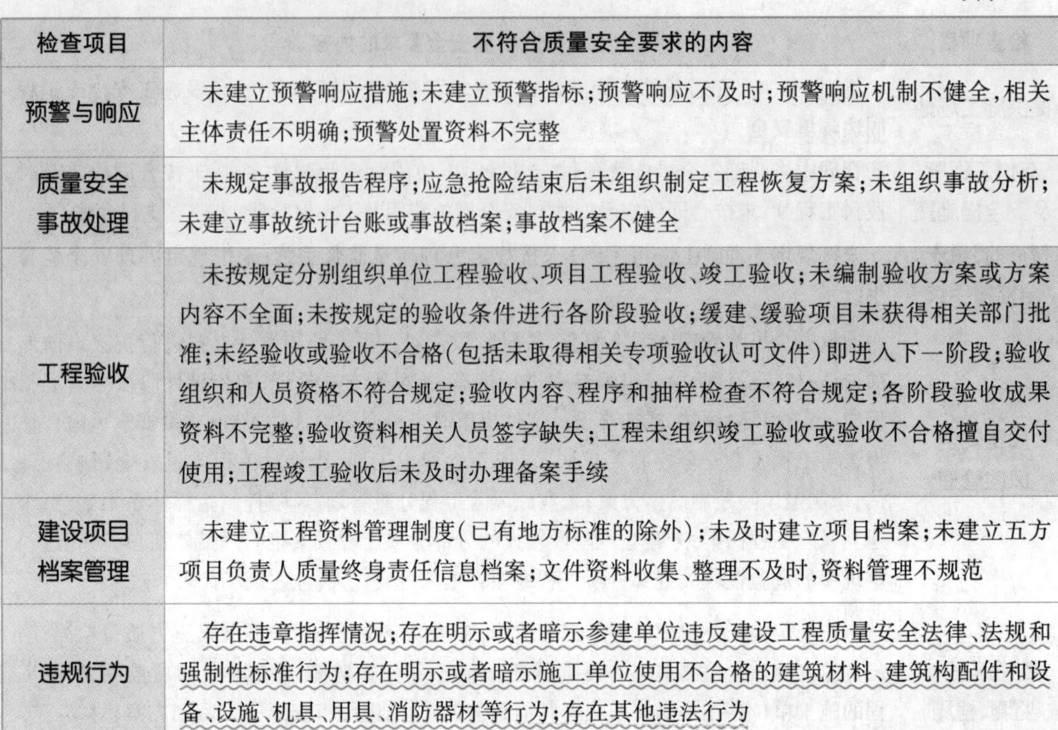

检查项目	不符合质量安全要求的内容
预警与响应	未建立预警响应措施；未建立预警指标；预警响应不及时；预警响应机制不健全，相关主体责任不明确；预警处置资料不完整
质量安全事故处理	未规定事故报告程序；应急抢险结束后未组织制定工程恢复方案；未组织事故分析；未建立事故统计台账或事故档案；事故档案不健全
工程验收	未按规定分别组织单位工程验收、项目工程验收、竣工验收；未编制验收方案或方案内容不全面；未按规定的验收条件进行各阶段验收；缓建、缓验项目未获得相关部门批准；未经验收或验收不合格（包括未取得相关专项验收认可文件）即进入下一阶段；验收组织和人员资格不符合规定；验收内容、程序和抽样检查不符合规定；各阶段验收成果资料不完整；验收资料相关人员签字缺失；工程未组织竣工验收或验收不合格擅自交付使用；工程竣工验收后未及时办理备案手续
建设项目档案管理	未建立工程资料管理制度（已有地方标准的除外）；未及时建立项目档案；未建立五方项目负责人质量终身责任信息档案；文件资料收集、整理不及时，资料管理不规范
违规行为	存在违章指挥情况；存在明示或者暗示参建单位违反建设工程质量安全法律、法规和强制性标准行为；存在明示或者暗示施工单位使用不合格的建筑材料、建筑构配件和设备、设施、机具、用具、消防器材等行为；存在其他违法行为

二、施工单位质量安全管理检查

检查项目	不符合质量安全要求的内容
单位资质与人员资格	资质不符合国家规定或未取得安全生产许可证；项目经理未持安全生产考核合格证上岗；违反规定调换项目经理或项目经理同时在其他工程项目兼任；项目部未按要求组建安全生产领导小组或项目安全专职管理机构；未明确质量安全管理标准化自评部门；未按规定或合同约定配备项目安全管理人员；安全管理人员未持安全生产考核合格证；项目主要管理人员未按规定到岗履职或未现场带班；安全管理人员未到岗履职；特种作业人员未持有效证件上岗；监测人员的配备不能满足工程需要；盾构机司机上岗前未经（施工单位）实际操作考核合格
责任制度与目标管理	未建立安全生产的责任制或考核奖罚制度；安全生产责任制未经责任人签字确认；未制定安全管理目标及其考核制度；目标未分解或未量化；考核制度未有效落实
施工组织设计	使用未经审查合格的施工图设计文件施工；未编制施工组织设计或施工组织设计未落实保障施工安全的设计措施；施工组织设计未按规定进行审核、审批；施工进度计划不合理，存在盲目压缩工期；施工组织设计的安全技术措施不全面或针对性不强；工程条件发生变化，不能指导施工时，未修改施工组织设计；使用国家明令淘汰或禁止使用的工艺、产品；未与施工组织设计同步编制标准化实施方案；对拟采用的无现行工程建设强制性标准的新技术、新工艺、新材料，未进行技术论证

续表

检查项目	不符合质量安全要求的内容
安全技术交底	未制定安全技术交底制度；未制定各工种安全技术操作规程或操作规程未挂设在作业场所显著位置；项目技术人员（专项施工方案编制人员）未就有关施工安全要求对现场管理人员、施工班组、作业人员交底；交底针对性不强或不全面；无书面安全技术交底或交底双方未签字
安全教育和班前活动	未建立安全生产教育制度；未对进入新岗位或者新进入施工现场的作业人员（含起重机械租赁单位的作业人员）进行安全教育；未对作业人员普及触电、高处坠落或有限空间中毒（窒息）等事故应急救援知识；安全教育档案不全；未进行年度安全教育或教育培训学时达不到要求；未建立班前安全活动制度；无班前安全活动记录；未进行主要风险公示；有较大危险因素的设施、设备、场所未设置明显标识、警戒围栏或安全引导语等安全警示标志；进行高处作业、有限空间作业、设备调试等危险作业时，未设明显标识、正确显示工作状态；在隐患没能及时整改的场所未设置隐患告知牌
作业管理	未建立工程重要部位、环节施工前条件验收制度（包括进入有限空间、压力或高压设备调试区域的安全许可）；未按规定对工程重要部位或环节进行安全条件验收；未按要求进行现场安全防护、消防设施验收；危险性较大分部分项工程施工时无专职安全管理人员现场监督；存在违规作业或违章指挥现象；工程（临时）停工前未进行风险评估并落实相应措施，或复工前未进行安全检查
安全检查	未建立安全检查制度、事故隐患排查治理制度；企业负责人或项目经理未按规定带班检查（生产）；未有效开展日常、定期、季节性安全检查（隐患排查）或安全专项整治；未按规定开展安全管理标准化自评；对发现的事故隐患未按（责任、时限、措施、资金、预案）“五到位”原则落实整改；未建立安全检查档案（事故隐患排查治理台账）
工程周边环境保护	施工前未核查工程周边环境；核查结果与建设单位提供的资料不符时，未反馈给建设单位；对施工影响范围内的重要建（构）筑物、管线未采取专项防护措施；未按规定与受施工影响管线的管理单位签订管线保护协议；未在现场标识地下管线安全保护范围并竖立警示标志；在管线安全保护范围内施工前未核查开工条件
安全防护用品管理	未建立安全防护与职业卫生用品管理制度；未向作业人员提供合格的安全防护或职业卫生用品；未建立安全防护与职业卫生用品管理档案
分包管理与协调管理	未按规定进行专业分包，或存在转包或违法分包；施工总包单位与分包单位的安全责任不明确；与机械设备、施工机具及配件的出租单位未签订合同或合同未规定产品技术性能与质量安全要求；专业分包合同未经建设单位认可；分包合同未按规定向建设行政主管部门备案；分包单位未按规定建立安全管理机构、配备安全员；分包单位“三类”人员资格不符合要求；分包单位管理人员未到岗履职；总包单位未按要求对分包队伍开展安全教育，或未对劳务作业进行安全管理；未与在同一场所作业的其他施工单位签订安全管理协议，或未明确双方专职安全管理人员

续表

检查项目	不符合质量安全要求的内容
费用管理	未建立安全文明施工措施费用管理制度或未编制安全文明施工措施费使用计划；未按规定使用安全文明施工措施费，或未建立费用登记台账
应急管理	未按规定编制、评审、备案、发布安全事故综合应急预案、项目应急预案和现场处置方案；预案、方案不全面、针对性不强；未组织预案演练；演练流于形式或演练频次不足；未对预案进行定期评估，或出现规定情形时未对预案进行修订；未建立项目应急救援组织机构和队伍；未建立或未及时更新应急物资、集结路线图；未按要求配备应急救援物资、设备、器材等资源，或未及时更换（置换）已失效的应急资源；未设置应急逃生通道或通道被堵塞；事故、险情发生后未立即启动应急预案
事故管理	未建立事故报告与调查处理制度；事故、险情发生后未按规定报告；未落实事故调查报告提出的处理意见和防范措施；未建立事故管理档案

考点4　建筑工程安全检查的形式、要求和方法

项目	具体内容
安全检查的主要形式	1. 施工安全检查的主要形式 建筑工程施工安全检查的主要形式一般可分为定期安全检查、经常性安全检查、季节性安全检查、节假日安全检查、开工、复工安全检查、专业性安全检查和设备设施安全验收检查等。安全检查的组织形式应根据检查的目的、内容而定，因此参加检查的组成人员也就不完全相同。 （1）定期安全检查。 建筑施工企业应建立定期分级安全检查制度，定期安全检查属全面性和考核性的检查，建筑工程施工现场应至少每旬开展一次安全检查工作，施工现场的定期安全检查应由项目经理亲自组织。 （2）经常性安全检查。 建筑工程施工应经常开展预防性的安全检查工作，以便于及时发现并消除事故隐患，保证施工生产正常进行。施工现场经常性的安全检查方式主要有： ①现场专（兼）职安全生产管理人员及安全值班人员每天例行开展的安全巡视、巡查。 ②现场项目经理、责任工程师及相关专业技术管理人员在检查生产工作的同时进行的安全检查。 ③作业班组在班前、班中、班后进行的安全检查。 （3）季节性安全检查。 主要根据季节特点，为保障安全生产的特殊要求所进行的检查。季节性安全检查主要是针对气候特点（如暑季、雨季、风季、冬季等）可能给安全生产造成的不利影响或带来的危害而组织的安全检查。多是以防火、防爆、防汛、防台风、防暑和防冻等为主要内容的检查，如春节前后以防火、防爆为主要内容，夏季以防暑降温为主要内容，雨季以防雷、防静电、防触电、防洪、防建筑倒塌为主要内容的检查。

续表

项目	具体内容
安全检查的主要形式	(4)节假日安全检查。 在节假日特别是重大或传统节假日(如:五一、十一、元旦、春节等)前后和节日期间,为防止现场管理人员和作业人员思想麻痹、纪律松懈等进行的安全检查。节假日加班,更要认真检查各项安全防范措施的落实情况。主要是检查安全生产,消防、治安保卫和文明生产等工作。节前检查出来的安全隐患,可以在节日安排检修、消除隐患,以利节后正常进行生产。节后检查是为了防止有些职工纪律松懈,重点进行遵章守纪的检查和消除隐患工作的落实情况。 (5)开工、复工安全检查。 针对工程项目开工、复工之前进行的安全检查,主要检查现场是否具备保障安全生产的条件。 (6)综合性安全检查。 主要是了解企业的安全管理情况和安全技术及工业卫生状况,为安全管理工作计划提供依据,对检查出的隐患提出整改意见。 (7)专业性安全检查。 由有关专业人员对现场某项专业安全问题或在施工生产过程中存在的比较系统性的安全问题进行的单项检查。这类检查专业性强,主要应由专业工程技术人员、专业安全管理人员参加。主要是调查了解某个专业性安全问题的技术状况,如电气,压力容器,剧毒、易燃和易爆物品等,对于易发生安全事故的大型机械设备、特殊场所或特殊操作工序,除综合性安全检查外,还应组织有关专业技术人员、管理人员、操作职工或委托有资格的相关专业技术检查评价单位,进行安全检查。 (8)设备设施安全验收检查。 针对现场塔吊等起重设备、外用施工电梯、龙门架及井架物料提升机、电气设备、脚手架、现浇混凝土模板支撑系统等设备设施在安装、搭设过程中或完成后进行的安全验收、检查。 2. 安全检查处理程序 (1)“安全检查记录表”程序。 分包单位、项目部、分公司、公司在安全检查中,对所发现的安全隐患和违章行为,除立即消除及纠正外,还必须填写“安全检查记录表”(以下简称记录表)交由项目部签收,项目部在按照要求进行整改后,于签发日3日内反馈给分公司,待分公司复查后将记录表反馈给检查单开具部门。 (2)“安全检查处理通知单”程序。 项目部、分公司、公司在安全检查中,对所发现的安全隐患和违章行为,除立即消除及纠正外,认为必须作出罚款的,须填写“安全检查处理通知单”,实施奖罚程序。 (3)“安全检查整改单”程序。 项目部、分公司、公司在安全检查中,对所发现的安全隐患和违章行为,除立即消除及纠正外,认为可以作出整改通知的,必须填写“安全检查整改单”,交由项目部签收,项目部在按照要求进行整改后,于签发日5日内反馈给分公司,待分公司复查后将记录表反馈给检查单开具部门。

续表

项目	具体内容
安全检查的主要形式	(4)“安全检查谈话单”程序。 分公司、公司在安全检查中,对所发现的安全隐患和违章行为,除立即消除及纠正外,认为有必要要求分包单位、项目部的安全生产责任人必须重视所存在的问题,可以填写“安全检查谈话单”,交由项目部签收。被谈话人必须按安全检查谈话单的要求在指定时间和地点接受谈话。 (5)“安全停工整改单”程序。 分公司、公司在安全检查中,对所发现的安全隐患和违章行为,除立即阻止外,认为一定要进行停工整改的,必须填写“安全停工整改单”,交由项目部签收。项目部必须按照安全停工整改单要求进行全面的安全整改。整改完成后,由项目部向安全停工整改单开具部门提出复查申请,待复查通过后才能组织施工
安全检查的要求	1. 安全检查应贯彻领导与群众相结合的原则 除进行经常性的检查外,每年还应进行群众性的综合检查、专业检查、季节性检查和节假日前后检查,尤其是行业间的互检,对推动安全检查有良好的效果。安全检查活动必须有明确的目的、要求、内容和具体计划,必须建立由企业领导负责和有关职能人员参加的安全检查组织,做到边检查、边整改,及时总结和推广先进经验。具体要求如下: (1)根据检查内容配备力量,抽调专业人员,确定检查负责人,明确分工。 (2)应有明确的检查目的和检查项目内容及检查标准、重点、关键部位。对大面积或数量多的项目可采取系统观感和一定数量测点相结合的检查方法。检查时尽量采用检测工具,用数据说话。 (3)对现场管理人员和操作工人不仅要检查是否有违章指挥和违章作业行为,还应进行“应知应会”的抽查,以便了解管理人员及操作工人的安全素质。对于违章指挥、违章作业行为,检查人员可以当场指出、进行纠正。 (4)认真、详细进行检查记录,特别是对隐患的记录必须具体,如隐患的部位、危险性程度及处理意见等。采用安全检查评分表的,应记录每项扣分的原因。 (5)检查中发现的隐患应该进行登记,并发出隐患整改通知书,引起整改单位的重视,并作为整改的备查依据。对凡是有即发型事故危险的隐患,检察人员应责令其停工,被查单位必须立即整改。 (6)尽可能系统、定量地做出检查结论,进行安全评价。以便于受检单位根据安全评价研究对策、进行整改、加强管理。 (7)检查后应对隐患整改情况进行跟踪复查,查被检单位是否按“三定”原则(定人、定期限、定措施)落实整改,经复查整改合格后,进行销案。 2. 安全检查重点 (1)前期准备阶段安全检查的重点。 ①检查施工组织设计及安全技术方案的完整性、针对性和有效性。 ②检查用电、用水的牢固性、可靠性和安全性。 ③检查目标、措施策划的前瞻性、合理性和可行性。

续表

项目	具体内容
安全检查的要求	④检查安全责任制的职责、目标、措施落实的全面性。 ⑤检查施工人员的上岗资质、务工手续的周密性。 （2）基础阶段安全检查的重点。 ①检查施工人员的教育培训资料、分包单位的安全协议、人员证件资料。 ②检查用电用水的安全度、机械设备的状况及检测报告。 ③检查安全围护、基坑排水、污染处理的落实。 ④检查安保体系的运转状况和实施效果。 （3）结构阶段安全检查的重点。 ①检查脚手架、登高设施的完整性。 ②检查员工遵章守纪的自觉性、技术操作的熟练性。 ③检查用电用水、机械设备状况的安全性。 ④检查洞口临边的围挡、围护的可靠性。 ⑤检查场容场貌、环境卫生、文明创建工作长效管理的有效性。 ⑥检查危险源识别、告示及管理的针对性。 ⑦检查动火程序、消防器材的管理、配置的严密性。 （4）装饰阶段安全检查的重点。 ①检查场容场貌、环境卫生、文明创建工作常态管理的持久性。 ②检查危险源识别、告示及管理的针对性。 ③检查动火程序、消防器材、易燃物品管理的严密性。 ④检查中、小型机械的安全性能和防坠落防触电措施的落实。 （5）竣工扫尾阶段安全检查的重点。 ①检查装饰扫尾、总体施工的安全措施。 ②检查易燃易爆物品的使用、存放管理。 ③检查通水通电、安装调试的安全措施。 ④检查材料设备清理撤退的安全措施。 ⑤检查竣工备案、安全评估的资料汇总。 3. 安全检查标准、记录及反馈 （1）安全检查标准依据《建筑施工安全检查标准》等规范、标准进行检查。结合《建设工程安全生产管理条例》《施工企业安全生产评价标准》《施工现场安全生产保证体系》文明工地的评比标准和有关规范要求进行检查评分，力求达到各项规定要求的一致性。 （2）安全检查的考核，检查的考核评分依据《建筑施工安全检查标准》《施工企业安全生产保证体系》、文明工地的评比标准以及公司的安全检查评分内容进行百分制考核评分。考核评分进行累计计算，作为对分公司，项目部安全工作的评比考核。 （3）安全检查记录与反馈。 各级安全检查必须做好检查记录。对于发现的隐患必须进行整改，整改必须有复查记录。项目部对于上级检查所提出的整改要求，必须在限定时间内实行整改，并向分公

续表

项目	具体内容
安全检查的要求	司提出复查,待分公司复查后进行封闭管理或报公司备案。各级安全生产检查工作及资料都要实施封闭管理。
安全检查的方法	建筑工程安全检查在正确使用安全检查表的基础上,可以采用“听”“问”“看”“量”“测”“运转试验”等方法进行。 (1)“听”:听取基层管理人员或施工现场安全员汇报的安全生产情况、现场安全工作经验、存在的问题、今后的发展方向。 (2)“问”:主要是指通过询问、提问,对以项目经理为首的现场管理人员和操作工人进行的应知应会抽查,以便了解现场管理人员和操作工人的安全素质。 (3)“看”:主要是指查看施工现场安全管理资料和对施工现场进行巡视。例如:查看项目负责人、专职安全管理人员、特种作业人员等的持证上岗情况;现场安全标志设置情况;劳动防护用品使用情况;现场安全防护情况;现场安全设施及机械设备安全装置配置情况等。 (4)“量”:主要是指使用测量工具对施工现场的一些设施、装置进行实测实量。例如:对脚手架各种杆件间距的测量;对现场安全防护栏杆高度的测量;对电气开关箱安装高度的测量;对在建工程与外电边线安全距离的测量等。 (5)“测”:主要是指使用专用仪器、仪表等监测器具对特定对象关键特性技术参数的测试。例如:使用漏电保护器测试仪对漏电保护器漏电动作电流、漏电动作时间的测试;使用地阻仪对现场各种接地装置接地电阻的测试;使用兆欧表对电机绝缘电阻的测试等。 (6)“运转试验”:主要是指由具有专业资格的人员对机械设备进行实际操作、试验,检验其运转的可靠性或安全限位装置的灵敏性。例如:对塔吊力矩限制器、变幅限位器、起重限位器等安全装置的试验;对施工电梯制动器、限速器、上下极限限位制、门联锁装置等安全装置的试验;对龙门架超高限位器、断绳保护器等安全装置的试验等

第三节　城市轨道交通施工中的危险因素及其安全技术措施

考点1　城市轨道交通工程施工危险因素分析

项目	具体内容
盾构法施工危险因素分析	在盾构法施工过程中,由于受到地质条件、既有建筑、地下水等因素的影响,施工过程中可能存在的危险因素如下: (1)当隧道穿越软土层、富水砂层、溶洞、构造破碎带、残积土、软化岩、上软下硬、软硬不均等不良地质及浅覆土层时,存在地表沉降、坍塌等风险;当隧道穿越球状风化体或孤石时,存在掘进困难,刀具磨损等风险。 (2)当遇到地下水位较高或承压水时,存在隧道管片上浮、注浆止水困难、喷涌、坍

续表

项目	具体内容
盾构法施工危险因素分析	塌等风险。 (3)隧道穿越铁路及路基时,存在桩基及路基变形、开裂的风险;隧道穿越既有轨道交通线路时,存在既有线沉降、变形,影响正常运营的风险;隧道穿越市政立交桥及道路时,存在立交桥及道路下沉、变形的风险;隧道穿越建构物,存在建构物沉降、倾斜、开裂、变形的风险;隧道穿越河流时,存在突涌、沉降、隧道变形的风险。 (4)盾构掘进过程中,存在盾构过站风险、盾构姿态控制风险、电瓶车运行风险及盾尾漏浆、仓内进土等风险;盾构到达时,存在洞口密封失效漏水、盾构姿态控制不好无法出洞的风险;端头井加固效果不好时容易出现渗水、坍塌;盾构机头离开始发井时易发生机头下沉危险;洞门密封不好、漏浆,隧道口几环管片容易出现错台和破损;盾构破洞以后由于盾构机不能提供足够反力,管片接缝易产生漏水
暗挖法施工危险因素分析	在暗挖法施工过程中可能存在的危险因素有以下几个方面: (1)工作面是暗挖过程中最危险、工作环境最恶劣、灾害发生率最高的部位。原因是多方面的,如地质因素、地下未探明灾害、涌砂、坍塌等。此外,施工人员素质低、安全意识差、职业技能低、管理人员疏忽也是此处危害频出的原因。 (2)暗挖施工时,非对称开挖、拆除支护结构,可能会引起各开挖断面的偏压风险。此外,对于高窄断面、大跨度断面的暗挖施工易产生偏压风险。 (3)变断面暗挖施工时围岩应力场复杂,且变化较大,围岩的稳定性存在风险。 (4)根据国内城市轨道交通工程施工经验表明,暗挖施工转换工序越多,土体受扰动和应力变化的次数越多,因而引发的地面沉降的危险性越大。 (5)暗挖断面联络通道施工时,在连接处存在较大的施工风险。 (6)暗挖施工易造成地下管线的破裂、渗漏等风险
明挖法施工危险因素分析	明挖法施工存在如下危险因素: (1)深基坑开挖安全风险:基坑超挖和支撑不及时,存在基坑失稳的风险;基坑周边堆载和超载,存在基坑坍塌风险。 (2)内支撑施工时存在钢支撑拼装、施工、拆除造成的稳定性风险;存在支撑撞弯、断裂、失稳风险;存在立柱及其支撑连接处破坏的风险。 (3)由于基坑变形过大,存在临近建(构)筑物沉降、开裂的风险;附近管线折断、变形、开裂、渗漏及文物旧址被破坏的风险。 (4)软土地层中,基坑开挖时纵向土坡失稳是一种发生较多,且极易造成人身伤害的风险
维护结构施工危险因素分析	根据维护结构施工方法的不同,可能存在的危险因素如下: (1)钻孔灌注桩施工风险:施工过程中,桩位与垂直度必须符合设计要求,确保桩与桩之间的密贴,否则在基坑开挖过程中可能会产生涌水、涌砂,造成基坑失稳风险。 (2)地下连续墙施工风险:连续墙墙缝、预埋接驳器部位或槽段接头部位存在渗漏的风险。 (3)人工挖孔桩施工风险:通风不好或存在可疑气体易造成窒息事故;提升泥土石料,容易造成物体打击事故;潜水泵漏电可能造成触电风险

续表

项目	具体内容
维护结构施工危险因素分析	(4)为追求经济效益和施工速度,施工单位经常减少支撑个数,这将给基坑的安全带来严重威胁。 (5)钢支撑连接质量不好、钢支撑截面刚度较小、钢支撑预加轴力过小及超宽基坑使钢支撑过长等,均会产生失稳风险
高架线施工危险因素分析	在城市轨道交通工程高架段的施工建设中,由于自然条件、人员素质及安全管理的影响,施工过程中可能存在如下的危险因素: (1)脚手架搭设不规范,造成脚手架变形、失稳等风险。 (2)由于使用时间过长,支架、模板支持强度不够,易造成人员伤害事故。 (3)由于基础强度不够及荷载超计算值等原因,导致施工时沉降变形过大的风险。 (4)施工过程中可能出现模板爆裂或失稳等风险。 (5)施工过程中,安全网、安全带等防护措施不到位时,易造成作业人员高空坠落的风险。此外,在安装和拆除钢模板时,存在重物坠落危险等。 (6)由于高压架空线的影响,施工时易造成人员触电风险
施工环境保护危险因素分析	城市轨道交通工程一般设置在城市中心地区,施工时对地面交通及行人安全将造成较大影响,因此,在施工环境保护方面应注意以下危险因素,确保施工安全: (1)由于城市轨道交通工程施工中临时交通标志设置不当、标线设置不当、施工作业带边界不清、无栅栏挡板等原因,极易造成车辆乱行、人员混入,进而引发交通事故。 (2)城市轨道交通工程施工人员携带火种、打火机等物品进入工地,可能会引起爆炸、火灾等事故的发生。 (3)城市轨道交通工程施工中应妥善处理开挖出的弃土,禁止在基坑顶部堆放弃土及其他附加荷载,以免造成边坡失稳

考点2　城市轨道交通工程安全技术措施

项目	具体内容
城市轨道交通工程安全技术措施	1. 安全施工 根据相关规定设置"四口五临边"安全防护设施、现场物料提升架与卸料平台的安全防护设施、垂直交叉作业与高空作业安全防护设施、现场设置安防监控系统设施、现场机械设备(包括电动工具)的安全保护与作业场所和临时安全疏散通道的安全照明与警示设施等。 2. 临时设施 施工现场临时宿舍、文化福利及公用事业房屋与构筑物、仓库、办公室、加工厂、工地实验室以及规定范围内的道路、水、电、管线等临时设施和小型临时设施等的搭设、维修、拆除、周转等;其他临时设施搭设、维修、拆除等

续表

项目	具体内容
城市轨道交通工程安全技术措施	3. 环境保护 施工现场为保持工地清洁、控制扬尘、废弃物与材料运输中的防护、保证排水设施通畅、设置密闭式垃圾站、实现施工垃圾与生活垃圾分类存放等环保措施。 4. 文明施工 根据相关规定在施工现场设置企业标志、工程项目简介牌、工程项目责任人员姓名牌、安全六大纪律牌、安全生产记数牌、十项安全技术措施牌、防火须知牌、卫生须知牌及工地施工总平面布置图、安全警示标志牌、施工现场围挡以及符合场容场貌、材料堆放、现场防火等相应措施。 5. 地上、地下设施 施工现场对施工过程中可能危及或影响到的地上杆线、树木、交通环卫设施、房屋、建(构)筑物与基础以及所有未进行迁移的设施，预先采取隔离、围护与保护措施所发生的人工、机械、设备与使用材料的周转、恢复等

案例分析

J 市地铁 1 号线由该市轨道交通公司负责投资建设及运营。该市 K 建筑公司作为总承包单位承揽了第 3 标段的施工任务，该标段包括：采用明挖法施工的 304 地铁车站 1 座，采用盾构法施工，长 4.5 km 的 401 隧道 1 条。

J 市位于暖温带，夏季潮湿多雨，极端最高温度 42 ℃。工程地质勘察结果显示第 3 标段的地质条件和水文地质条件复杂，401 隧道工程需穿越土层、砂质黏土层、含水的砂砾岩层，并穿越 1 条宽 50 m 的季节性河流。304 地铁车站开挖工程周边为居民区，人口密集，明挖法施工需特别注意边坡稳定，噪声和粉尘飞扬，并监控周边建筑物的位移和沉降，为了确保工程施工安全，K 建筑公司对第 3 标段施工开展了安全评价。

J 市轨道交通公司与 K 建筑公司于 2014 年 5 月 1 日签订了施工总承包合同，合同工期 2 年，K 建筑公司将第 3 标段进行了分包。其中，304 地铁车站由 L 公司中标，L 公司组建了由甲担任项目经理的项目部，项目部管理人员共 25 人，于 6 月 2 日进行了进场开工仪式。

304 地铁车站基坑深度 35 m，开挖至坑底设计标高后，进行车站底板垫层、防护层的施工、车站主体结构施工期间，模板支架最高度为 7 m。施工现场设置了两个钢筋加工区和一个木材加工区。在基坑土方开挖、支护及车站主体结构施工阶段，施工现场使用的大型机械设备包括：门式起重机 1 台、混凝土泵 2 台、塔式起重机 2 台、履带式挖掘机 2 台、排土运输车辆 6 辆。施工用混凝土由 J 市 M 商品混凝土搅拌站供应。

根据以上场景，回答下列问题：

1. 根据《企业职工伤亡事故分类》，辨识 304 地铁车站土方开挖及基础施工阶段的主要危险有害因素。

2. 简述K建筑公司对L公司进行安全生产管理的主要内容。

3. 简述第3标段的安全评价报告中应提出的安全对策措施。

参考答案及解析

1. 主要危险有害因素:高处坠落,物体打击,机械伤害,火灾,起重伤害,车辆伤害,触电,坍塌,淹溺,噪声,振动,粉尘,高温等。

2. 安全生产管理的主要内容:

(1)签订安全管理协议;(2)审查资质;(3)统一协调管理;(4)发包给有相应资质等级的施工单位。

3. 安全对策:

(1)施工过程中工人应该佩戴好安全帽防止物体打击和重物坠落;作业过程中工人涉及登高作业的应该系好安全带,高挂低用,安全带完好无破损。

(2)采用的金属切削工具和木工机械防护罩完好,接地良好。

(3)木工作业现场划分防火区域,采用吸尘设备,并在现场根据《建筑灭火器配置设计规范》配备灭火器。

(4)使用起重机械,挖掘机和运输车辆人员应取得特种设备操作许可证持证上岗,使用的特种设备应状况良好,经过定期检验合格后方可进入现场使用。

(5)固定及临时电器线路及用电设备接线规范,接地良好,根据使用用途及场所使用特地电压,并在直接上级加装漏电保护器。

(6)作业过程中水下穿越工程时有坍塌、淹溺的危险,开凿隧道时要固定好支撑顶网和锚杆,防止冒顶片帮和坍塌。对隧道和河道采取监控手段并进行连锁声光报警,当发生隧道顶端出现裂纹、渗水等危险情况,立即撤离。

(7)振动设备应进行降噪处理,设备固定螺栓加装垫片,工作人员配发耳塞。

(8)可能情况下采用湿式作业,降低粉尘,并配发防尘口罩、面罩。

(9)开凿隧道时要对隧道内进行含氧量和有毒气体,易燃易爆气体进行检测。各项指标合格后,在专人监护的情况下,方可作业。进行机械通风。

(10)照明设施良好,不影响作业人员作业。

(11)根据危险有害因素分析评价结果制定专项应急预案,配备应急器材和应急人员。

第八章　专项工程施工安全技术

知识框架

专项工程施工安全技术
- 专项工程安全技术管理要点
  - 钢结构工程安全技术管理要点
  - 建筑幕墙工程安全技术管理要点
  - 机电安装工程安全技术管理要点
  - 装饰装修工程安全技术管理要点
  - 有限空间工程安全技术管理要点
  - 拆除工程安全技术管理要点
- 危险性较大的分部分项工程的安全技术管理
  - 危险性较大的分部分项工程范围
  - 超过一定规模的危险性较大的分部分项工程范围
  - 危险性较大的分部分项工程安全技术管理要求

考点精讲

第一节　专项工程安全技术管理要点

考点1　钢结构工程安全技术管理要点

项目	具体内容
基本规定	1. 钢结构工程应按下列规定进行施工质量控制： (1)采用的原材料及成品应进行进场验收；凡涉及安全、功能的原材料及成品应按规范规定进行复验，并应经监理工程师(建设单位技术负责人)见证取样、送样。 (2)各工序应按施工技术标准进行质量控制，每道工序完成后，应进行检查。 (3)相关各专业工种之间，应进行交接检验，并经监理工程师(建设单位技术负责人)检查认可。 2. 当钢结构工程施工质量不符合本标准的规定时，应按下列规定进行处理： (1)经返修或更换构(配)件的检验批，应重新进行验收。 (2)经法定的检测单位检测鉴定能够达到设计要求的检验批，应予以验收。 (3)经法定的检测单位检测鉴定达不到设计要求，但经原设计单位核算认可能够满足结构安全和使用功能的检验批，可予以验收。

续表

项目	具体内容
基本规定	(4)经返修或加固处理的分项、分部工程,仍能满足结构安全和使用要求时,可按处理技术方案和协商文件进行验收。 3.通过返修或加固处理仍不能满足安全使用要求的钢结构分部工程,严禁验收
钢零件及钢部件加工	(1)所有材料、构件的堆放必须平整稳固,应放在不妨碍交通和吊装的地方,边角余料应及时清除。 (2)机械和工作台等设备的布置应便于职业健康安全操作,通道宽度不得小于1 m。 (3)一切机械、砂轮、电动工具、气电焊等设备都必须设有职业健康安全防护装置。 (4)凡是受力构件用电焊点固后,在焊接时不准在点焊处起弧,以防熔化塌落。 (5)对电气设备和电动工具,必须保证绝缘良好,露天电气开关要设防雨箱并加锁。 (6)焊接合金钢、切割锰钢、有色金属部件时,应采取防毒措施。接触焊件,必要时应用橡胶绝缘板或干燥的木板隔离,并隔离容器内的照明灯具。 (7)焊接、切割、气刨前,应清除现场的易燃、易爆物品。离开操作现场前,应切断电源,锁好闸箱。 (8)在现场进行射线探伤时,周围应设警戒区,并挂"危险"标志牌,现场操作人员应背离射线10 m以外。在30°投射角范围内,一切人员要远离50 m以上。 (9)构件就位时应用撬棍拨正,不得用手扳或站在不稳固的构件上操作。严禁在构件下面操作。 (10)用撬杠拨正物件时,必须手压撬杠,禁止骑在撬杠上,不得将撬杠放在肋下,以免回弹伤人。在高空使用撬杠不能向下使劲过猛。 (11)带电体与地面、带电体之间、带电体与其他设备和设施之间,均需要保持一定的职业健康安全距离。起重吊装的索具、重物等与导线的距离不得小于1.5 m(电压在4 kV及以下)。 (12)保证电气设备绝缘良好。在使用电气设备时,首先应该检查是否有保护接地,接好保护接地后再进行操作。另外,电线的外皮、电焊钳的手柄,以及一些电动工具都要保证有良好的绝缘。 (13)用尖头扳手拨正配合螺栓孔时,必须插入一定深度方能撬动构件,如发现螺栓孔不符合要求时,不得用手指塞入检查。 (14)工地或车间的用电设备,一定要按要求设置熔断器、断路器、漏电开关等器件。熔断器的熔丝熔断后,必须查明原因,由电工更换。不得随意加大熔丝截面或用铜丝代替。 (15)手持电动工具应加装漏电开关,在金属容器内施工必须采用安全电压。 (16)推拉闸刀开关时,应戴好干燥的皮手套,以防推拉开关时被电火花灼伤。 (17)使用电气设备时,操作人员必须穿胶底鞋和戴胶皮手套,以防触电。 (18)工作中,当有人触电时,不要赤手接触触电者,应该迅速切断电源,然后立即组织抢救

续表

项目	具体内容
原材料及成品进场	1. 钢材 (1)主控项目。 ①钢材、钢铸件的品种、规格、性能等应符合现行国家产品标准和设计要求。进口钢材产品的质量应符合设计和合同规定标准的要求。 ②对属于下列情况之一的钢材，应进行抽样复验，其复验结果应符合现行国家产品标准和设计要求： a. 国外进口钢材。 b. 钢材混批。 c. 板厚等于或大于 40 mm，且设计有 Z 向性能要求的厚板。 c. 建筑结构安全等级为一级，大跨度钢结构中主要受力构件所采用的钢材。 e. 设计有复验要求的钢材。 f. 对质量有疑义的钢材。 (2)一般项目。 钢材的表面外观质量除应符合国家现行有关标准的规定外，尚应符合下列规定： ①当钢材的表面有锈蚀、麻点或划痕等缺陷时，其深度不得大于该钢材厚度负允许偏差值的 1/2。 ②钢材表面的锈蚀等级应符合现行 GB/T 8923.1 标准规定的 C 级及 C 级以上。 ③钢材端边或断口处不应有分层、夹渣等缺陷。 2. 连接用紧固标准件 (1)主控项目。 钢结构连接用高强度螺栓连接副的品种、规格、性能应符合国家现行标准的规定并满足设计要求。高强度大六角头螺栓连接副应随箱带有扭矩系数检验报告，扭剪型高强度螺栓连接副应随箱带有紧固轴力(预拉力)检验报告。高强度大六角头螺栓连接副和扭剪型高强度螺栓连接副进场时，应按国家现行标准的规定抽取试件且应分别进行扭矩系数和紧固轴力(预拉力)检验，检验结果应符合国家现行标准的规定。 (2)一般项目。 ①高强度螺栓连接副，应按包装箱配套供货，包装箱上应标明批号、规格、数量及生产日期。螺栓、螺母、垫圈外观表面应涂油保护，不应出现生锈和沾染脏物，螺纹不应损伤。 ②螺栓球节点钢网架、网壳结构用高强度螺栓应进行表面硬度检验，检验结果应满足其产品标准的要求。普通螺栓、自攻螺钉、铆钉、拉铆钉、射钉、锚栓(机械型和化学试剂型)、地脚锚栓等紧固标准件及螺母、垫圈等，其品种、规格、性能等应符合国家现行产品标准的规定并满足设计要求
钢结构焊接工程	1. 一般规定 碳素结构钢应在焊缝冷却到环境温度、低合金结构钢应在完成焊接 24 h 以后，进行焊缝探伤检验。 2. 钢构件焊接工程 (1)主控项目。 ①焊条、焊剂、药芯焊丝、熔嘴等在使用前，应按其产品说明书及焊接工艺文件的规定

续表

项目	具体内容
钢结构焊接工程	进行烘焙和存放。 ②焊工必须经考试合格并取得合格证书。持证焊工必须在其考试合格项目及其认可范围内施焊。 ③施工单位对其首次采用的钢材、焊接材料、焊接方法、焊后热处理等,应进行焊接工艺评定,并应根据评定报告确定焊接工艺。 ④设计要求全焊透的一、二级焊缝应采用超声波探伤进行内部缺陷的检验,超声波探伤不能对缺陷作出判断时,应采用射线探伤。 ⑤焊缝表面不得有裂纹、焊瘤等缺陷;一级、二级焊缝不得有表面气孔、夹渣、弧坑裂纹、电弧擦伤等缺陷,且一级焊缝不得有咬边、未焊满、根部收缩等缺陷。 (2)一般项目。 焊缝感观应达到:外形均匀、成型较好,焊道与焊道、焊道与基本金属间过渡较平滑,焊渣和飞溅物基本清除干净。 3. 焊钉(栓钉)焊接工程 (1)主控项目。 ①施工单位对其采用的焊钉和钢材焊接应进行焊接工艺评定,并应符合要求。 ②焊钉焊接后应进行弯曲试验检查,其焊缝和热影响区不应有肉眼可见的裂纹。 (2)一般项目。 焊钉根部焊脚应均匀,焊脚立面的局部未熔合或不足360°的焊脚应进行修补。 4. 安全技术要求 (1)电焊机要设单独的开关,开关应放在防雨的闸箱内。拉合闸时应戴手套侧向操作。 (2)焊钳与电焊把线必须绝缘良好,连接牢固,在潮湿地点工人应站在绝缘胶板或木板上。 (3)焊接预热工件时,应有石棉布或挡板等隔热措施。 (4)把线、地线禁止与钢丝绳接触,更不得用钢丝绳或机电设备代替零线。所有地线接头,必须连接牢固。 (5)更换场地移动把线时应切断电源,并不得手持把线爬梯登高。 (6)多台焊机在一起集中施焊时,焊接平台或焊件必须接地,并应有隔光板。 (7)清除焊渣、采用电弧气刨清根时,应戴防护眼镜或面罩,以防止焊渣飞溅伤人。 (8)雷雨天气时,应停止露天焊接工作。 (9)施焊场地周围应清除易燃、易爆物品,或进行覆盖、隔离。 (10)在易燃、易爆气体或液体扩散区施焊时,应经有关部门检试许可后,方可施焊。 (11)工作结束,应切断焊机电源,并检查操作地点,确认无起火危险后,方可离开
紧固件连接工程	1. 普通紧固件连接 (1)主控项目。 普通螺栓作为永久性连接螺栓时,当设计有要求或对其质量有疑义时,应进行螺栓实物最小拉力载荷复验。

续表

项目	具体内容
紧固件连接工程	(2)一般项目。 永久性普通螺栓紧固应牢固、可靠,外露丝扣不应少于2扣。 2. 高强度螺栓连接 (1)主控项目。 ①钢结构制作和安装单位应按规范规定分别进行高强度螺栓连接摩擦面的抗滑移系数试验和复验,现场处理的构件摩擦面应单独进行摩擦面抗滑移系数试验。 ②高强度螺栓连接副终拧完成1 h后、48 h内应进行终拧质量检查。 ③扭剪型高强度螺栓连接副终拧后,除因构造原因无法使用专用扳手终拧掉梅花头者外,未在终拧中拧掉梅花头的螺栓数不应大于该节点螺栓数的5%。对所有梅花头未拧掉的扭剪型高强度螺栓连接副应采用扭矩法或转角法进行终拧并做标记,且按规范规定进行终拧质量检查。 (2)一般项目。 ①高强度螺栓连接副的施拧顺序和初拧、终拧扭矩应满足设计要求并符合现行行业标准《钢结构高强度螺栓连接技术规程》(JGJ 82)的规定。 ②高强度螺栓连接副终拧后,螺栓丝扣外露应为2~3扣,其中允许有10%的螺栓丝扣外露1扣或4扣。 ③高强度螺栓连接摩擦面应保持干燥、整洁,不应有飞边、毛刺、焊接飞溅物、焊疤、氧化铁皮、污垢等,除设计要求外摩擦面不应涂漆。 ④高强度螺栓应自由穿入螺栓孔。高强度螺栓孔不应采用气割扩孔,扩孔数量应征得设计同意,扩孔后的孔径不应超过1.2 d(d为螺栓直径)
钢构件组装工程	1. 焊接H型钢 一般项目: 焊接H型钢的翼缘板拼接缝和腹板拼接缝的间距不应小于200 mm。翼缘板拼接长度不应小于2倍翼缘板宽且不小于600 mm;腹板拼接宽度不应小于300 mm,长度不应小于600 mm。 2. 组装 (1)主控项目。 吊车梁和吊车桁架不应下挠。 (2)一般项目。 ①顶紧接触面应有75%以上的面积紧贴。 ②桁架结构杆件轴线交点错位的允许偏差不得大于3.0 mm
钢结构安装工程	1. 单层钢结构安装工程 (1)一般规定。 ①安装时,必须控制屋面、楼面、平台等的施工荷载,施工荷载和冰雪荷载等严禁超过梁、桁架、楼面板、屋面板、平台铺板等的承载能力。

续表

<table>
<tr><th>项目</th><th>具体内容</th></tr>
<tr><td>钢结构
安装工程</td><td>②在形成空间刚度单元后，应及时对柱底板和基础顶面的空隙进行细石混凝土、灌浆料等二次浇灌。
③吊车梁或直接承受动力荷载的梁其受拉翼缘、吊车桁架或直接承受动力荷载的桁架其受拉弦杆上不得焊接悬挂物和卡具等。
(2)安装和校正。
主控项目：
①设计要求顶紧的节点，接触面不应少于70%紧贴，且边缘最大间隙不应大于0.8 mm。
②单层钢结构主体结构的整体垂直度允许偏差：H/1 000，且不应大于25.0 mm；整体平面弯曲的允许偏差：L/1 500，且不应大于25.0 mm。
2. 多层及高层钢结构安装工程
(1)一般规定。
①柱、梁、支撑等构件的长度尺寸应包括焊接收缩余量等变形值。
②安装柱时，每节柱的定位轴线应从地面控制轴线直接引上，不得从下层柱的轴线引上。
③结构的楼层标高可按相对标高或设计标高进行控制。
(2)安装和校正。
主控项目：
多层及高层钢结构主体结构的整体垂直度允许偏差：H/2 500 + 10.0 mm，且不应大于50.0 mm；整体平面弯曲的允许偏差：L/1 500，且不应大于25.0 mm。
3. 钢网架结构安装工程
主控项目：
(1)对建筑结构安全等级为一级，跨度40 m及以上的公共建筑钢网架结构，且设计有要求时，应按下列项目进行节点承载力试验，其结果应符合以下规定：
①焊接球节点应按设计指定规格的球及其匹配的钢管焊接成试件，进行轴心拉、压承载力试验，其试验破坏荷载值大于或等于1.6倍设计承载力为合格。
②螺栓球节点应按设计指定规格的球最大螺栓孔螺纹进行抗拉强度保证荷载试验，当达到螺栓的设计承载力时，螺孔、螺纹及封板仍完好无损为合格。
(2)钢网架结构总拼完成后及屋面工程完成后应分别测量其挠度值，且所测的挠度值不应超过相应设计值的1.15倍。
4. 安全技术要求
(1)防止坠物伤人。
①高空往地面运输物件时，应用绳捆好吊下。吊装时，不得随意抛掷材料、物件、工具，防止滑脱伤人或意外事故。不得在构件上堆放或悬挂零星物件。零星材料和物件必须用吊笼或钢丝绳保险绳捆扎牢固，才能吊运和传递。
②构件绑扎必须牢固，起吊点应通过构件的重心位置，吊升时应平稳，避免振动或摆动。</td></tr>
</table>

续表

项目	具体内容
钢结构安装工程	③起吊构件时,速度不应太快,不得在高空停留过久,严禁猛升猛降,以防构件脱落。 ④构件就位后临时固定前,不得松钩、解开吊装索具。构件固定后,应检查连接牢固和稳定情况,当连接确实安全可靠,方可拆除临时固定工具和进行下一步吊装。 ⑤设置吊装禁区,禁止与吊装作业无关的人员入内。地面操作人员,应尽量避免在高空作业正下方停留、通过。 ⑥风雪天、霜雾天和雨期吊装,高空作业应采取必要的防滑措施,如在脚手板、走道、屋面铺麻袋或草垫,夜间作业应有充分照明。 (2)防止高空坠落。 ①吊装人员需戴安全帽,高空作业人员应系好安全带,穿防滑鞋,带工具袋。 ②吊装工作区应有明显标志,并设专人警戒,与吊装无关人员严禁入内。起重机工作时,起重臂杆旋转半径范围内,严禁站人。 ③运输吊装构件时,严禁在被运输、吊装的构件上站人指挥和放置材料、工具。 ④高空作业施工人员应站在轻便梯子或操作平台上工作。吊装屋架应在上弦设临时安全防护栏杆或采取其他安全措施。 ⑤登高用梯子、吊篮、临时操作台应绑扎牢靠,梯子与地面夹角以60°~70°为宜,操作台跳板应铺平绑扎,严禁出现探头板。 (3)防止起重机倾翻。 ①起重机行驶的道路,必须平整、坚实、可靠,停放地点必须平坦。 ②起重吊装指挥人员和起重机驾驶人员必须经考试合格,持证上岗。 ③吊装时,指挥人员应位于操作人员视力能及的地点,并能清楚地看到吊装的全过程。起重机驾驶人员必须熟悉信号,并按指挥人员的各种信号进行操作,并不得擅自离开工作岗位,遵守现场秩序,服从命令听指挥。指挥信号应事先统一规定,发出的信号要鲜明、准确。 ④当所要起吊的重物不在起重机起重臂的正下方时,禁止起吊。 ⑤在风力等于或大于6级时,禁止在露天进行起重机移动和吊装作业。 ⑥起重机停止工作时,应刹住回转和行走机构,关闭和锁好司机室门。吊钩上不得悬挂构件,以免摆动伤人和造成吊车失稳。 (4)防止吊装结构失稳。 ①构件吊装应按规定的吊装工艺和程序进行,未经计算和采取可靠的技术措施,不得随意改变或颠倒工艺程序安装结构构件。 ②构件吊装就位,应经初校和临时固定或连接可靠后方可卸钩,最后固定后始可拆除临时固定工具。高宽比很大的单个构件,未经临时或最后固定组成一稳定单元体系前,应设斜撑拉(撑)固。 ③多层结构吊装或分节柱吊装,应吊装完一层(或一节柱)后,将下层(下节)灌浆固定后,方可安装上层或上一节柱。 ④构件固定后不得随意撬动或移动位置

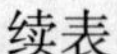

续表

<table>
<tr><th>项目</th><th>具体内容</th></tr>
<tr><td>钢结构
涂装工程</td><td>1. 一般规定
(1)钢结构普通涂料涂装工程应在钢结构构件组装、预拼装或钢结构安装工程检验批的施工质量验收合格后进行。钢结构防火涂料涂装工程应在钢结构安装工程检验批和钢结构普通涂料涂装检验批的施工质量验收合格后进行。
(2)涂装时的环境温度和相对湿度应符合涂料产品说明书的要求,当产品说明书无要求时,环境温度宜在5~38 ℃之间,相对湿度不应大于85%。涂装时构件表面不应有结露,涂装后4 h内应保护免受雨淋。
2. 防腐涂料
主控项目:
防腐涂料、涂装遍数、涂层厚度均应符合设计要求。当设计对涂层厚度无要求时,涂层干漆膜总厚度:室外不应小于150 μm,室内不应小于125 μm,其允许偏差为-25 μm。
3. 防火涂料
主控项目:
(1)薄型防火涂料的涂层厚度应符合有关耐火极限的设计要求。厚型防火涂料涂层的厚度,80%及以上面积应符合有关耐火极限的设计要求,且最薄处厚度不应低于设计要求的85%。
(2)薄涂型防火涂料涂层表面裂纹宽度不应大于0.5 mm;厚涂型防火涂料涂层表面裂纹宽度不应大于1.0 mm。
4. 安全技术要求
(1)配制硫酸溶液时,应将硫酸注入水中,严禁将水注入硫酸中;配制硫酸乙酯时,应将硫酸慢慢注入乙醇中,并充分搅拌,温度不得超过60 ℃,以防酸液飞溅伤人。
(2)配制使用乙醇、苯、丙酮等易燃材料的施工现场,应严禁烟火和使用电炉等明火设备,并应配置消防器材。
(3)防腐涂料的溶剂,常易挥发出易燃、易爆的蒸气,当达到一定浓度后,遇火易引起燃烧或爆炸。因此,在施工时应加强通风,降低积聚浓度。
(4)涂料施工的职业健康安全措施主要要求:涂漆施工场地要有良好的通风,如在通风条件不好的环境涂漆时,必须安装通风设备。
(5)因操作不当,涂料溅到皮肤上时,可用木屑加肥皂水擦洗;最好不用汽油或强溶剂擦洗,以免引起皮肤发炎。
(6)使用机械除锈工具清除锈层、工业粉尘、旧漆膜时,为避免眼睛受伤,要戴上防护眼镜和防尘口罩,以防呼吸道被感染。
(7)在涂装对人体有害的漆料(如红丹的铅中毒、天然大漆的漆毒、挥发型漆的溶剂中毒等)时,应戴上防毒口罩、封闭式眼罩等保护用品。
(8)在喷涂硝基漆或其他挥发型易燃性较大的涂料时,严格遵守防火规则,严禁使用明火,以免失火或引起爆炸。
(9)高空作业和双层作业时要戴安全帽;要仔细检查跳板、脚手杆子、吊篮、云梯、绳索、安全网等施工用具有无损坏、捆扎牢不牢、有无腐蚀或搭接不良等隐患;每次使用之前均应在平地上做起重试验,以防造成事故。</td></tr>
</table>

续表

项目	具体内容
钢结构涂装工程	(10)不允许把盛装涂料、溶剂或用剩的漆罐开口放置。浸染涂料或溶剂的破布及废棉纱等物,必须及时清除;涂漆环境或配料房要保持清洁,出入通畅。 (11)施工场所的电线,要按防爆等级的规定安装;电动机的起动装置与配电设备,应该是防爆式的,要防止漆雾飞溅在照明灯泡上。 (12)操作人员涂漆施工时,如感觉头痛、心悸或恶心,应立即离开施工现场,到通风良好、空气新鲜的地方,如仍然感到不适,应速去医院检查治疗
压型金属板工程	(1)压型钢板施工时两端要同时拿起,轻拿轻放,避免滑动或翘头。施工剪切下来的料头要放置稳妥,随时收集,避免坠落。非施工人员禁止进入施工楼层,避免焊接弧光灼伤眼睛或晃眼造成摔伤,焊接辅助施工人员应戴墨镜配合施工。 (2)施工时下一楼层应有专人监控,防止非工作人员进入施工区和焊接火花坠落造成失火。 (3)施工中工人不可聚集,以免集中荷载过大,造成板面损坏。 (4)施工的工人不得在屋面奔跑、抽烟、打闹和乱扔垃圾。 (5)当天吊至屋面上的板材应安装完毕,如果有未安装完的板材应做临时固定,以免被风刮下,发生事故。 (6)现场切割过程中,切割机械的底面不宜与彩板面直接接触,最好垫以薄三合板材。 (7)早上屋面易有露水,坡屋面上彩板面滑,应特别注意防滑措施。 (8)吊装中不要将彩板与脚手架、柱子、砖墙等碰撞和摩擦。 (9)不得将其他材料散落在屋面上,或污染板材。 (10)操作工人携带的工具等应放在工具袋中,如放在屋面上应放在专用的防滑布或其他片材上。 (11)在屋面上施工的工人应穿胶底不带钉子的鞋。 (12)板面铁屑清理,板面在切割和钻孔中会产生铁屑,这些铁屑必须及时清除,不可过夜。此外,其他切除的彩板头、铝合金拉铆钉上拉断的铁杆等应及时清理。 (13)在用密封胶封堵缝时,应将附着面擦干净,以使密封胶在彩板上有良好的结合面。 (14)电动工具的连接插座应加防雨措施,避免造成触电事故

考点2　建筑幕墙工程安全技术管理要点

项目	具体内容
幕墙设计	(1)对采用建筑幕墙的建设工程,设计单位应当根据建筑高度、周边环境等因素,结合建筑布局合理设计绿化带、裙房等缓冲区域以及挑檐、顶棚等防护设施,防止发生幕墙玻璃、石材或其他材料坠落伤害事故。建筑出入口上方设有建筑幕墙的,应当设置有效的防护措施。建筑玻璃采光顶和玻璃雨篷应当设置防坠落构造措施。 (2)玻璃幕墙采用隐框形式时,横向隐框玻璃板块应当设置托板,托板应当与框架可靠连接,并具有可靠的承载力。铝合金副框应当在角部可靠连接。幕墙开启窗应当采取防坠落措施,开启扇托板应当与窗扇可靠连接。

续表

项目	具体内容
幕墙设计	(3)玻璃幕墙的玻璃选用应当符合下列安全要求:建筑幕墙外片玻璃应当采用安全夹层玻璃、超白钢化玻璃或者均质钢化玻璃及其制品。其中,商业中心、交通枢纽、公共文化体育设施等人员密集、流动性大的区域内的建筑,临街建筑和因幕墙玻璃坠落容易造成人身伤害、财产损坏的其他情形的建筑,二层以上部位外片玻璃应当采用安全夹层玻璃或者其他具有防坠落性能的玻璃;采光顶、雨篷用玻璃应当采用由半钢化玻璃、超白钢化玻璃或者均质钢化玻璃合成的安全夹层玻璃。 (4)采用洞石、砂岩等强度较弱的板材时,应当在板背设置有防止石材碎裂的安全措施
材料控制	(1)石材幕墙金属挂件与石材间的固定和填缝应当采用强度可靠、耐久性强的粘接材料,禁止使用云石胶等易老化的粘接材料。 (2)中空玻璃用硅酮结构密封胶的尺寸应当符合设计要求。中空玻璃用硅酮结构密封胶和玻璃与铝框粘接用硅酮结构密封胶应当采用相同品牌、相同型号的产品。中空玻璃加工企业出具的产品合格证中应当载明加工时所用硅酮结构密封胶的品牌、型号和尺寸。 (3)对按照规定应当进行检测、检验的幕墙建筑材料,生产厂家应当提供产品质量的检测、检验报告,出具质量保证书。施工单位应当按照工程设计要求、施工技术标准和合同的约定,对幕墙建筑材料进行复验。复验项目如下:主受力杆件的铝(型)材的力学性能、壁厚、膜层厚度和硬度,钢材的力学性能、壁厚和防腐层厚度;螺栓的抗拉、抗剪和承压强度;玻璃幕墙用结构胶的邵氏硬度和标准条件拉伸黏结强度,石材用结构胶的黏结强度;石材的弯曲强度;铝塑复合板的剥离强度;合同约定的其他复验项目。 (4)未经生产厂家检验或者检验不合格的和按规定施工单位应当复验但未复验或者复验不合格的,不得使用
施工要求	(1)单元式玻璃幕墙的单元组件、隐框式玻璃幕墙的装配组件,均应当在工厂加工组装,不得在工地现场进行构件加工。玻璃幕墙组件制作应当有完整的厂内打胶记录,并且具有可追溯性。除全玻璃幕墙外,不得在现场打注硅酮结构密封胶。 (2)明框玻璃幕墙外侧用压板应当连续设置,不得采用分段固定方式。后置式隔热条应当连续安装固定。 (3)后置埋件锚栓抗拔承载力应当按照国家规范规定进行现场检测。轻质填充墙不得作为幕墙的支承结构。 (4)建筑幕墙工程的验收应当符合相关工程建设标准的规定。隐蔽工程的验收还应当提供相应的图文及影像资料。涉及台风、暴雨等恶劣天气影响较多的地区,还应当进行淋水、可靠度等试验。住宅工程在分户验收时应当将幕墙作为重要内容检查验收
安全技术管理	(1)施工前,项目经理、技术负责人要对工长和安全员进行技术交底,工长和安全员要对全体施工人员进行技术交底和安全教育。每道工序都要做好施工记录和质量自检。 (2)进入现场必须戴好安全帽,高空作业必须系好安全带,携带工具袋,严禁高空坠物。严禁穿拖鞋、凉鞋进入工地。

续表

项目	具体内容
安全技术管理	(3)禁止在外脚手架上攀爬,必须由通道上下。 (4)幕墙施工下方禁止人员通行和施工。 (5)现场电焊时,在焊接下方应设接火斗,防止电火花溅落引起火灾或烧伤其他建筑成品。 (6)所有施工机具在施工前必须进行严格检查,如手持吸盘须检查吸附质量和持续吸附时间试验,电动工具需做绝缘电压试验。 (7)电源箱必须安装漏电保护装置,手持电动工具操作人员戴绝缘手套。 (8)在高层石材板幕墙安装与上部结构施工交叉作业时,结构施工层下方应架设防护网。在离地面 3 m 高处,应搭设挑出 6 m 的水平安全网。 (9)在 6 级以上大风、大雾、雷雨、下雪天气严禁高空作业

考点 3　机电安装工程安全技术管理要点

项目	具体内容
安装作业现场管理	(1)工程开工前,施工现场技术负责人,应向参加施工的作业人员进行施工安全技术(书面)交底,所有人员均应签到,并做好记录。 (2)结构复杂及采用新技术、新工艺、新材料的分项工程,应组织典型施工,工程项目负责人员应对所有参与施工的人员(包括分包单位)进行安全技术交底,交接双方均应签认,并做好交底记录。 (3)施工现场存在的深坑及沟、坎、井、洞等特殊的地形地物,均应设置警示标志,并采取相应的安全防护设施。挖电缆沟时,应根据土质和深度情况按规定放坡。在交通道路附近或较繁华地区开挖电缆沟时,应设置隔离栏杆和标志牌,夜间设红色警戒标志灯。 (4)向基础上安放设备,垫板尚未取出前,手指应放在垫板的两侧,严禁放在垫板的上、下方,垫板必须垫平、垫实、垫稳。对于头重脚轻及其他容易倾倒的设备和构件,必须采取可靠安全防护措施,垫实撑牢,并应设防护栏和安全标志牌。 (5)在平台、楼板上用人力弯管器煨弯时,应背向楼心,操作时面部要避开。用机械敲打时,下面不得站人,人工敲打时,上下要错开,不得在同一立面进行交叉作业。管子加热时,管口前不得有人停留。 (6)管子穿带线时,不得对管口呼唤、吹气,防止带线弹出。二人穿线,应配合协调,一呼一应。高处穿线,不得用力过猛。 (7)进行设备内部检查时,应使用安全行灯或手电筒照明,严禁使用明火
电气安装及调试管理	(1)人工滚运电缆时,推轴人员不得站在电缆前方,两侧人员所站位置不得超过缆轴中心。电缆上、下坡时,应采用在电缆轴中心孔穿铁管,在铁管上拴绳拉放的方法,平稳、缓慢进行。电缆停顿时,将绳拉紧,及时“打掩”制动。人力滚动电缆路面坡度不宜超过 15°。 (2)汽车运送电缆时,电缆应尽量放在车厢前部(跟车人员必须站在电缆后面),并用钢丝缆绳固定。

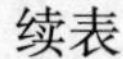

续表

<table>
<tr><th>项目</th><th>具体内容</th></tr>
<tr><td>电气安装及调试管理</td><td>(3)必须按安全技术交底内容敷设电缆,并设专人指挥,架设电缆轴的地面必须平整坚实,支架必须采用有底平面的专用支架,严禁用千斤顶等代替。
(4)人力拉引电缆时,力量要均匀,速度应平稳,不得猛拉猛跑,看轴人员不得站在电缆轴前方。敷设电缆时,处于拐角的人员,必须站在电缆弯曲半径的外侧。过管处的人员送电缆时手不得离管口太近,迎电缆时,眼及身体严禁直对管口。
(5)竖直敷设电缆作业,必须有预防电缆失控下溜的安全措施,电缆放完后,应立即固定、卡牢。
(6)在已送电运行的变电室沟内进行电缆敷设时,电缆所进入的开关柜必须停电,同时采用绝缘隔板等措施。
(7)在隧道内敷设电缆时,临时照明的电压不得大于36 V。施工前应清理地面,排净积水,必要时须进行气体检测,并加强通风,清除有毒有害气体。
(8)安装高压油开关、自动空气开关等有返回弹簧的开关设备时,应将开关置于断开位置。
(9)设备清洗、脱脂的场地必须通风良好,严禁烟火,并设置警示牌。用汽油做清洗剂,场地周围必须杜绝明火。如用热煤油,加温后油温不得超过40 ℃,严禁用火焰直接对盛煤油的容器加热(中间必须用铁板隔开)。用热机油做清洗剂,油温不得超过120 ℃。清洗用过的棉纱、布头、油纸等要收集在金属容器内,不得随意乱扔。
(10)设备试运转前,应对安全防护装置做可靠试验,试运转区域应设明显标志,非操作人员严禁进入。必须按照试运转安全技术措施方案(交底)进行设备试运转操作,有条件时,应先用人力盘动,无法用人力盘动的大设备,可使用机械,但必须确认无误后,方可施加动力源,并遵照"从低速到高速,从轻载到满负荷"的原则,谨慎地逐步操作,同时做好试运转的各项记录。
(11)电气调试时,进行耐压试验装置的金属外壳,必须接地,被调试设备或电缆两端如不在同一地点,另一端应有专人看守或加锁,并悬挂警示牌。待仪表、接地检查无误,人员撤离后方可升压。
(12)电气设备或材料非冲击性试验,升压或降压,均应缓慢进行。因故暂停或试验结束,应先切断电源,安全放电。并将升压设备高压侧短路接地。
(13)电力传动装置系统及高低压各类型开关调试时,应将有关的开关手柄取下或锁上,悬挂标志牌,严禁合闸。
(14)用摇表测定绝缘电阻,严禁所有人员触及正在测定中的线路或设备,容性或感性设备材料测定后,必须放电,遇到雷电天气,停止摇测线路绝缘。
(15)电流互感器禁止以开路、电压互感器禁止短路和以升压的方式进行。电气材料或设备需放电时,操作人员应穿戴绝缘防护用品,采用绝缘棒放电</td></tr>
</table>

考点 4　装饰装修工程安全技术管理要点

项目	具体内容
装饰装修工程基本规定	(1)建筑装饰装修工程必须进行设计,并出具完整的施工图设计文件。 (2)建筑装饰装修工程设计必须保证建筑物的结构安全和主要使用功能。当涉及主体和承重结构改动或增加荷载时,必须由原结构设计单位或具备相应资质的设计单位核查有关原始资料,对既有建筑结构的安全性进行核验、确认。 (3)建筑装饰装修工程所用材料应符合国家有关建筑装饰装修材料有害物质限量标准的规定。 (4)建筑装饰装修工程所使用的材料应按设计要求进行防火、防腐和防虫处理。 (5)建筑装饰装修工程施工中,严禁违反设计文件擅自改动建筑主体、承重结构或主要使用功能;严禁未经设计确认和有关部门批准擅自拆改水、暖、电、燃气、通信等配套设施。 (6)施工单位应遵守有关环境保护的法律法规,并应采取有效措施控制施工现场的各种粉尘、废气、废弃物、噪声、振动等对周围环境造成的污染和危害。 (7)建筑装饰装修工程的承包合同、设计文件及其他技术文件对工程质量验收的要求不得低于国家规范的规定。 (8)承担建筑装饰装修工程设计的单位应具备相应的资质,并应建立质量管理体系,由于设计原因造成的质量问题,应由设计单位负责。 (9)建筑装饰装修设计应符合城市规划、消防、环保、节能等有关规定。 (10)当墙体或吊顶内的管线可能产生冰冻或结露时,应进行防冻或防结露设计。 (11)建筑装饰装修工程所用材料的品种规格和质量应符合设计要求和国家现行标准的规定,当设计无要求时应符合国家现行标准的规定,严禁使用国家明令淘汰的材料。 (12)建筑装饰装修工程所用材料的燃烧性能应符合现行国家标准《建筑内部装修设计防火规范》和《建筑设计防火规范》的规定。 (13)所有材料进场时应对品种、规格、外观和尺寸进行验收。材料包装应完好,应有产品合格证书、中文说明书及相关性能的检测报告;进口产品应按规定进行商品检验。 (14)进场后需要进行复验的材料种类及项目应符合规范的规定。同一厂家生产的同一品种、同一类型的进场材料应至少抽取一组样品进行复验,当合同另有约定时应按合同执行。 (15)承担建筑装饰装修工程施工的单位,应具备相应的资质并应建立质量管理体系,施工单位应编制施工组织设计并应经过审查批准,施工单位应按有关的施工工艺标准或经审定的施工技术方案施工,并应对施工全过程实行质量控制。 (16)承担建筑装饰装修工程施工的人员应有相应岗位的资格证书。 (17)建筑装饰装修工程施工前应有主要材料的样板或做样板间(件),并应经有关各方确认。 (18)管道、设备等的安装及调试应在建筑装饰装修工程施工前完成,当必须同步进行时,应在饰面层施工前完成。装饰装修工程不得影响管道、设备等的使用和维修。涉及燃气管道的建筑装饰装修工程必须符合有关管理规定。 (19)建筑装饰装修工程的电气安装应符合设计要求和国家现行标准的规定。严禁不经穿管直接埋设电线。 (20)室外装饰装修工程施工环境条件应满足施工工艺的要求。施工环境温度不应低于5 ℃。当必须在低于5 ℃气温下施工时,应采取保证工程质量的有效措施

续表

<table>
<tr><th>项目</th><th>具体内容</th></tr>
<tr><td>室内装饰
装修工程</td><td>1. 基本规定
(1)住宅室内装饰装修工程施工应符合《住宅装饰装修工程施工规范》规定,质量验收应符合《建筑装饰装修工程质量验收规范》的规定。
(2)住宅室内装饰装修工程质量验收应以施工前采用相同材料和工艺制作的样板房作为依据。
(3)住宅室内装饰装修工程质量验收时,应提供施工前的交接检验记录,并符合规范规定。
(4)住宅室内装饰装修工程质量验收应以户(套)为单位进行分户工程验收。
2. 分部分项工程质量验收
(1)住宅室内装饰装修工程分部分项工程包括:门窗工程、吊顶工程、轻质隔墙工程、墙饰面工程、楼地面饰面工程、涂饰工程、细部工程、防水工程、厨房工程、卫浴工程、电气工程、智能化工程、给水排水与采暖工程、通风与空调工程。
(2)厨房工程。
①橱柜的材料、加工制作、使用功能应符合设计要求和国家现行有关标准的规定。橱柜应安装牢固。
②电源插座规格应满足设备最大用电功率要求,插座安装位置应和厨房设备设计位置一致。
③户内燃气管道与燃具应采用软管连接,长度不应大于2 m,中间不得有接口,不得有弯折、拉伸、龟裂、老化等现象。燃具的连接应严密,安装应牢固,不渗漏。燃气热水器气管应直接通至户外。
④厨房设置的竖井排烟道及止回阀应符合防火要求,且应有防止烟气回流、窜烟的措施。
(3)卫浴工程。
①卫生洁具应做满水或灌水(蓄水)试验,且应严密,畅通,无渗漏。卫生洁具的排水管应嵌入排水支管管口内,并应与排水支管管口吻合,密封严实。坐便器、净身盆应固定安装,并应采用非干硬性材料密封,不得用水泥砂浆固定。
②淋浴间与相应墙体结合部位应无渗漏。淋浴间门应安装牢固,开关灵活,玻璃应为安全玻璃。淋浴间地面低于相连地面不宜小于20 mm或设置挡水条,且挡水条应安装牢固,密实。淋浴间内给水、排水系统应进水顺畅、排水通畅、不堵塞。
③卫浴配件与装饰完成面应连接牢固,不松动。卫浴配件应采用防水、不易生锈的材料,并应符合国家现行有关标准的规定。
(4)电气工程。
①动力及照明系统的剩余电流动作保护器应进行模拟动作试验,照明宜作8 h全负荷试验。
②室内布线应穿管敷设,不得在住宅顶棚内、墙体及顶棚的抹灰层、低温层及饰面板内直敷布线。
③电线、电缆绝缘应良好。除同类照明外,不同回路、不同电压等级的导线不得穿入同一个管内</td></tr>
</table>

续表

项目	具体内容
室内装饰装修工程	④开关通断应在相线上，并应接触可靠。插座接线应符合"左零右火上接地"的要求。保护接地线在插座间不得串联连接。安装高度在 1.8 m 及以下电源插座均应为安全型插座；卫生间、非封闭阳台应采用防护电源插座；分体空调、洗衣机、电热水器应采用带开关插座。 ⑤重量大于 3 kg 的灯具应采用螺栓固定或采用吊挂固定。 ⑥等电位联接：有洗浴设备的卫生间应设有局部等电位箱（盒），卫生间内安装的金属管道、浴缸、淋浴器、暖气片等外露的可接近导体应与等电位盒端子板连接。局部等电位联结排与各连接点间应采用多股铜芯有黄绿色标的导线，其截面积不应小于 4 mm^2，且不得进行串联。 （5）智能化工程。 包括有线电视、电话、信息网络、智能家居、访客对讲、紧急求助、入侵报警。质量和检验方法还应符合现行国家标准《智能建筑工程质量验收规范》的相关规定。 （6）给水排水及采暖工程。 ①室内给水管道的水压测试应符合设计要求；用水器具安装前，各用水点应进行通水试验。 ②卫浴设备的冷、热水管安装应左热右冷；连接方式应安全可靠、无渗漏。 ③暗敷排水立管的排水管应设检修门，高层明敷排水塑料管应按设计要求设置阻火圈或防火套管，排水洞口封堵应采用耐火材料。 ④采暖工程。 a. 发热电缆的接地线应与电源的接地线连接。 b. 散热器应位置准确、固定牢固、配件齐全，无渗漏，表面色泽均匀，无脱落、损伤等外观缺陷；室内供热管、控制阀门、散热器片安装位置应符合设计要求，连接应紧密，无渗漏。 c. 地面的固定设备和卫生设备下面，不应布置发热电缆、低温加热水管。 d. 散热器支架、托架应安装牢固，背面与装饰后墙表面垂直距离应符合设计要求。暗敷设散热器管路的阀门部位应留设检修孔。 （7）通风与空调工程。 空调系统、新风（换风）系统运行应正常，功能转换应顺畅。送、排风管道应采用不燃材料或难燃材料；空调内、外机管道连接口和新风排气口设置应坡向室外，不得出现倒坡现象；管道穿墙处应密封、不渗水。 （8）住宅室内装饰装修工程应在工程完工后，工程交付使用前委托相应资质的检测机构进行室内环境污染物浓度检测，并符合《民用建筑工程室内环境污染控制标准》中Ⅰ类民用建筑工程室内环境污染物浓度限量的规定。 3. 安全技术要求 （1）室内装饰用的马凳、支架应稳固可靠，承载能力满足施工要求。架上堆放材料不得过于集中，在同一跨度的脚手板上不应超过两人同时作业。 （2）清理楼面时，禁止从窗口、预留洞口和阳台等处直接向外抛扔垃圾、杂物。 （3）剔凿地面时作业人员要戴防护眼镜。 （4）使用水磨石机磨地面时，电源线绝缘必须良好，并悬挂在高处，严禁放在地面。

续表

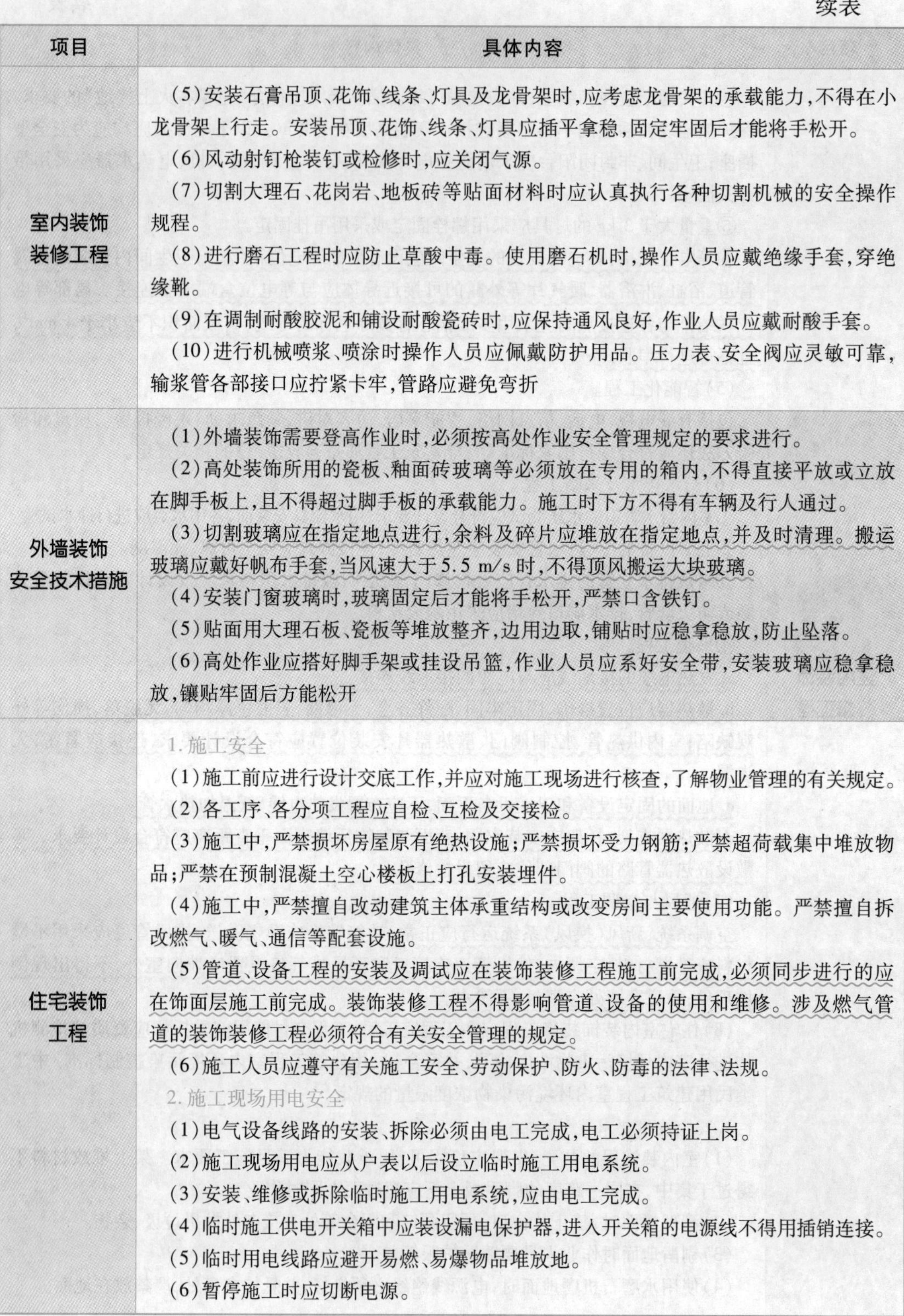

项目	具体内容
室内装饰装修工程	(5)安装石膏吊顶、花饰、线条、灯具及龙骨架时,应考虑龙骨架的承载能力,不得在小龙骨架上行走。安装吊顶、花饰、线条、灯具应插平拿稳,固定牢固后才能将手松开。 (6)风动射钉枪装钉或检修时,应关闭气源。 (7)切割大理石、花岗岩、地板砖等贴面材料时应认真执行各种切割机械的安全操作规程。 (8)进行磨石工程时应防止草酸中毒。使用磨石机时,操作人员应戴绝缘手套,穿绝缘靴。 (9)在调制耐酸胶泥和铺设耐酸瓷砖时,应保持通风良好,作业人员应戴耐酸手套。 (10)进行机械喷浆、喷涂时操作人员应佩戴防护用品。压力表、安全阀应灵敏可靠,输浆管各部接口应拧紧卡牢,管路应避免弯折
外墙装饰安全技术措施	(1)外墙装饰需要登高作业时,必须按高处作业安全管理规定的要求进行。 (2)高处装饰所用的瓷板、釉面砖玻璃等必须放在专用的箱内,不得直接平放或立放在脚手板上,且不得超过脚手板的承载能力。施工时下方不得有车辆及行人通过。 (3)切割玻璃应在指定地点进行,余料及碎片应堆放在指定地点,并及时清理。搬运玻璃应戴好帆布手套,当风速大于5.5 m/s时,不得顶风搬运大块玻璃。 (4)安装门窗玻璃时,玻璃固定后才能将手松开,严禁口含铁钉。 (5)贴面用大理石板、瓷板等堆放整齐,边用边取,铺贴时应稳拿稳放,防止坠落。 (6)高处作业应搭好脚手架或挂设吊篮,作业人员应系好安全带,安装玻璃应稳拿稳放,镶贴牢固后方能松开
住宅装饰工程	1.施工安全 (1)施工前应进行设计交底工作,并应对施工现场进行核查,了解物业管理的有关规定。 (2)各工序、各分项工程应自检、互检及交接检。 (3)施工中,严禁损坏房屋原有绝热设施;严禁损坏受力钢筋;严禁超荷载集中堆放物品;严禁在预制混凝土空心楼板上打孔安装埋件。 (4)施工中,严禁擅自改动建筑主体承重结构或改变房间主要使用功能。严禁擅自拆改燃气、暖气、通信等配套设施。 (5)管道、设备工程的安装及调试应在装饰装修工程施工前完成,必须同步进行的应在饰面层施工前完成。装饰装修工程不得影响管道、设备的使用和维修。涉及燃气管道的装饰装修工程必须符合有关安全管理的规定。 (6)施工人员应遵守有关施工安全、劳动保护、防火、防毒的法律、法规。 2.施工现场用电安全 (1)电气设备线路的安装、拆除必须由电工完成,电工必须持证上岗。 (2)施工现场用电应从户表以后设立临时施工用电系统。 (3)安装、维修或拆除临时施工用电系统,应由电工完成。 (4)临时施工供电开关箱中应装设漏电保护器,进入开关箱的电源线不得用插销连接。 (5)临时用电线路应避开易燃、易爆物品堆放地。 (6)暂停施工时应切断电源。

续表

项目	具体内容
住宅装饰工程	3. 文明施工和现场环境安全 (1)施工人员应衣着整齐。 (2)施工人员应服从物业管理或治安保卫人员的监督、管理。 (3)应控制粉尘、污染物、噪声、振动等对相邻居民、居民区和城市环境的污染及危害。 (4)施工堆料不得占用楼道内的公共空间,封堵紧急出口。 (5)室外堆料应遵守物业管理规定,避开公共通道、绿化地、化粪池等市政公用设施。 (6)工程垃圾宜密封包装,并放在指定垃圾堆放地。 (7)不得在未做防水的地面蓄水。 (8)临时用水管不得有破损、滴漏。 (9)暂停施工时应切断水源。 (10)不得堵塞、破坏上下水管道、垃圾道等公共设施,不得损坏楼内各种公共标识。 (11)工程验收前应将施工现场清理干净。 4. 施工现场防火安全 (1)施工单位必须制定施工防火安全制度,施工人员必须严格遵守。 (2)住宅装饰装修材料的燃烧性能等级要求,应符合现行国家标准《建筑内部装修设计防火规范》的规定。 (3)易燃物品应相对集中放置在安全区域并应有明显标识。施工现场不得大量积存可燃材料。 (4)易燃、易爆材料的施工,应避免敲打、碰撞、摩擦等可能出现火花的操作。配套使用的照明灯、电动机、电气开关,应有安全防爆装置。 (5)使用涂装等挥发性材料时,应随时封闭其容器。擦拭后的棉纱等物品应集中存放且远离热源。 (6)施工现场动用电气焊等明火时,必须清除周围及焊渣滴落区的可燃物质,并设专人监督。 (7)施工现场必须配备灭火器、砂箱或其他灭火工具。 (8)严禁在施工现场吸烟。 (9)严禁在运行中的管道、装有易燃、易爆品的容器和受力构件上进行焊接和切割。 5. 电气防火安全 (1)照明、电热器等设备的高温部位靠近非 A 级材料、或导线穿越 B_2 级以下(含 B_2 级)的装修材料时,应采用岩棉、瓷管或玻璃棉等 A 级材料隔热。当照明灯具或镇流器嵌入可燃装饰装修材料中时,应采取隔热措施予以分隔。 (2)配电箱的壳体和底板宜采用 A 级材料制作。配电箱不得安装在 B_2 级以下(含 B_2 级)的装修材料上。开关、插座应安装在 B_1 级以上的材料上。 (3)卤钨灯灯管附近的导线应采用耐热绝缘材料制成的护套,不得直接使用具有延燃性绝缘的导线。 (4)明敷塑料导线应穿管或加线槽板保护,吊顶内的导线应穿金属管或 B_1 级 PVC 管保护,导线不得裸露

考点5　有限空间工程安全技术管理要点

项目	具体内容
有限空间作业安全管理	(1)有限空间作业施工单位主要负责人应加强有限空间作业的安全管理,履行以下职责: ①建立、健全安全生产责任制。 ②组织制定专项施工方案、安全操作规程、事故应急救援预案、安全技术措施等管理制度。 ③保证安全投入,提供符合要求的通风、检测、防护、照明等安全防护设施和个人防护用品。 ④督促、检查本单位有限空间作业的安全生产工作,落实有限空间作业的各项安全要求。 ⑤提供应急救援保障,做好应急救援工作。 ⑥及时、如实报告生产安全事故。 (2)有限空间作业施工单位技术负责人应组织制定专项施工方案、安全作业操作规程、安全技术措施等,根据相关规定组织审批和专家论证等工作,并督促、检查实施情况。 (3)有限空间作业施工单位安全生产监督管理部门应加强日常的监督检查,检查内容包括有限空间作业各项规定、规范的落实情况,有限空间作业施工现场的隐患排查情况以及安全防护设施和个人防护用品的配备、检测、维护等情况。 (4)有限空间作业施工单位应明确作业负责人、监护人员和作业人员。严禁在没有监护人的情况下作业。 (5)作业负责人职责: ①掌握整个作业过程中存在的危险危害因素。 ②确认作业环境、作业程序、防护设施、作业人员符合要求后,方可作业。 ③及时掌握作业过程中可能发生的条件变化,当有限空间作业条件不符合安全要求时,立即终止作业。 (6)作业人员职责: ①接受有限空间作业安全生产培训。 ②遵守有限空间作业安全操作规程,正确使用有限空间作业安全设施与个人防护用品。 ③与监护者进行有效的操作作业、报警、撤离等信息沟通。 (7)监护人员职责: ①接受有限空间作业安全生产培训。 ②全过程掌握作业者作业期间情况,保证在有限空间外持续监护,能够与作业者进行有效的操作作业、报警、撤离等信息沟通。 ③在紧急情况时向作业者发出撤离警告,必要时立即呼叫应急救援,并在有限空间外实施紧急救援工作。 ④防止未经批准的人员进入。 (8)从事有限空间作业的特种作业人员应持有相应的资格证书,方可上岗作业
有限空间作业安全技术管理	(1)有限空间作业前,必须严格执行"先检测,后作业"的原则,根据施工现场有限空间作业实际情况,对有限空间内部可能存在的危害因素进行检测。在作业环境条件可能发生变化时,施工单位应对作业场所中危害因素进行持续或定时检测

续表

项目	具体内容
有限空间作业安全技术管理	(2)对随时可能产生有害气体或进行内防腐处理的有限空间作业时,每隔30 min必须进行分析,如有一项不合格以及出现其他情况异常,应立即停止作业并撤离作业人员;现场经处理并经检测符合要求后,重新进行审批,方可继续作业。 (3)实施检测时,检测人员应处于安全环境,未经检测或检测不合格的,严禁作业人员进入有限空间进行施工作业。 (4)有限空间作业的施工单位应在有限空间入口处设置醒目的警示标志,告知存在的危害因素和防控措施。 (5)有限空间作业前和作业过程中,可采取强制性持续通风措施降低危险,保持空气流通。严禁用纯氧进行通风换气。 (6)当有限空间作业可能存在可燃性气体或爆炸性粉尘时,施工单位应严格按上述要求进行"检测"和"通风",并制定预防、消除和控制危害的措施。同时所用设备应符合防爆要求,作业人员应使用防爆工具,配备可燃气体报警仪器等。 (7)进入密闭空间作业时,应当至少有2人同行和工作。若空间只能容1人作业时,监护人应随时与正在作业的人取得联系,作预防性防护

考点6 拆除工程安全技术管理要点

项目	具体内容
拆除工程安全技术管理	1.拆除工程的安全管理 (1)拆除工程开工前,应根据工程特点、构造情况、工程量等编制施工组织设计或安全专项施工方案,经技术负责人和总监理工程师签字批准后实施。施工过程中,如需变更,应经原审批人批准,方可实施。 (2)在恶劣的气候条件下,严禁进行拆除作业。 (3)当日拆除施工结束后,所有机械设备应远离被拆除建筑。施工期间的临时设施,应与被拆除建筑保持安全距离。 (4)从业人员应办理相关手续,签订劳动合同,进行安全培训,考试合格后方可上岗。 (5)拆除工程施工前,必须对施工作业人员进行书面安全技术交底。 (6)拆除工程施工必须建立相应的安全技术档案。内容包括: ①拆除工程施工合同及安全管理协议书。 ②拆除工程安全施工组织设计或安全专项施工方案。 ③安全技术交底。 ④脚手架及安全防护设施检查验收记录。 ⑤劳务用工合同及安全管理协议书。 ⑥机械租赁合同及安全管理协议书。 ⑦安全教育和培训记录。 (7)施工现场临时用电必须按照国家现行标准《施工现场临时用电安全技术规范》的有关规定执行。

续表

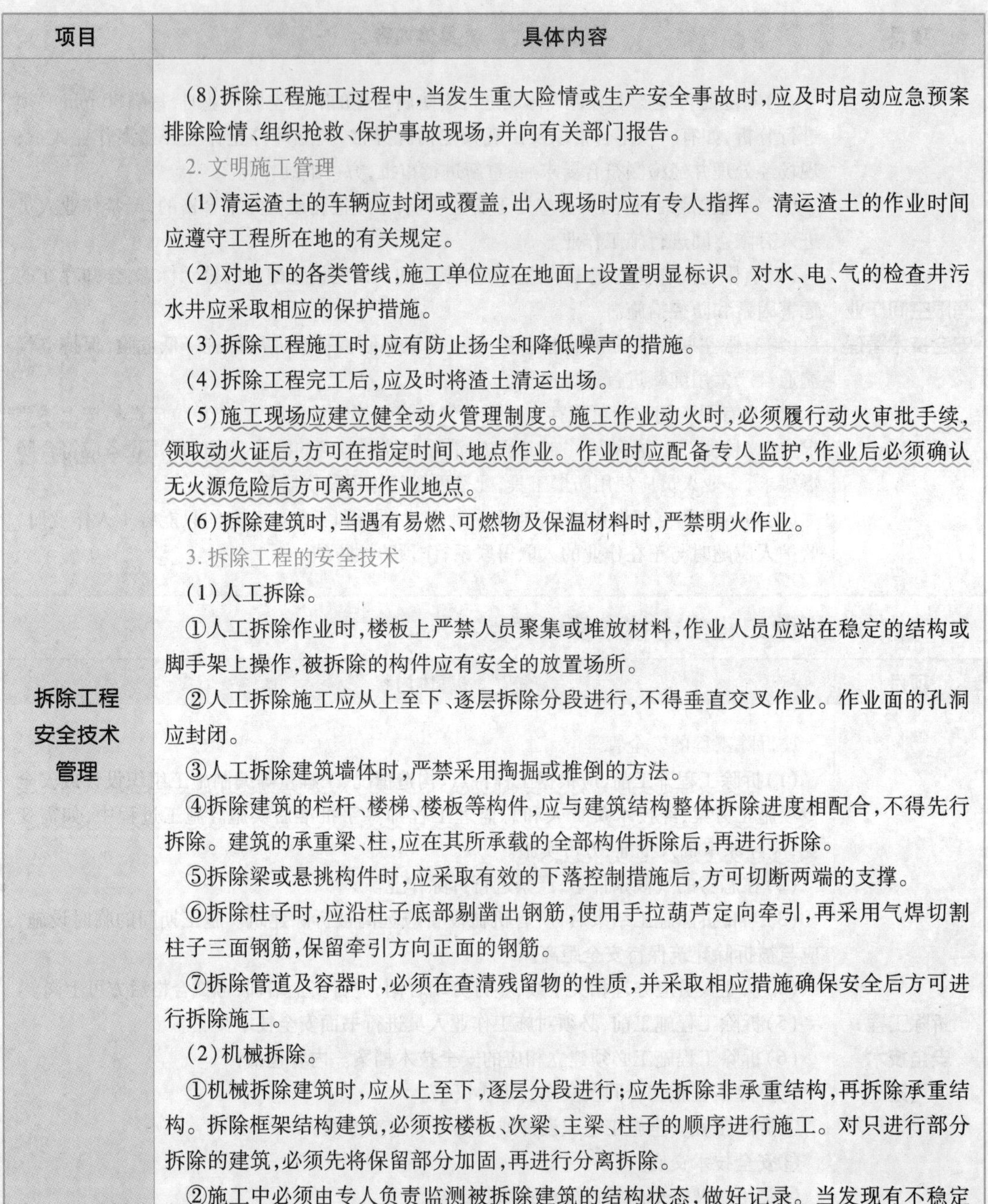

项目	具体内容
拆除工程安全技术管理	(8)拆除工程施工过程中,当发生重大险情或生产安全事故时,应及时启动应急预案排除险情、组织抢救、保护事故现场,并向有关部门报告。 2. 文明施工管理 (1)清运渣土的车辆应封闭或覆盖,出入现场时应有专人指挥。清运渣土的作业时间应遵守工程所在地的有关规定。 (2)对地下的各类管线,施工单位应在地面上设置明显标识。对水、电、气的检查井污水井应采取相应的保护措施。 (3)拆除工程施工时,应有防止扬尘和降低噪声的措施。 (4)拆除工程完工后,应及时将渣土清运出场。 (5)施工现场应建立健全动火管理制度。施工作业动火时,必须履行动火审批手续,领取动火证后,方可在指定时间、地点作业。作业时应配备专人监护,作业后必须确认无火源危险后方可离开作业地点。 (6)拆除建筑时,当遇有易燃、可燃物及保温材料时,严禁明火作业。 3. 拆除工程的安全技术 (1)人工拆除。 ①人工拆除作业时,楼板上严禁人员聚集或堆放材料,作业人员应站在稳定的结构或脚手架上操作,被拆除的构件应有安全的放置场所。 ②人工拆除施工应从上至下、逐层拆除分段进行,不得垂直交叉作业。作业面的孔洞应封闭。 ③人工拆除建筑墙体时,严禁采用掏掘或推倒的方法。 ④拆除建筑的栏杆、楼梯、楼板等构件,应与建筑结构整体拆除进度相配合,不得先行拆除。建筑的承重梁、柱,应在其所承载的全部构件拆除后,再进行拆除。 ⑤拆除梁或悬挑构件时,应采取有效的下落控制措施后,方可切断两端的支撑。 ⑥拆除柱子时,应沿柱子底部剔凿出钢筋,使用手拉葫芦定向牵引,再采用气焊切割柱子三面钢筋,保留牵引方向正面的钢筋。 ⑦拆除管道及容器时,必须在查清残留物的性质,并采取相应措施确保安全后方可进行拆除施工。 (2)机械拆除。 ①机械拆除建筑时,应从上至下,逐层分段进行;应先拆除非承重结构,再拆除承重结构。拆除框架结构建筑,必须按楼板、次梁、主梁、柱子的顺序进行施工。对只进行部分拆除的建筑,必须先将保留部分加固,再进行分离拆除。 ②施工中必须由专人负责监测被拆除建筑的结构状态,做好记录。当发现有不稳定状态的趋势时,必须停止作业,采取有效措施,消除隐患。 ③拆除施工时,应按照施工组织设计选定的机械设备及吊装方案进行施工,严禁超载作业或任意扩大使用范围。供机械设备使用的场地必须保证足够的承载力。作业中机械不得同时回转、行走。 ④进行高处拆除作业时,较大尺寸的构件或沉重的材料,必须采用起重机具及时吊下。拆

续表

项目	具体内容
拆除工程安全技术管理	卸下来的各种材料应及时清理,分类堆放在指定场所,严禁向下抛掷。 ⑤采用双机抬吊作业时,每台起重机载荷不得超过允许载荷的80%,且应对第一吊进行试吊作业,施工中必须保持两台起重机同步作业。 ⑥拆除吊装作业的起重机司机,必须严格执行操作规程。信号指挥人员必须按照现行国家标准《起重吊运指挥信号》的规定作业。 ⑦拆除钢屋架时,必须采用绳索将其拴牢,待起重机吊稳后,方可进行气焊切割作业。吊运过程中,应采用辅助措施使被吊物处于稳定状态。 ⑧拆除桥梁时应先拆除桥面的附属设施及挂件、护栏等

第二节　危险性较大的分部分项工程的安全技术管理

考点1　危险性较大的分部分项工程范围

项目	具体内容
相关概念	(1)危险性较大的分部分项工程是指建设工程在施工过程中存在的、可能导致作业人员群死、群伤或者造成重大不良社会影响的分部分项工程。 (2)危险性较大的分部分项工程安全专项施工方案是指施工单位在编制施工组织(总)设计的基础上,针对危险性较大的分部分项工程单独编制的安全技术措施文件。 (3)施工单位应当在危险性较大的分部分项工程施工前编制专项方案;对于超过一定规模的危险性较大的分部分项工程,施工单位应当组织专家对专项方案进行论证
基坑支护、降水工程	(1)开挖深度超过3 m(含3 m)的基坑(槽)的土方开挖、支护、降水工程。 (2)开挖深度虽未超过3 m,但地质条件、周围环境和地下管线复杂,或影响毗邻建、构筑物安全的基坑(槽)的土方开挖、支护、降水工程
土方开挖工程	开挖深度超过3 m(含3 m)的基坑(槽)的土方开挖工程
模板工程及支撑体系	(1)各类工具式模板工程:包括大模板、滑模、爬模、飞模、隧道模等工程。 (2)混凝土模板支撑工程:搭设高度5 m及以上,或搭设跨度10 m及以上,或施工总荷载(荷载效应基本组合的设计值,以下简称设计值)10 kN/m^2及以上,或集中线荷载(设计值)15 kN/m及以上,或高度大于支撑水平投影宽度且相对独立无联系构件的混凝土模板支撑工程。 (3)承重支撑体系:用于钢结构安装等满堂支撑体系

续表

项目	具体内容
起重吊装及起重机械安装拆卸工程	(1)采用非常规起重设备、方法,且单件起吊重量在10 kN及以上的起重吊装工程。 (2)采用起重机械进行安装的工程。 (3)起重机械安装和拆卸工程
脚手架工程	(1)搭设高度24 m及以上的落地式钢管脚手架工程(包括采光井、电梯井脚手架)。 (2)附着式升降脚手架工程。 (3)悬挑式脚手架工程。 (4)高处作业吊篮。 (5)卸料平台、移动操作平台工程。 (6)异形脚手架工程
拆除、暗挖工程	(1)建筑物、构筑物拆除工程。 (2)采用矿山法、盾构法、顶管法施工的隧道、洞室工程
其他	(1)建筑幕墙安装工程。 (2)钢结构、网架和索膜结构安装工程。 (3)人工挖孔桩工程。 (4)水下作业工程。 (5)装配式建筑混凝土预制构件安装工程。 (6)采用新技术、新工艺、新材料、新设备可能影响工程施工安全,尚无国家、行业及地方技术标准的分部分项工程

考点2 超过一定规模的危险性较大的分部分项工程范围

项目	具体内容
基坑工程	(1)开挖深度超5 m(含5 m)的基坑(槽)的土方开挖、支护、降水工程。 (2)开挖深度虽未超过5 m,但地质条件、周围环境和地下管线复杂,或影响毗邻建、构筑物安全的基坑(槽)的土方开挖、支护、降水工程
模板工程及支撑体系	(1)各类工具式模板工程:包括滑模、爬模、飞模、隧道模等工程。 (2)混凝土模板支撑工程:搭设高度8 m及以上;搭设跨度18 m及以上,施工总荷载(设计值)15 kN/m^2及以上;集中线荷载20 kN/m及以上。 (3)承重支撑体系:用于钢结构安装等满堂支撑体系,承受单点集中荷载7 kN及以上
起重吊装及起重机械安装拆卸工程	(1)采用非常规起重设备、方法,且单件起吊重量在100 kN及以上的起重吊装工程。 (2)起重量300 kN及以上的起重设备安装工程,或搭设总高度200 m及以上,或搭设基础标高在200 m及以上的起重机械安装和拆卸工程
脚手架工程	(1)搭设高度50 m及以上落地式钢管脚手架工程。 (2)提升高度150 m及以上附着式升降脚手架工程或附着式升降操作平台工程。 (3)分段架体搭设高度20 m及以上悬挑式脚手架工程

续表

项目	具体内容
拆除工程	(1)采用爆破拆除的工程。 (2)码头、桥梁、高架、烟囱、水塔或拆除中容易引起有毒有害气(液)体或粉尘扩散、易燃易爆事故发生的特殊建、构筑物的拆除工程。 (3)可能影响行人、交通、电力设施、通信设施或其他建、构筑物安全的拆除工程。 (4)文物保护建筑、优秀历史建筑或历史文化风貌区控制范围的拆除工程
其他	(1)施工高度50 m及以上的建筑幕墙安装工程。 (2)跨度大于36 m及以上的钢结构安装工程;跨度大于60 m及以上的网架和索膜结构安装工程。 (3)开挖深度超过16 m的人工挖孔桩工程。 (4)水下作业工程。 (5)采用新技术、新工艺、新材料、新设备及尚无相关技术标准的危险性较大的分部分项工程

考点3　危险性较大的分部分项工程安全技术管理要求

项目	具体内容
综述	建设单位申请领取施工许可证或办理安全监督手续时,应当提供危险性较大的分部分项工程清单和安全管理措施。施工单位、监理单位应当建立危险性较大的分部分项工程安全管理制度
施工单位	(1)施工单位应当在施工现场显著位置公告危险性较大的分部分项工程(以下简称"危大工程")名称、施工时间和具体责任人员,并在危险区域设置安全警示标志。 (2)施工单位应当在危险性较大的分部分项工程施工前编制专项方案;对于超过一定规模的危险性较大的分部分项工程,施工单位应当组织专家对专项方案进行论证。 (3)专项方案应当由施工单位技术部门组织本单位施工技术、安全、质量等部门的专业技术人员进行审核。经审核合格的,由施工单位技术负责人签字。实行施工总承包的,专项方案应当由总承包单位技术负责人及相关专业承包单位技术负责人签字。不需专家论证的专项方案,经施工单位审核合格后报监理单位,由项目总监理工程师审核签字。 (4)专项施工方案实施前,编制人员或者项目技术负责人应当向施工现场管理人员进行方案交底。施工现场管理人员应当向作业人员进行安全技术交底,并由双方和项目专职安全生产管理人员共同签字确认。 (5)施工单位应当严格按照专项施工方案组织施工,不得擅自修改专项施工方案。因规划调整、设计变更等原因确需调整的,修改后的专项施工方案应当按照《危险性较大的分部分项工程安全管理规定》重新审核和论证。涉及资金或者工期调整的,建设单位应当按照约定予以调整。

续表

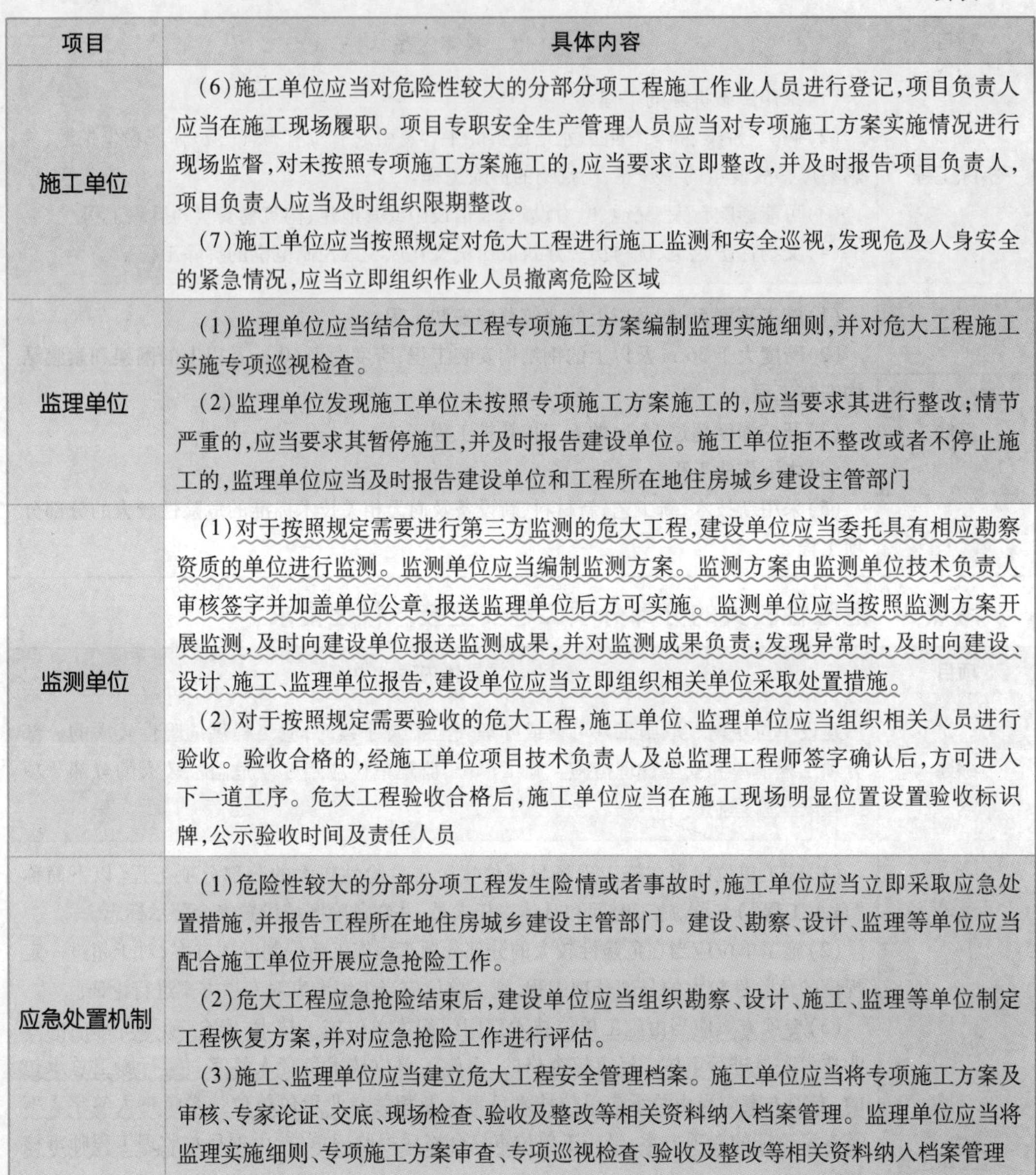

项目	具体内容
施工单位	(6)施工单位应当对危险性较大的分部分项工程施工作业人员进行登记,项目负责人应当在施工现场履职。项目专职安全生产管理人员应当对专项施工方案实施情况进行现场监督,对未按照专项施工方案施工的,应当要求立即整改,并及时报告项目负责人,项目负责人应当及时组织限期整改。 (7)施工单位应当按照规定对危大工程进行施工监测和安全巡视,发现危及人身安全的紧急情况,应当立即组织作业人员撤离危险区域
监理单位	(1)监理单位应当结合危大工程专项施工方案编制监理实施细则,并对危大工程施工实施专项巡视检查。 (2)监理单位发现施工单位未按照专项施工方案施工的,应当要求其进行整改;情节严重的,应当要求其暂停施工,并及时报告建设单位。施工单位拒不整改或者不停止施工的,监理单位应当及时报告建设单位和工程所在地住房城乡建设主管部门
监测单位	(1)对于按照规定需要进行第三方监测的危大工程,建设单位应当委托具有相应勘察资质的单位进行监测。监测单位应当编制监测方案。监测方案由监测单位技术负责人审核签字并加盖单位公章,报送监理单位后方可实施。监测单位应当按照监测方案开展监测,及时向建设单位报送监测成果,并对监测成果负责;发现异常时,及时向建设、设计、施工、监理单位报告,建设单位应当立即组织相关单位采取处置措施。 (2)对于按照规定需要验收的危大工程,施工单位、监理单位应当组织相关人员进行验收。验收合格的,经施工单位项目技术负责人及总监理工程师签字确认后,方可进入下一道工序。危大工程验收合格后,施工单位应当在施工现场明显位置设置验收标识牌,公示验收时间及责任人员
应急处置机制	(1)危险性较大的分部分项工程发生险情或者事故时,施工单位应当立即采取应急处置措施,并报告工程所在地住房城乡建设主管部门。建设、勘察、设计、监理等单位应当配合施工单位开展应急抢险工作。 (2)危大工程应急抢险结束后,建设单位应当组织勘察、设计、施工、监理等单位制定工程恢复方案,并对应急抢险工作进行评估。 (3)施工、监理单位应当建立危大工程安全管理档案。施工单位应当将专项施工方案及审核、专家论证、交底、现场检查、验收及整改等相关资料纳入档案管理。监理单位应当将监理实施细则、专项施工方案审查、专项巡视检查、验收及整改等相关资料纳入档案管理

案例分析

南方某省L电厂二期扩建工程M标段冷却塔施工平台时发生坍塌事故,造成49人死亡,3人受伤。该二期扩建工程由I工程公司总承包,K监理公司监理,M标段冷却塔施工由J建筑公司分包。

M标段的合同工期为15个月,因前期施工延误,为赶工期,I工程公司私下与J建筑公司约定,要求其在12个月内完成M标段施工,为此,J公司实行24小时连续作业,时值冬季，当地气候潮湿阴冷，混凝土养护所需时间比其他季节延长。

冷却塔施工采用由下而上，利用浇筑好的钢筋混凝土塔壁作为支撑，在冷却塔壁内部和外部分别搭建施工平台和模板，当浇筑的混凝土达到要求的强度后，先拆除下部模板。将其安装在上部模板的上方，再进行下一轮浇筑。用混凝土泵将混凝土输送到冷却塔壁的内外两层模板之间，进行塔壁混凝土浇筑。

冷却塔内有塔式起重机及混凝土输送设备（混凝土运输罐车、混凝土泵和管道）。通过塔式起重机运送施工平台作业人员、其他建筑材料及施工工具。冷却塔施工平台上，有模板、钢筋、混凝土振捣棒以及电焊机、乙炔气瓶、氧气瓶等。

12月2日至10日，当地连续阴雨天气，施工并未停止，至11日零时，冷却塔施工平台高度达到85 m。11日7时30分，42名作业人员到达冷却塔内，准备与前一班作业人员进行交接班，此时施工平台上有作业人员49人。突然，有人在施工平台上大声喊叫，接着就看到施工平台往下坠落，砸坏了部分冷却塔，随后整个施工平台全部坍塌。事故导致施工平台上49名作业人员全部死亡，地面3人受伤。

事故调查发现：事发时I工程公司没有人员在现场，I工程公司对J公司进行安全检查的记录不全；未发现近期J公司混凝土强度送检及相关检验报告；J公司现场作业人员共有210人，项目经理指定其亲属担任专职安全员，主要任务是看护现场工具及建筑材料，防止财物被盗；施工平台现场作业安全管理由当班班组长负责；J公司上次安全培训的时间是13个月前。

根据以上场景，回答下列问题：

1. 简要分析该起事故的直接原因。根据《企业职工伤亡事故分类》，辨识冷却塔施工平台存在的危险有害因素。

2. 指出J公司在M标段冷却塔施工安全生产管理中存在的问题。

3. 简述I公司对J公司现场安全管理的主要内容。

4. 简述J公司安全生产管理人员安全培训的主要内容。

5. 简述冷却塔施工中存在的危险性较大的分部分项工程。

参考答案及解析

1.（1）坍塌——高大模板、冷却塔筒壁。

（2）物体打击——冷却塔施工平台高度达到85 m，可能会掉落物体。

（3）高空坠落——冷却塔施工平台高度达到85 m。

（4）起重伤害——场内有塔式起重机。

（5）车辆伤害——场内有混凝土输送罐车。

（6）触电——冷却塔施工平台上有混凝土振捣棒以及电焊机。

（7）其他伤害——跌伤、扭伤。

2. 冷却塔施工安全生产管理中存在的问题：

（1）操作规程和规章制度不健全。

（2）没有设置独立的安全管理组织机构，安全管理人员配置不足。

（3）安全生产投入缺失。

(4)安全培训不到位和教育力度不足。

(5)隐患排查制度不健全和发现隐患整改不力。

(6)现场管理混乱,“三违”事件时有发生。

(7)应急预案衔接不畅,未发挥作用。

(8)员工安全意识淡薄。

(9)各级人员没有危险源辨识和风险分析的能力,相关业务不熟练。

3.现场安全管理的主要内容:

(1)工程开工前生产经营单位应对承包方负责人、工程技术人员进行全面的安全技术交底,并应有完整的记录。

(2)在有危险性的生产区域内作业,有可能造成人身伤害、设备损坏、环境污染等事故的,生产经营单位应要求承包方做好作业安全风险分析,并制订安全措施,经生产经营单位审核批准后,监督承包方实施。承包商应按有关行业安全管理法规、条例、规程的要求,在工作现场设置安全监护人员。

(3)在承包商队伍进入作业现场前,发包单位要对其进行消防安全、设备设施保护及社会治安方面的教育。所有教育培训和考试完成后,办理准入手续,凭证件出入现场。

(4)生产经营单位协助做好办理开工手续等工作,承包商得经批准的开工手续后方可开始施工。

(5)发包单位、承包商安全监督管理人员,应经常深入现场,检查指导安全施工,要随时对施工安全进行监督,发现有违反安全规章制度的情况,及时纠正,并按规定给予惩处。

(6)同一工程项目或同一施工场所有多个承包商施工的,生产经营单位应与承包商签订专门的安全管理协议或者在承包合同中约定各自的安全生产管理职责,发包单位对各承包商的安全生产工作统一协调、管理。

(7)承包商施工队伍严重违章作业,导致设备故障等严重影响安全生产的后果,生产经营单位可以要求承包商进行停工整顿,并有权决定终止合同的执行。

4.(1)国家安全生产方针、政策和有关安全生产的法律、规章及标准。

(2)安全生产管理、安全生产技术、职业卫生等知识。

(3)伤亡事故统计、报告及职业危害的调查处理方法。

(4)应急管理、应急预案编制以及应急处置的内容和要求。

(5)国内外先进的安全生产管理经验。

(6)典型事故和应急救援案例分析。

(7)其他需要培训的内容。

5.存在的危险性较大的分部分项工程有:

(1)基坑支护、降水工程。

(2)土方开挖工程。

(3)模板工程及支撑体系。

(4)起重吊装及安装拆卸工程。

(5)脚手架工程。

(6)拆除、爆破工程。

第九章 应急救援

知识框架

应急救援
- 应急救援综合预案的基本内容
  - 事故应急救援的基本概念
  - 应急救援综合预案的基本内容
- 专项应急救援预案的编制及应急演练
  - 专项应急救援预案编制
  - 应急救援预案的培训与演练
  - 应急救援预案的组织和实施

考点精讲

第一节 应急救援综合预案的基本内容

考点1 事故应急救援的基本概念

项目	具体内容
基本概念	(1)事故应急救援是指在发生事故时,采取的消除、减少事故危害和防止事故恶化,最大限度降低事故损失的措施。 (2)事故应急救援预案又称应急预案、应急计划(方案),是根据预测危险源、危险目标可能发生事故的类别、危害程度,为使一旦发生事故时应当采取的应急救援行动及时、有效、有序,而事先制定的指导性文件。是事故救援系统的重要组成部分
建立事故应急救援体系的必要性	《中华人民共和国安全生产法》《国务院关于进一步加强安全生产工作的决定》《国务院关于特大安全事故行政责任追究的规定》《安全生产许可证条例》等法律、法规都对建立事故应急预案作出了相应的规定。建立事故应急预案已成为我国构建安全生产的“六个支撑体系”之一(其余五个分别是:法律法规、信息、技术保障、宣传教育、培训)。 (1)建立应急预案具有强制性。 ①《中华人民共和国安全生产法》要求危险物品的生产、经营、储存单位以及矿山、金属冶炼、城市轨道交通运营、建筑施工单位应当建立应急救援组织;生产经营规模较小的,可以不建立应急救援组织,但应当指定兼职的应急救援人员。 ②《中华人民共和国安全生产法》规定生产经营单位应当教育和督促从业人员严格执行本单位的安全

续表

项目	具体内容
建立事故应急救援体系的必要性	生产规章制度和安全操作规程；并向从业人员如实告知作业场所和工作岗位存在的危险因素、防范措施以及事故应急措施；生产经营单位的从业人员有权了解其作业场所和工作岗位存在的危险因素、防范措施及事故应急措施。 ③生产经营单位发生生产安全事故后，事故现场有关人员应当立即报告本单位负责人。单位负责人接到事故报告后，应当迅速采取有效措施，组织抢救，防止事故扩大，减少人员伤亡和财产损失。 ④《中华人民共和国职业病防治法》规定："用人单位应当建立、健全职业病危害事故应急救援预案"。 ⑤《中华人民共和国消防法》要求：消防重点单位应当制定灭火和应急疏散预案，定期组织消防演练。 ⑥《建设工程安全生产管理条例》对建设施工单位提出"施工单位应当制定本单位生产安全事故应急救援预案，建立应急救援组织或者配备应急救援人员，配备必要的应急救援器材、设备，并定期组织演练"；"施工单位应当根据建设工程施工的特点、范围，对施工现场易发生重大事故的部位、环节进行监控，制定施工现场生产安全事故应急救援预案。实行施工总承包的，由总承包单位统一组织编制建设工程生产安全事故应急救援预案，工程总承包单位和分包单位按照应急救援预案，各自建立应急救援组织或者配备应急救援人员，配备救援器材、设备，并定期组织演练。"等要求。 ⑦《安全生产法》规定生产经营单位有下列行为之一的，责令限期改正，处十万元以下的罚款；逾期未改正的，责令停产停业整顿，并处十万元以上二十万元以下的罚款，对其直接负责的主管人员和其他直接责任人员处二万元以上五万元以下的罚款；构成犯罪的，依照刑法有关规定追究刑事责任：(一)生产、经营、运输、储存、使用危险物品或者处置废弃危险物品，未建立专门安全管理制度、未采取可靠的安全措施的；(二)对重大危险源未登记建档，未进行定期检测、评估、监控，未制定应急预案，或者未告知应急措施的；(三)进行爆破、吊装、动火、临时用电以及国务院应急管理部门会同国务院有关部门规定的其他危险作业，未安排专门人员进行现场安全管理的；(四)未建立安全风险分级管控制度或者未按照安全风险分级采取相应管控措施的；(五)未建立事故隐患排查治理制度，或者重大事故隐患排查治理情况未按照规定报告的。 (2)建立事故应急预案是减少因事故造成的人员伤亡和财产损失的重要措施。 针对各种不同的紧急情况事先制定有效的应急预案，可以在事故发生时，指导应急行动按计划有序进行，防止因行动组织不力或现场救援工作的混乱而延误事故应急。不少事故一开始并不都是重大或特大事故，往往因为没有有效的救援系统和应急预案，事故发生后，惊慌失措，盲目应对，导致事故进一步扩大，甚至使救援人员伤亡。只要建立了事故应急预案，并按事先培训和演练的要求进行控制，绝大部分事故在初期都是能被有效控制的。 (3)建立事故应急预案是由事故(突发事件)的基本特点所决定的。 ①事故具有突发性。绝大多数的事故、灾害的发生都具有突发性，其表现为：发生时

续表

项目	具体内容
建立事故应急救援体系的必要性	间的不确定性；发生空间的不确定性；某些关键设备突然失效的不确定性；操作人员重大失误的不确定性以及自然灾害、人为破坏的不确定性。 ②应急救援活动具有复杂性。首先，事故、灾害的影响因素与其演变规律具有不确定性和不可预见的多变性；其次，参与应急救援活动的单位和人员可能来自不同部门，在沟通、协调、授权、职责及其文化等方面都存在巨大差异；再者，应急响应过程中公众的反应能力、心理压力、公众偏向等突发行为同样具有复杂性。因此，如果没有事前的应急预案和相应的培训和演练，要想在事故突然发生后，实现应急行动的快速、有序、高效，几乎是不可能的
应急预案的分级	《中华人民共和国安全生产法》规定县级以上地方各级人民政府应当组织有关部门制定本行政区域内生产安全事故应急救援预案，建立应急救援体系。国务院颁布的其他条例也对建立事故应急体系作出了规定。我国事故应急救援体系将事故应急救援预案分成5个级别。上级预案的编写应建立在下级预案的基础上，整个预案的结构是金字塔结构。 (1)Ⅰ级(企业级)，事故的有害影响局限于某个生产经营单位的厂界内，并且可被现场的操作者遏制和控制在该区域内。这类事故可能需要投入整个单位的力量来控制，但其影响预期不会扩大到社区(公共区)。 (2)Ⅱ级(县、市级)，所涉及的事故其影响可扩大到公共区，但可被该县(市、区)的力量，加上所涉及的生产经营单位的力量所控制。 (3)Ⅲ级(市、地级)，事故影响范围大，后果严重，或是发生在两个县或县级市管辖区边界上的事故。应急救援需动用地区力量。 (4)Ⅳ级(省级)，对可能发生的特大火灾、爆炸、毒物泄漏事故，特大矿山事故以及属省级特大事故隐患、重大危险源的设施或场所，应建立省级事故应急预案。它可能是一种规模较大的灾难事故，或是一种需要用事故发生地的城市或地区所没有的特殊技术和设备进行处理的特殊事故。这类意外事故需用全省范围内的力量来控制。 (5)Ⅴ级(国家级)，对事故后果超过省、直辖市、自治区边界以及列为国家级事故隐患、重大危险源的设施或场所，应制定国家级应急预案

考点2　应急救援综合预案的基本内容

项目	具体内容
综述	综合应急预案是生产经营单位应急预案体系的总纲，主要从总体上阐述事故的应急工作原则，包括生产经营单位的应急组织机构及职责、应急预案体系、事故风险描述、预警及信息报告、应急响应、保障措施、应急预案管理等内容
基本内容	1. 总则 (1)编制目的。 简述应急预案编制的目的。

续表

项目	具体内容
基本内容	(2)编制依据。 简述应急预案编制所依据的法律、法规、规章、标准和规范性文件以及相关应急预案等。 (3)适用范围。 说明应急预案适用的工作范围和事故类型、级别。 (4)应急预案体系。 说明企业应急预案体系的构成情况,可用框图形式表述。 (5)应急预案工作原则。 说明企业应急工作的原则,内容应简明扼要、明确具体。 2. 事故风险描述 简述企业存在或可能发生的事故风险种类、发生的可能性以及严重程度及影响范围等。 3. 应急组织机构及职责 明确企业的应急组织形式及组成单位或人员,可用结构图的形式表示,明确构成部门的职责。应急组织机构根据事故类型和应急工作需要,可设置相应的应急工作小组,并明确各小组的工作任务及职责。 4. 预警及信息报告 (1)预警。 根据企业监测监控系统数据变化状况、事故险情紧急程度和发展势态或有关部门提供的预警信息进行预警,明确预警的条件、方式、方法和信息发布的程序。 (2)信息报告。 信息报告程序主要包括: ①信息接收与通报。 明确 24 h 应急值守电话、事故信息接收、通报程序和责任人。 ②信息上报。 明确事故发生后向上级主管部门、上级单位报告事故信息的流程、内容、时限和责任人。 ③信息传递。 明确事故发生后向本单位以外的有关部门或单位通报事故信息的方法、程序和责任人。 5. 应急响应 (1)接警与响应级别确定。 ①接警是指接到 110 指挥中心指令或群众报警。 ②接到事故报警后,按照工作程序,现场应急指挥对警情做出判断,初步确定相应的响应级别。如果事故不足以启动应急救援体系的最低响应级别,响应关闭。 ③安全事故分级: 根据突发安全事故的危害程度、影响范围、公司控制事故能力、应急物资状况,将突发安全事故分为五个不同等级: a. 一级:特大安全事故。

续表

项目	具体内容
基本内容	b. 二级:重大安全事故。 c. 三级:较大安全事故。 d. 四级:一般安全事故。 e. 五级:轻微安全事故。 对于不同级别的安全事故,进行不同应急救援响应,制定不同的应急措施,并采取不同级别的汇报工作。 根据实际情况,预案以一级事故、二级事故、三级事故、四级事故为主,五级事故造成的人员伤亡和财产损失程度较轻,可由内部进行临时应急。 (2)应急启动。 应急响应级别确定后,按所确定的响应级别启动应急程序,安全部门通知各应急小组有关人员到位,开通信息与通信网络,调配救援所需的应急资源(包括应急队伍和物资、装备等)、成立现场指挥部,领导对伤员进行慰问。 ①应急处理原则。 a. 项目工地发生安全事故时,抢救受伤人员是第一位的任务,现场指挥人员要冷静沉着地对事故和周围环境做出判断,并有效地指挥所有人员在第一时间内积极抢救伤员,安定人心,消除人员恐惧心理。 b. 事故发生地要快速地采取一切措施防止事故蔓延和二次事故发生。 c. 要按照不同的事故类型,采取不同的抢救方法,针对事故的性质,迅速做出判断,切断危险源头再进行积极抢救。 d. 事故发生后,要尽最大努力保护好事故现场,使事故现场处于原始状态,为以后查找原因提供依据,这是现场应急处置的所有人员必须明白并严格遵守的重要原则。 e. 发生事故单位要严格按照事故的性质及严重程度,遵循事故报告原则,用快速方法向有关部门报告。 ②应急工作原则:坚持"以人为本、科学组织、统一管理、分工负责、自救为主"的原则,在事故发生后,按照"科学组织,快速有效"的原则,协调各方面救援力量,快速开展各项救援工作,及时抢救和疏散人员,控制事故发展,保证职工安全健康和公众生命安全,消除险情,把事故损失降到最低限度。 (3)救援行动。 ①有关应急小组进入事故现场后,迅速开展事故侦测、警戒、疏散、人员救助、人数清点、工程抢修等有关应急救援工作,专家组为救援决策提供建议和技术支持。当事态超出响应级别无法得到有效控制时,向园区应急中心请求实施更高级别的应急响应。 ②救援指的是在应急的过程中怎样去采取救援行动来保证人员的安全,减少事故损失。以优先保护从业人员健康安全、防止和控制事故蔓延、保护环境为原则,采用预防为主、常备不懈、统一指挥、高效协调的方针,并持续改进。 (4)应急恢复。 救援行动结束后,进入临时应急恢复阶段。该阶段包括现场清理、人员清点和撤离,警

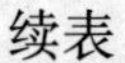

续表

项目	具体内容
基本内容	戒解除,善后处理和事故调查等。 (5)应急结束。 执行应急关闭程序,由事故总指挥宣布应急结束。 6. 信息公开 明确向有关新闻媒体、社会公众通报事故信息的部门、负责人和程序以及通报原则。 7. 后期处置 主要明确污染物处理、生产秩序恢复、医疗救治、人员安置、善后赔偿、应急救援评估等内容。 8. 保障措施 (1)通信与信息保障。 明确可为企业提供应急保障的相关单位及人员通信联系方式和方法,并提供备用方案。同时,建立信息通信系统及维护方案,确保应急期间信息通畅。 (2)应急队伍保障。 明确应急响应的人力资源,包括应急专家、专业应急队伍、兼职应急队伍等。 (3)物资装备保障。 明确企业的应急物资和装备的类型、数量、性能、存放位置、运输及使用条件、管理责任人及其联系方式等内容。 (4)其他保障。 根据应急工作需求而确定的其他相关保障措施(如经费保障、交通运输保障、治安保障、技术保障、医疗保障、后勤保障等)。 9. 应急预案管理 (1)应急预案培训。 明确对企业人员开展的应急预案培训计划、方式和要求,使有关人员了解相关应急预案内容,熟悉应急职责、应急程序和现场处置方案。如果应急预案涉及社区和居民,要做好宣传教育和告知等工作。 (2)应急预案演练。 明确企业不同类型应急预案演练的形式、范围、频次、内容以及演练评估、总结等要求。 (3)应急预案修订。 明确应急预案修订的基本要求,并定期进行评审,实现可持续改进。 (4)应急预案备案。 明确应急预案的报备部门,并进行备案。 (5)应急预案实施。 明确应急预案实施的具体时间、负责制定与解释的部门

第二节 专项应急救援预案的编制及应急演练

考点1 专项应急救援预案编制

项目	具体内容
编制的宗旨	(1)采取预防措施使事故控制在局部,消除蔓延条件,防止突发性重大或连锁事故发生。 (2)能在事故发生后迅速有效地控制和处理事故,尽力减轻事故对人、财产和环境造成的影响
编制的原则	(1)目的性原则。 为什么制定,解决什么问题,目的要明确。制定的应急救援预案必须要有针对性,不能为制定而制定。 (2)科学性原则。 制定应急救援预案应当在全面调查研究的基础上,开展科学分析和论证,制定出严密、统一、完整的应急反应方案,使预案真正具有科学性。 (3)实用性原则。 制定的应急救援预案必须讲究实效,具有可操作性。应急救援预案应符合企业、施工项目和现场的实际情况,具有实用性,便于操作。 (4)权威性原则。 救援工作是一项紧急状态下的应急性工作,所制定的应急救援预案应明确救援工作的管理体系,救援行动的组织指挥权限和各级救援组织的职责和任务等一系列的行政性管理规定,保证救援工作的统一指挥。 (5)从重、从大的原则。 制定的事故应急救援预案要从本单位可能发生的最高级别或最大的事故考虑,不能避重就轻、避大就小。 (6)分级的原则。 事故应急救援预案必须分级制定,分级管理和实施
编制要求	(1)应急预案的编制应当遵循以人为本、依法依规、符合实际、注重实效的原则,以应急处置为核心,明确应急职责、规范应急程序、细化保障措施。 (2)应急预案的编制应当符合下列基本要求: ①有关法律、法规、规章和标准的规定。 ②本地区、本部门、本单位的安全生产实际情况。 ③本地区、本部门、本单位的危险性分析情况。 ④应急组织和人员的职责分工明确,并有具体的落实措施。 ⑤有明确、具体的应急程序和处置措施,并与其应急能力相适应。 ⑥有明确的应急保障措施,满足本地区、本部门、本单位的应急工作需要。 ⑦应急预案基本要素齐全、完整,应急预案附件提供的信息准确。 ⑧应急预案内容与相关应急预案相互衔接。

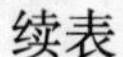

续表

项目	具体内容
编制要求	(3)编制应急预案应当成立编制工作小组,由本单位有关负责人任组长,吸收与应急预案有关的职能部门和单位的人员,以及有现场处置经验的人员参加。 (4)编制应急预案前,编制单位应当进行事故风险评估和应急资源调查。 ①事故风险评估,是指针对不同事故种类及特点,识别存在的危险危害因素,分析事故可能产生的直接后果以及次生、衍生后果,评估各种后果的危害程度和影响范围,提出防范和控制事故风险措施的过程。 ②应急资源调查,是指全面调查本地区、本单位第一时间可以调用的应急资源状况和合作区域内可以请求援助的应急资源状况,并结合事故风险评估结论制定应急措施的过程。 (5)地方各级安全生产监督管理部门应当根据法律、法规、规章和同级人民政府以及上一级安全生产监督管理部门的应急预案,结合工作实际,组织编制相应的部门应急预案。部门应急预案应当根据本地区、本部门的实际情况,明确信息报告、响应分级、指挥权移交、警戒疏散等内容。 (6)生产经营单位应当根据有关法律、法规、规章和相关标准,结合本单位组织管理体系、生产规模和可能发生的事故特点,确立本单位的应急预案体系,编制相应的应急预案,并体现自救互救和先期处置等特点。 (7)生产经营单位应急预案应当包括向上级应急管理机构报告的内容、应急组织机构和人员的联系方式、应急物资储备清单等附件信息。附件信息发生变化时,应当及时更新,确保准确有效。 (8)生产经营单位组织应急预案编制过程中,应当根据法律、法规、规章的规定或者实际需要,征求相关应急救援队伍、公民、法人或其他组织的意见。 (9)生产经营单位编制的各类应急预案之间应当相互衔接,并与相关人民政府及其部门、应急救援队伍和涉及的其他单位的应急预案相衔接。 (10)生产经营单位应当在编制应急预案的基础上,针对工作场所、岗位的特点,编制简明、实用、有效的应急处置卡。应急处置卡应当规定重点岗位、人员的应急处置程序和措施,以及相关联络人员和联系方式,便于从业人员携带
主要内容	(1)事故风险分析。 针对可能发生的事故风险,分析事故发生的可能性以及严重程度、影响范围等。 (2)应急指挥机构及职责。 根据事故类型,明确应急指挥机构总指挥、副总指挥以及各成员单位或人员的具体职责。应急指挥机构可以设置相应的应急救援工作小组,明确各小组的工作任务及主要负责人职责。 (3)处置程序。 明确事故及事故险情信息报告程序和内容、报告方式和责任人等内容。根据事故响应级别,具体描述事故接警报告和记录、应急指挥机构启动、应急指挥、资源调配、应急救援、扩大应急等应急响应程序。

续表

项目	具体内容
主要内容	(4)处置措施。 针对可能发生的事故风险、事故危害程度和影响范围,制定相应的应急处置措施,明确处置原则和具体要求。 (5)事故应急救援预案编写应有以下主要内容: ①预案编制的原则、目的及所涉及的法律法规的概述。 ②施工现场的基本情况。 ③周边环境、社区的基本情况。 ④危险源的危险特性、数量及分布图。 ⑤指挥机构的设置和职责。 ⑥可能需要的咨询专家。 ⑦应急救援专业队伍和任务。 ⑧应急物资、装备器材。 ⑨报警、通信和联络方式(包括专家名单和联系方式)。 ⑩事故发生时的处理措施。 ⑪工程抢险抢修。 ⑫现场医疗救护。 ⑬人员紧急疏散、撤离。 ⑭危险区的隔离、警戒与治安。 ⑮外部救援。 ⑯事故应急救援终止程序。 ⑰应急预案的培训和演练(包括应急救援专业队伍)。 ⑱相关附件
编制的程序	(1)编制的组织。 《中华人民共和国安全生产法》规定:生产经营单位的主要负责人具有组织制定并实施本单位的生产事故应急救援预案的职责。具体到施工项目上,项目经理无疑是应急救援预案编制的责任人;作为安全员,应当参与编制工作。 (2)编制的程序。 ①成立应急救援预案编制组并进行分工,拟订编制方案,明确职责。 ②根据需要收集相关资料,包括施工区域的地理、气象、水文、环境、人口、危险源分布情况、社会公用设施和应急救援力量现状等。 ③进行危险辨识与风险评价。 ④对应急资源进行评估(包括软件、硬件)。 ⑤确定指挥机构和人员及其职责。 ⑥编制应急救援计划。 ⑦对预案进行评估。 ⑧修订完善,形成应急救援预案的文件体系。 ⑨按规定将预案上报有关部门和相关单位。 ⑩对应急救援预案进行修订和维护

考点2　应急救援预案的培训与演练

项目	具体内容
培训与演练的目的	培训和演练是应急救援预案的重要组成部分，通过培训和演练，把应急救援预案加以验证和完善，确保事故发生时应急救援预案得以实施和贯彻。 主要目的是： (1)测试预案和程序的完整程度，在事故发生前暴露预案和程序的缺点。 (2)测试紧急装置、设备及物质资源供应，辨识出缺乏的资源(包括人力和设备)。 (3)明确每个人各自岗位和职责，增强应急反应人员的熟练性和信心。 (4)提高整体应急反应能力，以及现场内外应急部门的协调配合能力。 (5)判别和改正预案的缺陷。 (6)提高公众应急意识，在企业应急管理的能力方面获得大众的认可和信心。 (7)改善各种反应人员、部门和机构之间的协调水平。努力增加企业应急救援预案与政府、社区应急救援预案之间的合作与协调
培训的方法与内容	(1)培训可以通过自学、讲座、模拟受训、受训者和教师互动以及考试等方法进行，具体培训方法的采用必须根据培训对象和培训要求(如初训、再训)来决定。 (2)培训的基本内容包括： 要求应急人员了解和掌握如何识别危险、如何采取必要的应急措施、如何启动紧急警报系统、如何安全疏散人群等基本操作，尤其是火灾应急培训以及危险物质事故应急的培训，更要加强与灭火操作有关的训练，强调危险物质事故的不同应急方法和注意事项等内容。 (3)常规的基本培训有： ①报警。 a.使应急人员了解并掌握如何利用身边的工具最快、最有效地报警，比如使用移动电话(手机)、固定电话或其他方式(哨音、警报器、钟声)报警。 b.使应急人员熟悉发布紧急情况通告的方法，如使用警笛、警钟、电话或广播等。 ②疏散。 为避免事故中不必要的人员伤亡，应培训足够的应急队员在事故现场安全、有序地疏散被困人员或周围人员。 ③火灾应急培训。 由于火灾的易发性和多发性，对火灾应急的培训显得尤为重要。要求应急队员必须掌握必要的灭火技术，以便在着火初期迅速灭火，降低或减小导致灾难性事故的危险，掌握一般灭火器材的识别和使用
演练的方法与内容	应急救援演练是检测培训效果、测试设备和保证所制定的应急救援预案和程序有效性的最佳方法。它们的主要目的在于测试应急管理系统的充分性和保证所有反应要素都能全面应对任何应急情况。因此，应该以多种形式开展有规则的应急演练，使应急队员能进入“实战”状态，熟悉各类应急操作和整个应急行动的程序，明确自身的职责等。

续表

项目	具体内容
演练的方法与内容	(1)单项演习。 单项演习是为了熟练掌握应急操作或完成某种特定任务所需的技能而进行的演习。这种单项演习或演练是在完成对基本知识的学习以后才进行的。如:通信联络、通知、报告的程序;现场救护行动等。 (2)组合演习。 组合演习是一种检查应急组织之间及其与外部组织(如保障组织)之间的相互协调性而进行的演习。如扑灭火灾、公众撤离等。 (3)全面演习或称综合演习。 全面演习是应急救援预案内规定的所有任务单位或其中绝大多数单位参加的为全面检查执行预案状况而进行的演习。主要目的是验证各应急救援组织的执行任务能力,检查他们之间的相互协调能力,检验各类组织能否充分利用现有人力、物力来减小事故后果的严重度及确保公众的安全与健康。这种演习可展示和检验应急准备及行动的各方面情况。 演练结束后,应认真总结,肯定成绩,表彰先进,鼓舞士气,强化应急意识。同时,对演练过程中发现的不足和缺陷,要及时采取纠正措施,按程序修订、完善预案
应急救援演练的组织要求	(1)应急预案编制单位应当建立应急演练制度,根据实际情况采取实战演练、桌面推演等方式,组织开展人员广泛参与、处置联动性强、形式多样、节约高效的应急演练。专项应急预案、部门应急预案至少每3年进行1次应急演练。 (2)地震、台风、洪涝、滑坡、山洪泥石流等自然灾害易发区域所在地政府,重要基础设施和城市供水、供电、供气、供热等生命线工程经营管理单位,矿山、建筑施工单位和易燃易爆物品、危险化学品、放射性物品等危险物品生产、经营、储运、使用单位,公共交通工具、公共场所和医院、学校等人员密集场所的经营单位或者管理单位等,应当有针对性地经常组织开展应急演练。 (3)应急演练组织单位应当组织演练评估。评估的主要内容包括:演练的执行情况,预案的合理性与可操作性,指挥协调和应急联动情况,应急人员的处置情况,演练所用设备装备的适用性,对完善预案、应急准备、应急机制、应急措施等方面的意见和建议等。鼓励委托第三方进行演练评估

考点3　应急救援演练的组织和实施

项目	具体内容
应急救援演练的组织与计划	1. 演练计划 演练计划一般包括演练目的、类型、时间、地点,演练主要内容、参加单位和经费预算等。 2. 演练准备 (1)成立应急演练组织机构。 综合演练通常成立演练领导小组,下设策划组、执行组、保障组、评估组等专业工作

续表

<table>
<tr><th>项目</th><th>具体内容</th></tr>
<tr><td>应急救援演练的组织与计划</td><td>组。根据演练规模的大小，应急演练组织机构可以进行调整。
(2)编制应急演练文件。
应急演练文件应该包括演练工作方案、演练脚本、演练评估方案、演练保障方案、演练观摩手册等</td></tr>
<tr><td>应急救援演练的实施与评估</td><td>1.应急演练的实施
事故发生时，应迅速甄别事故的类别危害的程度，适时启动相应的应急救援预案，按照预案进行应急救援。实施时不能轻易变更预案，如有预案未考虑到的情况，应冷静分析、果断处置。一般应当：
(1)立即组织营救受害人员。抢救受害人员是应急救援的首要任务，在应急救援行动中，快速、有序、有效地实施现场急救与安全转送伤员，是降低伤亡率、减少事故损失的关键。
(2)指导群众防护，组织群众撤离。由于重大事故发生突然扩散迅速涉及范围广、危害大，应及时指导和组织群众采取各种措施进行自身防护，并迅速撤离出危险区或可能受到危害的区域。在撤离过程中，应积极组织群众开展自救和互救工作。
(3)迅速控制危险源，并对事故造成的危害进行检验、监测，测定事故的危害区域、危害性质及危害程度。及时控制造成事故的危险源是应急救援工作的重要任务，只有及时控制住危险源，防止事故的继续扩展，才能及时有效地进行救援。
(4)做好现场隔离和清理，消除危害后果。针对事故对人体、动植物、土壤、水源、空气造成的现实危害和可能的危害，迅速采取封闭、隔离清洗等措施。对事故外溢的有毒、有害物质和可能对人和环境继续造成危害的物质，应及时组织人员予以清除，消除危害后果，防止对人的继续危害和对环境的污染。
(5)按规定及时向有关部门汇报情况。
(6)保存有关记录及实物，为后续事故调查工作做准备。
(7)查清事故原因，评估危险程度。事故发生后应及时调查事故的发生原因和事故性质，评估出事故的危害范围和危险程度，查明人员伤亡情况做好事故调查。
2.应急演练评估与总结
(1)应急演练结束后，组织评估人员或评估组负责人对演练中发现的问题、不足及取得的成效进行口头点评，并依据评估标准对应急演练活动全过程进行科学分析和客观评价，撰写书面评估报告。
(2)演练组织单位根据演练记录、演练评估报告、应急预案、现场总结等材料，对演练进行全面总结，形成演练书面总结报告，并结合演练实施过程的相关图片、视频、音频等记录向主管部门进行演练资料归档与备案。
3.持续改进
根据演练总结评估报告中的不足和改进建议，对应急预案进行修订完善，制定整改措施，并应跟踪监督整改情况</td></tr>
</table>

案例分析

某公司某项目(以下简称工程),总投资为768万元,其中设备投资为370万元,土建及其他投资为398万元。公司于2001年9月27日办理了该工程的《村镇规划选址意见书》,2002年2月8日开始办理土地审批手续。2001年11月,公司将工程发包给自称是挂靠某建筑工程有限公司的无施工资质的个体承包商顾某承建,甲(某公司)乙(顾某)双方签订了一份极不规范的“建房协议”。顾某承揽工程后,又将钢筋混凝土屋架吊装工程分包给了没有吊装专业资质的个体施工人员翟某,其施工操作人员均没有经过安全知识培训,特种作业人员也未经培训考核,无证上岗。该工程在未办妥用地审批手续,也未按规定办理村镇规划建设许可证和建筑工程施工许可证的情况下,于2001年12月中旬擅自开工,进行土建施工和钢筋混凝土屋架预制。由于市场需求和产品结构的变化,新建工程需要调整,但某公司没有委托原设计单位对初步设计进行变更设计和报批,而是采用甲乙双方擅自绘制的不符合要求的施工草图进行施工。2002年2月19日开始该工程的钢筋混凝土屋架吊装作业。吊装设备主要是一台井字架简易卷扬机,屋架吊装采用土法作业,其主要程序是:先将屋架吊放到柱或梁的牛腿上,用一根由钢管和钢筋焊接构成的U形卡子将其与相邻的且已吊装好的屋架连接固定,然后松开吊钩钢丝绳;再起吊钢筋混凝土桁条上屋架,将桁条全部就位后用电焊将其与屋架连接;最后拆除固定卡子。

2002年3月11日14:40左右,现场指挥陆某,卷扬机操作工向某,电焊工陈某,辅助工冯某、兴某等作业人员已将车间北路第十榀屋架吊放就位,第九榀屋架的钢筋混凝土桁条仅焊了一部分,尚未全部焊接完毕。为了固定第十榀屋架,操作人员将第九榀和第八榀屋架之间的固定卡子拆除,用来固定第十榀屋架。此时,在第九榀屋架上焊接桁条的陈某发现屋架发生倾斜,他慌忙从屋架上滑落,随即屋盖系统第二榀至第九榀屋架向西,第一榀屋架向东发生整体倒塌,造成3人死亡、5人受伤。

根据以上场景,回答下列问题:

1. 调查组应该由哪些部门参加。

2. 简述高处作业安全防护设施验收包括的主要内容。

3. 简述演练计划应包括的内容。

参考答案及解析

1. 按照《生产安全事故报告和调查处理条例》有关规定,事故调查组由有关人民政府、安全生产监督管理部门、负有安全生产监督管理职责的有关部门、监察机关、公安机关以及工会派人组成,并应当邀请人民检察院派人参加。事故调查组可以聘请有关专家参与调查。

2. 高处作业安全防护设施验收主要内容包括:

(1)防护栏杆立杆、横杆及挡脚板的设置、固定及其连接方式。

(2)攀登与悬空作业时的上下通道、防护栏杆等各类设施的搭设。

(3)操作平台及平台防护设施的搭设。

(4)防护棚的搭设。

(5)安全网的设置。

(6)安全防护设施构件、设备的性能与质量。

(7)防火设施的配备。

(8)各类设施所用的材料、配件的规格及材质。

(9)设施的节点构造,材料配件的规格、材料及其与建筑物的固接状况。

3.演练计划应包括演练目的,演练适用范围、总体思想和原则,应急演练参与人员,应急演练时间、地点等。

第二部分

安全生产案例分析

第一章　安全生产管理制度与职责

知识框架

安全生产管理制度与职责
- 国家安全生产法律、法规、规章、标准和政策
- 企业安全生产规章制度
  - 安全生产规章制度建设的目的和意义
  - 安全规章制度建设的依据和原则
  - 安全规章制度的编制和管理
- 安全生产责任制
- 安全生产管理机构设置和人员配备
  - 安全生产管理机构设置和人员配备相关内容
  - 生产经营单位安全生产管理机构以及安全生产管理人员应履行的职责

考点精讲

第一节　国家安全生产法律、法规、规章、标准和政策

考点　国家安全生产法律、法规、规章、标准和政策

项目	具体内容
法律	(1)国家现行的有关安全生产的专门法律有： 《中华人民共和国安全生产法》《中华人民共和国消防法》《中华人民共和国道路交通安全法》《中华人民共和国海上交通安全法》《中华人民共和国矿山安全法》等。 (2)与安全生产相关的法律主要有： 《中华人民共和国劳动法》《中华人民共和国职业病防治法》《中华人民共和国工会法》《中华人民共和国矿产资源法》《中华人民共和国铁路法》《中华人民共和国公路法》《中华人民共和国民用航空法》《中华人民共和国港口法》《中华人民共和国建筑法》《中华人民共和国煤炭法》《中华人民共和国电力法》等
法规	安全生产法规分为： (1)行政法规。 (2)地方性法规

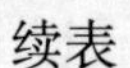

续表

项目	具体内容
规章	安全生产行政规章分为： (1)部门规章。 (2)地方政府规章
标准	法定安全生产标准分为： (1)国家标准。安全生产国家标准是指国家标准化行政主管部门依照《中华人民共和国标准化法》制定的在全国范围内适用的安全生产技术规范。 (2)行业标准。安全生产行业标准是指国务院有关部门和直属机构依照《中华人民共和国标准化法》制定的在安全生产领域内适用的安全生产技术规范。 行业安全生产标准对同一安全生产事项的技术要求，可以高于国家安全生产标准但不得与其相抵触

第二节　企业安全生产规章制度

考点1　安全生产规章制度建设的目的和意义

项目	具体内容
安全生产规章制度建设的目的和意义	安全生产规章制度建设的目的和意义： 安全规章制度是生产经营单位贯彻国家有关安全生产法律法规、国家和行业标准，贯彻国家安全生产方针政策的行动指南，是生产经营单位有效防范生产、经营过程安全生产风险，保障从业人员安全和健康，加强安全生产管理的重要措施。具体表现在： (1)建立、健全安全规章制度是生产经营单位的法定责任。 (2)建立、健全安全生产规章制度是生产经营单位落实主体责任的具体体现。 (3)建立、健全安全规章制度是生产经营单位安全生产的重要保障。 (4)建立、健全安全规章制度是生产经营单位保护从业人员安全与健康的重要手段

考点2　安全规章制度建设的依据和原则

项目	具体内容
依据	(1)以安全生产法律法规、国家和行业标准、地方政府的法规、标准为依据。 生产经营单位安全规章制度首先必须符合国家法律法规，国家和行业标准，以及生产经营单位所在地地方政府的相关法规、标准的要求。生产经营单位安全规章制度是一系列法律法规在生产经营单位生产、经营过程具体贯彻落实的体现。 (2)以生产、经营过程的危险有害因素辨识和事故教训为依据。 安全规章制度的建设，其核心就是危险有害因素的辨识和控制。通过危险有害因素的辨识，有效提高规章制度建设的目的性和针对性，保障生产安全。同时，生产经营单

续表

项目	具体内容
依据	位要积极借鉴相关事故教训，及时修订和完善规章制度，防范同类事故的重复发生。 (3)以国际、国内先进的安全管理方法为依据。 随着安全科学技术的迅猛发展，安全生产风险防范和控制的理论、方法不断完善。尤其是安全系统工程理论研究的不断深化，为生产经营单位的安全管理提供了丰富的工具，如职业安全健康管理体系、风险评估、安全性评价体系的建立等，都为生产经营单位安全规章制度的建设提供了宝贵的参考资料
原则	1. 主要负责人负责的原则 安全规章制度建设，涉及生产经营单位的各个环节和所有人员，只有生产经营单位主要负责人亲自组织，才能有效调动生产经营单位的所有资源，才能协调各个方面的关系。 2. “安全第一、预防为主、综合治理”的原则 “安全第一、预防为主、综合治理”是我国的安全生产方针，是我国经济社会发展现阶段安全生产客观规律的具体要求。安全第一，就是要求必须把安全生产放在各项工作的首位，正确处理好安全生产与工程进度、经济效益的关系。预防为主，就是要求生产经营单位的安全生产管理工作，要以危险、有害因素的辨识、评价和控制为基础，建立安全生产规章制度。通过制度的实施达到规范人员行为，消除物的不安全状态，实现安全生产的目标。综合治理，就是要求在管理上综合采取组织措施、技术措施，落实生产经营单位的各级主要负责人、专业技术人员、管理人员、从业人员等各级人员，以及党政工团有关管理部门的责任，各负其责，齐抓共管。 3. 系统性原则 风险来自生产、经营过程之中，只要生产、经营活动在进行，风险就客观存在。因而，要按照安全系统工程的原理，建立涵盖全员、全过程、全方位的安全规章制度。即涵盖生产经营单位每个环节、每个岗位、每个人；涵盖生产经营单位的规划设计、建设安装、生产调试、生产运行、技术改造的全过程；涵盖生产经营全过程的事故预防、应急处置、调查处理等全方位的安全规章制度。 4. 规范化和标准化原则 生产经营单位安全规章制度的建设应实现规范化和标准化管理，以确保安全规章制度建设的严密、完整、有序。建立安全规章制度起草、审核、发布、教育培训、修订的严密的组织管理程序，安全规章制度编制要做到目的明确，流程清晰，标准明确，具有可操作性，按照系统性原则的要求，建立完整的安全规章制度体系

考点3　安全规章制度的编制和管理

项目	具体内容
制定、修订的工作计划	生产经营单位应每年编制安全规章制度制定、修订的工作计划，确保生产经营单位安全规章制度建设和管理的有序进行。

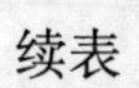

续表

项目	具体内容
制定、修订的工作计划	计划的主要内容包括： (1)规章制度的名称。 (2)编制目的。 (3)主要内容。 (4)责任部门。 (5)进度安排等
制定的流程	安全生产规章制度制定的流程包括： (1)起草。 安全规章制度在起草前，应首先收集国家有关安全生产法律法规、国家行业标准、生产经营单位所在地地方政府的有关法规、标准等，作为制度起草的依据，同时结合生产经营单位安全生产的实际情况，进行起草。 (2)会签。 责任部门起草的规章制度草案，应在送交相关领导签发前征求有关部门的意见，意见不一致时，一般由生产经营单位主要负责人或分管安全的负责人主持会议，取得一致意见。 (3)审核。 安全规章制度在签发前，应进行审核。一是由生产经营单位负责法律事务的部门，对规章制度与相关法律法规的符合性及与生产经营单位现行规章制度一致性进行审查；二是提交生产经营单位的职工代表大会或安全生产委员会会议进行讨论，对各方面工作的协调性、各方利益的统筹性进行审查。 (4)签发。 技术规程规范、安全操作规程等一般技术性安全规章制度由生产经营单位分管安全生产的负责人签发，涉及全局性的综合管理类安全规章制度应由生产经营单位主要负责人签发。 签发后要进行编号，注明生效时间，以“自发布之日起执行”或“现予发布，自某年某月某日起施行”。 (5)发布。 生产经营单位的安全规章制度，应采用固定的发布方式，如通过红头文件形式、在生产经营单位内部办公网络发布等。发布的范围应覆盖与制度相关的部门及人员。 (6)培训和考试。 新颁布的安全规章制度应组织相关人员进行培训，对安全操作规程类制度，还应组织进行考试。 (7)修订。 生产经营单位应每年对安全规章制度进行一次修订，并公布现行有效的安全规章制度清单。对安全操作规程类安全规章制度，除每年进行一次修订外，3 至 5 年应组织进行一次全面修订，并重新印刷

第三节　安全生产责任制

考点　安全生产责任制

项目	具体内容
定义	安全生产责任制是经长期的安全生产、劳动保护管理实践证明的成功制度与措施
对企业实行安全生产责任制的要求	(1)企业单位的各级领导人员在管理生产的同时,必须负责管理安全工作,认真贯彻执行国家有关劳动保护的法令和制度,在计划、布置、检查、总结、评比生产的时候,同时计划、布置、检查、总结、评比安全工作。 (2)企业单位中的生产、技术、设计、供销、运输、财务等各有关专职机构,都应该在各自业务范围内,对实现安全生产的要求负责。 (3)企业单位都应该根据实际情况加强劳动保护工作机构或专职人员的工作。劳动保护工作机构或专职人员的职责是:协助领导组织推动生产中的安全工作,贯彻执行劳动保护的法令、制度;汇总和审查安全技术措施计划,并且督促有关部门切实按期执行;组织和协助有关部门制订或修订安全生产制度和安全技术操作规程,对这些制度、规程的贯彻执行进行监督检查;经常进行现场检查,协助解决问题,遇有特别紧急的不安全情况时,有权指令先行停止生产,并且立即报告领导上研究处理;总结和推广安全生产的先进经验;对职工进行安全生产的宣传教育;指导生产小组安全员工作;督促有关部门按规定及时分发和合理使用个人防护用品、保健食品和清凉饮料;参加审查新建、改建、大修工程的设计计划,并且参加工程验收和试运转工作;参加伤亡事故的调查和处理,进行伤亡事故的统计、分析和报告,协助有关部门提出防止事故的措施,并且督促他们按期实现;组织有关部门研究执行防止职业中毒和职业病的措施;督促有关部门做好劳逸结合和女工保护工作。 (4)企业单位各生产小组都应该设有不脱产的安全员。小组安全员在生产小组长的领导和劳动保护干部的指导下,首先应当在安全生产方面以身作则,起模范带头作用,并协助小组长做好下列工作:经常对本组工人进行安全生产教育;督促他们遵守安全操作规程和各种安全生产制度;正确地使用个人防护用品;检查和维护本组的安全设备;发现生产中有不安全情况的时候,及时报告;参加事故的分析和研究,协助领导上实现防止事故的措施。 (5)企业单位的职工应该自觉地遵守安全生产规章制度,不进行违章作业,并且要随时制止他人违章作业,积极参加安全生产的各种活动,主动提出改进安全工作的意见,爱护和正确使用机器设备、工具及个人防护用品

第四节 安全生产管理机构设置和人员配备

考点1 安全生产管理机构设置和人员配备相关内容

项目	具体内容
概念	(1)安全生产管理机构:是指对安全生产工作进行的管理和控制的部门。 (2)专职安全管理人员:是指经有关部门安全生产考核合格,并取得安全生产考核合格证书,在企业从事安全生产管理工作的专职人员
设置安全生产管理机构或配备专职安全管理人员的企业	(1)矿山、金属冶炼、建筑施工、运输单位和危险物品的生产、经营、储存、装卸单位,应当设置安全生产管理机构或配备专职安全生产管理人员。 (2)前款以外的其他生产经营单位,从业人员超过100人的,应当设置安全生产管理机构或者配置专职安全生产管理人员;从业人员在100人以下的,应当配备专职或者兼职的安全生产管理人员

考点2 生产经营单位安全生产管理机构以及安全生产管理人员应履行的职责

项目	具体内容
职责	生产经营单位安全生产管理机构以及安全生产管理人员应履行下列职责: (1)组织或者参与拟订本单位安全生产规章制度、操作规程和生产安全事故应急救援预案。 (2)组织或者参与本单位安全生产教育和培训,如实记录安全生产教育和培训情况。 (3)组织开展危险源辨识和评估,督促落实本单位重大危险源的安全管理措施。 (4)组织或者参与本单位应急救援演练。 (5)检查本单位的安全生产状况,及时排查生产安全事故隐患,提出改进安全生产管理的建议。 (6)制止和纠正违章指挥、强令冒险作业、违反操作规程的行为。 (7)督促落实本单位安全生产整改措施

第二章　危险因素辨识、隐患排查与安全评价

知识框架

- 危险因素辨识、隐患排查与安全评价
  - 危险、有害因素辨识
    - 人的因素
    - 物的因素
    - 环境因素
    - 管理因素
  - 危险化学品重大危险源管理
    - 危险化学品重大危险源管理相关内容
    - 危险化学品重大危险源安全管理
  - 安全生产检查
    - 安全生产检查工作重点
    - 安全生产检查的类型
    - 安全生产检查的内容
    - 安全生产检查的方法
    - 安全生产检查的工作程序
  - 事故隐患排查
    - 安全生产事故隐患定义及分类
    - 对企业事故隐患排查的要求
    - 监督管理
  - 安全评价
    - 安全评价的内容
    - 安全评价方法分类
    - 常用的安全评价方法
  - 安全技术措施
    - 安全技术措施的分类及编制原则
    - 安全技术措施的编制方法

第一节 危险、有害因素辨识

考点1 人的因素

项目	具体内容
心理、生理性危险和有害因素	心理、生理性危险和有害因素主要包括:(1)负荷超限。(2)健康状况异常。(3)从事禁忌作业。(4)心理异常。(5)辨识功能缺陷。(6)其他心理、生理性危险和有害因素
行为性危险和有害因素	行为性危险和有害因素主要包括:(1)指挥错误。(2)操作错误。(3)监护失误。(4)其他行为性危险和有害因素

考点2 物的因素

项目	具体内容
物理性危险和有害因素	物理性危险和有害因素主要包括:(1)设备、设施、工具、附件缺陷。(2)防护缺陷。(3)电伤害。(4)噪声。(5)振动危害。(6)电离辐射。(7)非电离辐射。(8)运动物危害。(9)明火。(10)高温物体。(11)低温物体。(12)信号缺陷。(13)标志标识缺陷。(14)有害光照。(15)信息系统缺陷。(6)其他物理性危险和危害因素
化学性危险和有害因素	化学性危险和有害因素主要包括:(1)理化危险。(2)健康危险。(3)其他化学性危险和有害因素
生物性危险和有害因素	生物性危险和有害因素主要包括:(1)致病微生物。(2)传染病媒介物。(3)致害动物。(4)致害植物。(5)其他生物性危险和有害因素

考点3 环境因素

项目	具体内容
室内作业场所环境不良	室内作业环境不良因素主要包括:(1)室内地面滑。(2)室内作业场所狭窄。(3)室内作业场所杂乱。(4)室内地面不平。(5)室内梯架缺陷。(6)地面、墙和天花板上的开口缺陷。(7)房屋地基下沉。(8)室内安全通道缺陷。(9)房屋安全出口缺陷。(10)采光照明不良。(11)作业场所空气不良。(12)室内温度、湿度、气压不适。(13)室内给排水不良。(14)室内涌水。(15)其他室内作业场所环境不良

续表

项目	具体内容
室外作业场所环境不良	室外作业环境不良因素主要包括:(1)恶劣气候与环境。(2)作业场所和交通设施湿滑。(3)作业场所狭窄。(4)作业场所杂乱。(5)作业场所不平。(6)交通环境不良。(7)脚手架、阶梯和活动梯架缺陷。(8)地面及地面开口缺陷。(9)建(构)筑物和其他结构缺陷。(10)门和围界缺陷。(11)作业场地基础下沉。(12)作业场地安全通道缺陷。(13)作业场地安全出口缺陷。(14)作业场地光照不良。(15)作业场地空气不良。(16)作业场地温度、湿度、气压不适。(17)作业场地涌水。(18)排水系统故障。(19)其他室外作业场所环境不良
地下(含水下)作业环境不良	地下(含水下)作业环境不良因素主要包括:(1)隧道/矿井顶板或巷帮缺陷。(2)隧道/矿井作业面缺陷。(3)隧道/矿井底板缺陷。(4)地下作业面空气不良。(5)地下火。(6)冲击地压。(7)地下水。(8)水下作业供氧不当。(9)其他地下(含水下)作业环境不良
其他作业环境不良	其他作业环境不良因素主要包括:(1)强迫体位。(2)综合性作业环境不良。(3)以上未包括的其他作业环境不良

考点4　管理因素

项目	具体内容
管理因素	管理因素主要包括: (1)职业安全卫生组织机构和人员配备不健全。 (2)职业安全卫生责任制不完善或未落实。 (3)职业安全卫生管理规章制度不完善或未落实 (4)职业安全卫生投入不足。 (5)应急管理缺陷。 (6)其他管理因素缺陷

第二节　危险化学品重大危险源管理

考点1　危险化学品重大危险源管理相关内容

项目	具体内容
责任主体	危险化学品单位是本单位重大危险源安全管理的责任主体,其主要负责人对本单位的重大危险源安全管理工作负责,并保证重大危险源安全生产所必需的安全投入

续表

项目	具体内容
实行原则	重大危险源的安全监督管理实行属地监管与分级管理相结合的原则。 县级以上地方人民政府安全生产监督管理部门按照有关法律、法规、标准和本规定，对本辖区内的重大危险源实施安全监督管理
重大危险源安全监管的信息化建设	国家鼓励危险化学品单位采用有利于提高重大危险源安全保障水平的先进适用的工艺、技术、设备以及自动控制系统，推进安全生产监督管理部门重大危险源安全监管的信息化建设

考点2　危险化学品重大危险源安全管理

项目	具体内容
对危险化学品单位的要求	(1)危险化学品单位应当建立完善重大危险源安全管理规章制度和安全操作规程，并采取有效措施保证其得到执行。 (2)危险化学品单位应当根据构成重大危险源的危险化学品种类、数量、生产、使用工艺(方式)或者相关设备、设施等实际情况，按照下列要求建立健全安全监测监控体系，完善控制措施：①重大危险源配备温度、压力、液位、流量、组分等信息的不间断采集和监测系统以及可燃气体和有毒有害气体泄漏检测报警装置，并具备信息远传、连续记录、事故预警、信息存储等功能；一级或者二级重大危险源，具备紧急停车功能。记录的电子数据的保存时间不少于30天。②重大危险源的化工生产装置装备满足安全生产要求的自动化控制系统；一级或者二级重大危险源，装备紧急停车系统。③对重大危险源中的毒性气体、剧毒液体和易燃气体等重点设施，设置紧急切断装置；毒性气体的设施，设置泄漏物紧急处置装置。涉及毒性气体、液化气体、剧毒液体的一级或者二级重大危险源，配备独立的安全仪表系统(SIS)。④重大危险源中储存剧毒物质的场所或者设施，设置视频监控系统。⑤安全监测监控系统符合国家标准或者行业标准的规定。 (3)危险化学品单位应当按照国家有关规定，定期对重大危险源的安全设施和安全监测监控系统进行检测、检验，并进行经常性维护、保养，保证重大危险源的安全设施和安全监测监控系统有效、可靠运行。维护、保养、检测应当作好记录，并由有关人员签字。 (4)危险化学品单位应当明确重大危险源中关键装置、重点部位的责任人或者责任机构，并对重大危险源的安全生产状况进行定期检查，及时采取措施消除事故隐患。事故隐患难以立即排除的，应当及时制定治理方案，落实整改措施、责任、资金、时限和预案。 (5)危险化学品单位应当对重大危险源的管理和操作岗位人员进行安全操作技能培训，使其了解重大危险源的危险特性，熟悉重大危险源安全管理规章制度和安全操作规程，掌握本岗位的安全操作技能和应急措施。 (6)危险化学品单位应当在重大危险源所在场所设置明显的安全警示标志，写明紧急情况下的应急处置办法。 (7)危险化学品单位应当将重大危险源可能发生的事故后果和应急措施等信息，以适当方式告知可能受影响的单位、区域及人员。

续表

项目	具体内容
对危险化学品单位的要求	(8)危险化学品单位应当依法制定重大危险源事故应急预案,建立应急救援组织或者配备应急救援人员,配备必要的防护装备及应急救援器材、设备、物资,并保障其完好和方便使用;配合地方人民政府安全生产监督管理部门制定所在地区涉及本单位的危险化学品事故应急预案。 (9)危险化学品单位应当制定重大危险源事故应急预案演练计划,并按照下列要求进行事故应急预案演练:①对重大危险源专项应急预案,每年至少进行一次;②对重大危险源现场处置方案,每半年至少进行一次。 应急预案演练结束后,危险化学品单位应当对应急预案演练效果进行评估,撰写应急预案演练评估报告,分析存在的问题,对应急预案提出修订意见,并及时修订完善。 (10)危险化学品单位应当对辨识确认的重大危险源及时、逐项进行登记建档。 重大危险源档案应当包括下列文件、资料:①辨识、分级记录;②重大危险源基本特征表;③涉及的所有化学品安全技术说明书;④区域位置图、平面布置图、工艺流程图和主要设备一览表;⑤重大危险源安全管理规章制度及安全操作规程;⑥安全监测监控系统、措施说明、检测、检验结果;⑦重大危险源事故应急预案、评审意见、演练计划和评估报告;⑧安全评估报告或者安全评价报告;⑨重大危险源关键装置、重点部位的责任人、责任机构名称;⑩重大危险源场所安全警示标志的设置情况;⑪其他文件、资料。 (11)危险化学品单位在完成重大危险源安全评估报告或者安全评价报告后15日内,应当填写重大危险源备案申请表,连同重大危险源档案材料,报送所在地县级人民政府安全生产监督管理部门备案。 县级人民政府安全生产监督管理部门应当每季度将辖区内的一级、二级重大危险源备案材料报送至设区的市级人民政府安全生产监督管理部门。设区的市级人民政府安全生产监督管理部门应当每半年将辖区内的一级重大危险源备案材料报送至省级人民政府安全生产监督管理部门。 (12)危险化学品单位新建、改建和扩建危险化学品建设项目,应当在建设项目竣工验收前完成重大危险源的辨识、安全评估和分级、登记建档工作,并向所在地县级人民政府安全生产监督管理部门备案

第三节　安全生产检查

考点1　安全生产检查工作重点

项目	具体内容
工作重点	(1)安全生产检查是生产经营单位安全生产管理的重要内容。 (2)工作重点:①辨识安全生产管理工作存在的漏洞和死角;②检查生产现场安全防护设施、作业环境是否存在不安全状态;③现场作业人员的行为是否符合安全规范;④设

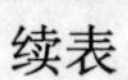

续表

项目	具体内容
工作重点	备、系统运行状况是否符合现场规程的要求等。 (3)通过安全检查,不断堵塞管理漏洞,改善劳动作业环境,规范作业人员的行为,保证设备系统的安全、可靠运行,实现安全生产的目的

考点2　安全生产检查的类型

项目	具体内容
定期安全生产检查	定期安全生产检查一般是通过有计划、有组织、有目的的形式来实现,一般由生产经营单位统一组织实施。检查周期的确定,应根据生产经营单位的规模、性质以及地区气候、地理环境等确定。定期安全检查一般具有组织规模大、检查范围广、有深度,能及时发现并解决问题等特点。定期安全检查一般和重大危险源评估、现状安全评价等工作结合开展
经常性安全生产检查	(1)经常性安全生产检查是由生产经营单位的安全生产管理部门、车间、班组或岗位组织进行的日常检查。一般来讲,包括交接班检查、班中检查、特殊检查等几种形式。 (2)交接班检查是指在交接班前,岗位人员对岗位作业环境、管辖的设备及系统安全运行状况进行检查,交班人员要向接班人员说清楚,接班人员根据自己检查的情况和交班人员的交代,做好工作中可能发生问题及应急处置措施的预想。 班中检查包括岗位作业人员在工作过程中的安全检查,以及生产经营单位领导、安全生产管理部门和车间班组的领导或安全监督人员对作业情况的巡视或抽查等。 (3)特殊检查是针对设备、系统存在的异常情况,所采取的加强监视运行的措施。一般来讲,措施由工程技术人员制定,岗位作业人员执行。 交接班检查和班中岗位的自行检查,一般应制定检查路线、检查项目、检查标准,并设置专用的检查记录本。 (4)岗位经常性检查发现的问题记录在记录本上,并及时通过信息系统和电话逐级上报。 (5)一般来讲,对危及人身和设备安全的情况,岗位作业人员应根据操作规程、应急处置措施的规定,及时采取紧急处置措施,不需请示,处置后则立即汇报。有些生产经营单位如化工单位等习惯做法是,岗位作业人员发现危及人身、设备安全的情况,只需紧急报告,而不要求就地处置
季节性及节假日前后安全生产检查	(1)由生产经营单位统一组织,检查内容和范围则根据季节变化,按事故发生的规律对易发的潜在危险,突出重点进行检查。如冬季防冻保温、防火、防煤气中毒,夏季防暑降温、防汛、防雷电等检查。 (2)由于节假日(特别是重大节日,如元旦、春节、劳动节、国庆节)前后容易发生事故。因而应在节假日前后进行有针对性的安全检查

续表

项目	具体内容
专业(项)安全生产检查	(1)专业(项)安全生产检查是对某个专业(项)问题或在施工(生产)中存在的普遍性安全问题进行的单项定性或定量检查。 (2)如对危险性较大的在用设备、设施,作业场所环境条件的管理性或监督性定量检测检验则属专业(项)安全检查。专业(项)检查具有较强的针对性和专业要求,用于检查难度较大的项目
综合性安全生产检查	综合性安全生产检查一般是由上级主管部门或地方政府负有安全生产监督管理职责的部门,组织对生产单位进行的安全检查
职工代表不定期对安全生产的巡查	根据《中华人民共和国工会法》及《中华人民共和国安全生产法》的有关规定,生产经营单位的工会应定期或不定期组织职工代表进行安全检查。重点查国家安全生产方针、法规的贯彻执行情况,各级人员安全生产责任制和规章制度的落实情况,从业人员安全生产权利的保障情况,生产现场的安全状况等

考点3　安全生产检查的内容

项目	具体内容
内容	安全生产检查的内容包括:软件系统和硬件系统。 (1)软件系统主要是查思想、查意识、查制度、查管理、查事故处理、查隐患、查整改。 (2)硬件系统主要是查生产设备、查辅助设施、查安全设施、查作业环境
原则	安全生产检查具体内容应本着突出重点的原则进行确定。 (1)对于危险性大、易发事故、事故危害大的生产系统、部位、装置、设备等应加强检查。一般应重点检查:①易造成重大损失的易燃易爆危险物品、剧毒品、锅炉、压力容器、起重设备、运输设备、冶炼设备、电气设备、冲压机械、高处作业和本企业易发生工伤、火灾、爆炸等事故的设备、工种、场所及其作业人员;②易造成职业中毒或职业病的尘毒产生点及其岗位作业人员;③直接管理的重要危险点和有害点的部门及其负责人。 (2)对非矿山企业,目前国家有关规定要求强制性检查的项目有:①锅炉、压力容器、压力管道、高压医用氧舱、起重机、电梯、自动扶梯、施工升降机、简易升降机、防爆电器、厂内机动车辆、客运索道、游艺机及游乐设施等;②作业场所的粉尘、噪声、振动、辐射、高温低温和有毒物质的浓度等。 (3)对矿山企业,目前国家有关规定要求强制性检查的项目有:①矿井风量、风质、风速及井下温度、湿度、噪声;②瓦斯、粉尘;③矿山放射性物质及其他有毒有害物质;④露天矿山边坡;⑤尾矿坝;⑥提升、运输、装载、通风、排水、瓦斯抽放、压缩空气和起重设备;⑦各种防爆电器、电器安全保护装置;⑧矿灯;⑨钢丝绳等;⑩瓦斯、粉尘及其他有毒有害物质检测仪器、仪表以及自救器;⑪救护设备;⑫安全帽;⑬防尘口罩或面罩;⑭防护服、防护鞋;⑮防噪声耳塞、耳罩

考点4 安全生产检查的方法

项目	具体内容
常规检查	(1)常规检查是常见的一种检查方法。 (2)通常是由安全管理人员作为检查工作的主体,到作业场所现场,通过感观或辅助一定的简单工具、仪表等,对作业人员的行为、作业场所的环境条件、生产设备设施等进行的定性检查。 (3)安全检查人员通过这一手段,及时发现现场存在的安全隐患并采取措施予以消除,纠正施工人员的不安全行为。 (4)常规检查主要依靠安全检查人员的经验和能力,检查的结果直接受安全检查人员个人素质的影响
安全检查表法	(1)为使安全检查工作更加规范,将个人的行为对检查结果的影响减少到最小,常采用安全检查表法。 (2)安全检查表一般由工作小组讨论制定。 (3)安全检查表一般包括检查项目、检查内容、检查标准、检查结果及评价、检查发现问题等内容。 (4)编制安全检查表应依据国家有关法律法规,生产经营单位现行有效的有关标准、规程、管理制度,有关事故教训,生产经营单位安全管理文化、理念,反事故技术措施和安全措施计划,季节性、地理、气候特点等
仪器检查及数据分析法	(1)有些生产经营单位的设备、系统运行数据具有在线监视和记录的系统设计,对设备、系统的运行状况可通过对数据的变化趋势进行分析得出结论。 (2)对没有在线数据检测系统的机器、设备、系统,只能通过仪器检查法来进行定量化的检验与测量

考点5 安全生产检查的工作程序

项目	具体内容
安全检查准备	(1)确定检查对象、目的、任务。 (2)查阅、掌握有关法规、标准、规程的要求。 (3)了解检查对象的工艺流程、生产情况、可能出现危险和危害的情况。 (4)制定检查计划,安排检查内容、方法、步骤。 (5)编写安全检查表或检查提纲。 (6)准备必要的检测工具、仪器、书写表格或记录本。 (7)挑选和训练检查人员并进行必要的分工等
实施安全检查	实施安全检查就是通过访谈、查阅文件和记录、现场观察、仪器测量的方式获取信息。 (1)访谈。通过与有关人员谈话来检查安全意识和规章制度执行情况等。 (2)查阅文件和记录。检查设计文件、作业规程、安全措施、责任制度、操作规程等是

续表

项目	具体内容
实施安全检查	否齐全,是否有效;查阅相应记录,判断上述文件是否被执行。 (3)现场观察。对作业现场的生产设备、安全防护设施、作业环境、人员操作等进行观察。寻找不安全因素、事故隐患、事故征兆等。 (4)仪器测量。利用一定的检测检验仪器设备,对在用的设施、设备、器材状况及作业环境条件等进行测量,以发现隐患
综合分析	经现场检查和数据分析后,检查人员应对检查情况进行综合分析,提出检查的结论和意见。一般来讲,生产经营单位自行组织的各类安全检查,应由安全管理部门会同有关部门对检查结果进行综合分析;上级主管部门或地方政府负有安全生产监督管理职责的部门组织的安全检查,统一研究得出检查意见或结论
结果反馈	现场检查和综合分析完成后,应将检查的结论和意见反馈至被检查对象。结果反馈形式可以是现场反馈,也可以是书面反馈
提出整改要求	检查结束后,针对检查发现的问题,应根据问题性质的不同,提出相应的整改措施和要求
整改落实	对安全检查发现的问题和隐患,生产经营单位应制定整改计划,建立安全生产问题隐患台账,定期跟踪隐患的整改落实情况,确保隐患按要求整改完成,形成隐患整改的闭环管理
信息反馈及持续改进	生产经营单位自行组织的安全检查,在整改措施计划完成后,安全管理部门应组织有关人员进行验收。对于上级主管部门或地方政府负有安全生产监督管理职责的部门组织的安全检查,在整改措施完成后,应及时上报整改完成情况,申请复查或验收。 对安全检查中经常发现的问题或反复发现的问题,生产经营单位应从规章制度的健全和完善、从业人员的安全教育培训、设备系统的更新改造、加强现场检查和监督等环节入手,做到持续改进,不断提高安全生产管理水平,防范生产安全事故的发生

第四节 事故隐患排查

考点 1 安全生产事故隐患定义及分类

项目	具体内容
定义	安全生产事故隐患是指生产经营单位违反安全生产法律、法规、规章、标准、规程和安全生产管理制度的规定,或者因其他因素在生产经营活动中存在可能导致事故发生的物的危险状态、人的不安全行为和管理上的缺陷

续表

项目	具体内容
分类	事故隐患分为一般事故隐患和重大事故隐患。 (1)一般事故隐患,是指危害和整改难度较小,发现后能够立即整改排除的隐患。 (2)重大事故隐患,是指危害和整改难度较大,应当全部或者局部停产停业,并经过一定时间整改治理方能排除的隐患,或者因外部因素影响致使生产经营单位自身难以排除的隐患

考点2　对企业事故隐患排查的要求

项目	具体内容
要求	(1)生产经营单位应当依照法律、法规、规章、标准和规程的要求从事生产经营活动。严禁非法从事生产经营活动。 (2)生产经营单位是事故隐患排查、治理和防控的责任主体。 (3)生产经营单位应当建立健全事故隐患排查治理和建档监控等制度,逐级建立并落实从主要负责人到每个从业人员的隐患排查治理和监控责任制。 (4)生产经营单位应当保证事故隐患排查治理所需的资金,建立资金使用专项制度。 (5)生产经营单位应当定期组织安全生产管理人员、工程技术人员和其他相关人员排查本单位的事故隐患。对排查出的事故隐患,应当按照事故隐患的等级进行登记,建立事故隐患信息档案,并按照职责分工实施监控治理。 (6)生产经营单位应当建立事故隐患报告和举报奖励制度,鼓励、发动职工发现和排除事故隐患,鼓励社会公众举报。对发现、排除和举报事故隐患的有功人员,应当给予物质奖励和表彰。 (7)生产经营单位将生产经营项目、场所、设备发包、出租的,应当与承包、承租单位签订安全生产管理协议,并在协议中明确各方对事故隐患排查、治理和防控的管理职责。生产经营单位对承包、承租单位的事故隐患排查治理负有统一协调和监督管理的职责。 (8)安全监管监察部门和有关部门的监督检查人员依法履行事故隐患监督检查职责时,生产经营单位应当积极配合,不得拒绝和阻挠。 (9)生产经营单位应当每季、每年对本单位事故隐患排查治理情况进行统计分析,并分别于下一季度15日前和下一年1月31日前向安全监管监察部门和有关部门报送书面统计分析表。统计分析表应当由生产经营单位主要负责人签字。 对于重大事故隐患,生产经营单位除依照上述要求报送外,还应当及时向安全监管监察部门和有关部门报告。重大事故隐患报告内容应当包括:①隐患的现状及其产生原因;②隐患的危害程度和整改难易程度分析;③隐患的治理方案。 (10)对于一般事故隐患,由生产经营单位(车间、分厂、区队等)负责人或者有关人员立即组织整改。 对于重大事故隐患,由生产经营单位主要负责人组织制定并实施事故隐患治理方案。重大事故隐患治理方案应当包括以下内容:①治理的目标和任务;②采取的方法和措施;③经费和物资的落实;④负责治理的机构和人员;⑤治理的时限和要求;⑥安全措施和应急预案。

续表

项目	具体内容
要求	(11)生产经营单位在事故隐患治理过程中，应当采取相应的安全防范措施，防止事故发生。事故隐患排除前或者排除过程中无法保证安全的，应当从危险区域内撤出作业人员。并疏散可能危及的其他人员，设置警戒标志，暂时停产停业或者停止使用；对暂时难以停产或者停止使用的相关生产储存装置、设施、设备，应当加强维护和保养，防止事故发生。 (12)生产经营单位应当加强对自然灾害的预防。对于因自然灾害可能导致事故灾难的隐患，应当按照有关法律、法规、标准和《安全生产事故隐患排查治理暂行规定》的要求排查治理，采取可靠的预防措施，制定应急预案。在接到有关自然灾害预报时，应当及时向下属单位发出预警通知；发生自然灾害可能危及生产经营单位和人员安全的情况时，应当采取撤离人员、停止作业、加强监测等安全措施，并及时向当地人民政府及其有关部门报告。 (13)地方人民政府或者安全监管监察部门及有关部门挂牌督办并责令全部或者局部停产停业治理的重大事故隐患，治理工作结束后，有条件的生产经营单位应当组织本单位的技术人员和专家对重大事故隐患的治理情况进行评估；其他生产经营单位应当委托具备相应资质的安全评价机构对重大事故隐患的治理情况进行评估。 经治理后符合安全生产条件的，生产经营单位应当向安全监管监察部门和有关部门提出恢复生产的书面申请，经安全监管监察部门和有关部门审查同意后，方可恢复生产经营。申请报告应包括治理方案的内容、项目和安全评价机构出具的评价报告等

考点3　监督管理

项目	具体内容
监督管理	(1)各级安全监管监察部门按照职责对所辖区域内生产经营单位排查治理事故隐患工作依法实施综合监督管理；各级人民政府有关部门在各自职责范围内对生产经营单位排查治理事故隐患工作依法实施监督管理。任何单位和个人发现事故隐患，均有权向安全监管监察部门和有关部门报告。安全监管监察部门接到事故隐患报告后，应当按照职责分工立即组织核实并予以查处；发现所报告事故隐患应当由其他有关部门处理的，应当立即移送有关部门并记录备查。 (2)安全监管监察部门应当指导、监督生产经营单位按照有关法律、法规、规章、标准和规程的要求，建立健全事故隐患排查治理等各项制度，定期组织对生产经营单位事故隐患排查治理情况开展监督检查。对检查过程中发现的重大事故隐患，应当下达整改指令书，并建立信息管理台账。必要时，报告同级人民政府并对重大事故隐患实行挂牌督办。 (3)安全监管监察部门应当配合有关部门做好对生产经营单位事故隐患排查治理情况开展的监督检查，依法查处事故隐患排查治理的非法和违法行为及其责任者。 (4)安全监管监察部门发现属于其他有关部门职责范围内的重大事故隐患的，应该及

续表

项目	具体内容
监督管理	时将有关资料移送有管辖权的有关部门,并记录备案。 (5)已经取得安全生产许可证的生产经营单位,在其被挂牌督办的重大事故隐患治理结束前,安全监管监察部门应当加强监督检查。必要时,可以提请原许可证颁发机关依法暂扣其安全生产许可证。 (6)对挂牌督办并采取全部或者局部停产停业治理的重大事故隐患,国家监察委员会收到生产经营单位恢复生产的申请报告后,应当在10日内进行现场审查。审查合格的,对事故隐患进行核销,同意恢复生产经营;审查不合格的,依法责令改正或者下达停产整改指令。对整改无望或者生产经营单位拒不执行整改指令的,依法实施行政处罚;不具备安全生产条件的,依法提请县级以上人民政府按照国务院规定的权限予以关闭

第五节　安全评价

考点1　安全评价的内容

项目	具体内容
安全评价	安全评价是指以实现安全为目的,应用安全系统工程原理和方法,辨识与分析工程、系统、生产经营活动中的危险和有害因素,预测发生事故或造成职业危害的可能性及其严重程度,提出科学、合理、可行的安全对策措施建议,作出评价结论的活动
安全预评价	安全预评价是指在项目建设前,根据建设项目可行性研究报告的内容,分析和预测该建设项目可能存在的危险和有害因素的种类和程度,提出合理、可行的安全对策措施和建议,用以指导建设项目的初步设计。 安全预评价内容: (1)前期准备工作:①明确评价对象和评价范围;②组建评价组;③收集法律、法规;④分析基础资料等。 (2)辨识和分析评价对象存在的各种危险和有害因素。 (3)评价单元划分,以自然条件、基本工艺条件、危险和有害因素分布及状况、便于实施评价为原则进行。 (4)定性、定量评价,对危险和有害因素导致事故发生的可能性及其严重程度进行评价。 (5)提出安全技术对策措施,提出安全管理对策措施及其他安全对策措施。 (6)评价结论,给出评价对象的符合性结论,给出危险和有害因素引发各类事故的可能性及其严重程度的预测性结论,明确评价对象建成或实施后能否安全运行的结论
安全验收评价	(1)在建设项目竣工后正式生产运行前或工业园区建设完成后,通过检查建设项目安全设施与主体工程同时设计、同时施工、同时投入生产和使用的情况或工业园区内的安全设施、设备、装置投入生产和使用的情况。

续表

项目	具体内容
安全验收评价	(2)安全验收评价程序:①前期准备;②辨识与分析危险和有害因素;③划分评价单元;④定性、定量评价;⑤提出安全对策措施建议;⑥作出安全评价结论;⑦编制安全评价报告。 (3)安全验收评价包括:①危险、有害因素的辨识与分析;②符合性评价和危险危害程度的评价;③安全对策措施建议;④安全验收评价结论等内容
安全现状评价	(1)针对生产经营活动、工业园区的事故风险、安全管理等情况,辨识与分析其存在的危险和有害因素,审查确定其与安全生产法律、法规、规章、标准、规范要求的符合性,预测发生事故或造成职业危害的可能性及其严重程度,提出科学、合理、可行的安全对策措施建议,作出安全现状评价结论的活动。 (2)安全现状评价既适用于对一个生产经营单位或一个工业园区的评价,也适用于某一特定的生产方式、生产工艺、生产装置或作业场所的评价

考点2 安全评价方法分类

项目	具体内容
按照评价结果的量化程度分类	1. 定性安全评价方法 属于定性安全评价方法的有安全检查表、专家现场询问观察法、因素图分析法、事故引发和发展分析、作业条件危险性评价法、故障类型和影响分析、危险可操作性研究等。 2. 定量安全评价方法 (1)概率风险评价法。 故障类型及影响分析、事故树分析、逻辑树分析、概率理论分析、马尔可夫模型分析、模糊矩阵法、统计图表分析法等都可以由基本致因因素的事故发生概率计算整个评价系统的事故发生概率。 (2)伤害(或破坏)范围评价法。 液体泄漏模型、气体泄漏模型、气体绝热扩散模型、池火火焰与辐射强度评价模型、火球爆炸伤害模型、爆炸冲击波超压伤害模型、蒸气云爆炸超压破坏模型、毒物泄漏扩散模型和锅炉爆炸伤害 TNT 当量法。 (3)危险指数评价法。 道化学公司火灾、爆炸危险指数评价法;蒙德火灾爆炸毒性指数评价法;易燃、易爆、有毒重大危险源评价法
按照安全评价的逻辑推理过程分类	(1)归纳推理评价法。 (2)演绎推理评价法
按照安全评价要达到的目的分类	(1)事故致因因素安全评价方法。 (2)危险性分级安全评价方法。 (3)事故后果安全评价方法

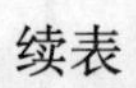

续表

项目	具体内容
按照评价对象的不同分类	(1)设备(设施或工艺)故障率评价法。 (2)人员失误率评价法。 (3)物质系数评价法。 (4)系统危险性评价法等

考点3　常用的安全评价方法

项目	具体内容
安全检查表方法	为了查找工程、系统中各种设备设施、物料、工件、操作、管理和组织措施中的危险、有害因素,事先把检查对象加以分解,将大系统分割若干小的子系统,以提问或打分的形式,将检查项目列表逐项检查,避免遗漏
危险指数方法	(1)危险指数方法是通过评价人员对几种工艺现状及运行的固有属性(是以作业现场危险度、事故概率和事故严重度为基础,对不同作业现场的危险性进行鉴别)进行比较计算,确定工艺危险特性、重要性大小及是否需要进一步研究的安全评价方法。 (2)危险指数评价可以运用在工程项目的各个阶段(可行性研究、设计、运行等),可以在详细的设计方案完成之前运用,也可以在现有装置危险分析计划制定之前运用。 (3)也可用于在役装置,作为确定工艺操作危险的依据
预先危险分析法	预先危险分析法是一项实现系统安全危害分析的初步或初始工作,在设计、施工和生产前,首先对系统中存在的危险性类别、出现条件、导致事故的后果进行分析,目的是识别系统中的潜在危险,确定危险等级,防止危险发展成事故。 预先危险分析方法的步骤如下: (1)通过经验判断、技术诊断或其他方法确定危险源,对所需分析系统的生产目的、物料、装置及设备、工艺过程、操作条件以及周围环境等,进行充分详细的了解。 (2)根据以往的经验及同类行业生产中的事故情况,对系统的影响、损坏程度,类比判断所要分析的系统中可能出现的情况,查找能够造成系统故障、物质损失和人员伤害的危险性,分析事故的可能类型。 (3)对确定的危险源分类,制成预先危险性分析表。 (4)转化条件,即研究危险因素转变为危险状态的触发条件和危险状态转变为事故的必要条件,并进一步寻求对策措施,检验对策措施的有效性。 (5)进行危险性分级,排列出重点和轻、重、缓、急次序,以便处理。 (6)制定事故的预防性对策措施
故障假设分析方法	(1)故障假设分析方法是一种对系统工艺过程或操作过程的创造性分析方法。 (2)它一般要求评价人员用"what…if"作为开头对有关问题进行考虑,任何与工艺安全有关或与之不太相关的问题都可提出并加以讨论。

续表

项目	具体内容
故障假设分析方法	(3)通常,将所有的问题都记录下来,然后分门别类进行讨论。 (4)所提出的问题要考虑到任何与装置有关的不正常的生产条件,而不仅是设备故障或工艺参数。 (5)评价结果一般以表格形式表示,主要内容有:①提出的问题;②回答可能的后果;③降低或消除危险性的安全措施 (6)故障假设分析方法可按分析准备、完成分析和编制分析结果报告3个步骤来完成
危险和可操作性研究	(1)危险和可操作性研究是一种定性的安全评价方法。 (2)它的基本过程是以关键词为引导,找出过程中工艺状态的变化(即偏差),然后分析找出偏差的原因、后果及可采取的对策。 (3)其侧重点是工艺部分或操作步骤各种具体值。 (4)危险和可操作性研究分析是对危险和可操作性问题进行详细识别的过程,由一个小组完成
故障类型和影响分析	(1)故障类型和影响分析是系统安全工程的一种方法。 (2)根据系统可以划分为子系统、设备和元件的特点,按实际需要将系统进行分割,然后分析各自可能发生的故障类型及其产生的影响,以便采取相应的对策,提高系统的安全可靠性。 (3)故障类型和影响分析步骤:①明确系统本身情况;②确定分析程度和水平;③绘制系统图和可靠性框图;④列出所有的故障类型并选出对系统有影响的故障类型;⑤理出造成故障的原因
故障树分析	(1)故障树分析是一种描述事故因果关系的有方向的“树”,是系统安全工程中的重要的分析方法之一。 (2)它能对各种系统的危险性进行识别评价,既适用于定性分析,又能进行定量分析,具有简明、形象化的特点,体现了以系统工程方法研究安全问题的系统性、准确性和预测性。 (3)故障树分析的基本程序:①熟悉系统;②调查事故;③确定顶上事件;④确定目标值;⑤调查原因事件;⑥画出故障树;⑦定性分析;⑧确定事故发生概率;⑨比较;⑩分析
事件树分析	(1)事件树分析是用来分析普通设备故障或过程波动(称为初始事件)导致事故发生的可能性。 (2)在事件树分析中,事故是典型设备故障或工艺异常(称为初始事件)引发的结果。 (3)与故障树分析不同,事件树分析是使用归纳法(不是演绎法),可提供记录事故后果的系统性的方法,并能确定导致事件后果与初始事件的关系。 (4)事件树分析步骤:①确定初始事件;②判定安全功能;③发展事件树和简化事件树;④分析事件树;⑤事件树的定量分析

续表

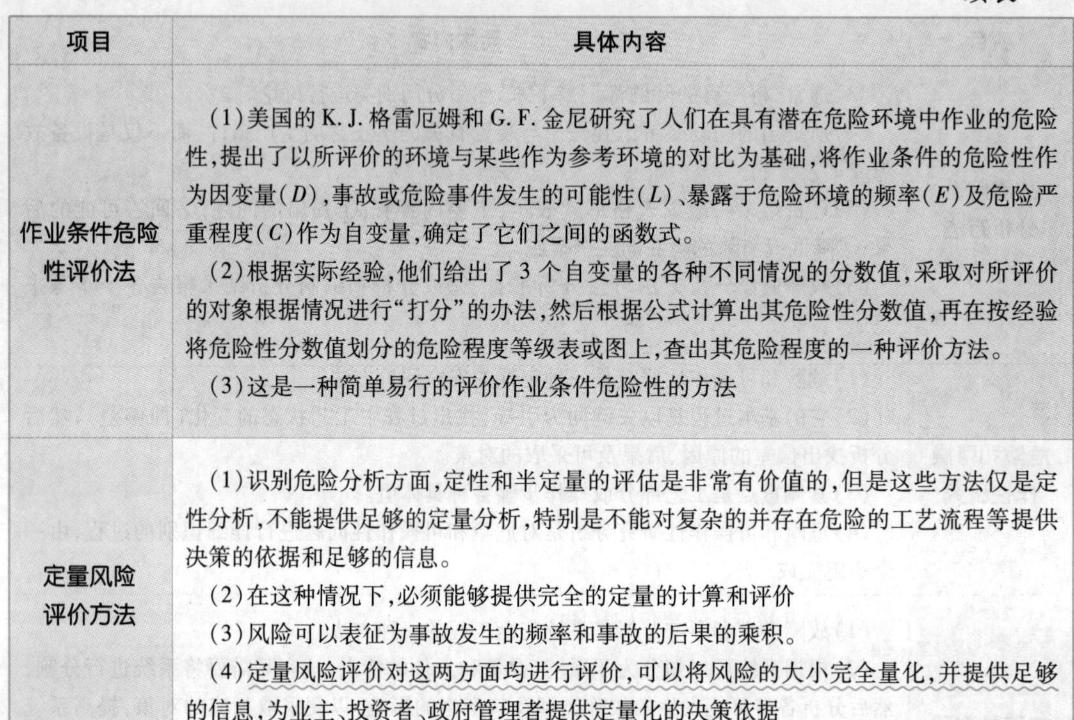

项目	具体内容
作业条件危险性评价法	(1)美国的K.J.格雷厄姆和G.F.金尼研究了人们在具有潜在危险环境中作业的危险性,提出了以所评价的环境与某些作为参考环境的对比为基础,将作业条件的危险性作为因变量(D),事故或危险事件发生的可能性(L)、暴露于危险环境的频率(E)及危险严重程度(C)作为自变量,确定了它们之间的函数式。 (2)根据实际经验,他们给出了3个自变量的各种不同情况的分数值,采取对所评价的对象根据情况进行“打分”的办法,然后根据公式计算出其危险性分数值,再在按经验将危险性分数值划分的危险程度等级表或图上,查出其危险程度的一种评价方法。 (3)这是一种简单易行的评价作业条件危险性的方法
定量风险评价方法	(1)识别危险分析方面,定性和半定量的评估是非常有价值的,但是这些方法仅是定性分析,不能提供足够的定量分析,特别是不能对复杂的并存在危险的工艺流程等提供决策的依据和足够的信息。 (2)在这种情况下,必须能够提供完全的定量的计算和评价 (3)风险可以表征为事故发生的频率和事故的后果的乘积。 (4)定量风险评价对这两方面均进行评价,可以将风险的大小完全量化,并提供足够的信息,为业主、投资者、政府管理者提供定量化的决策依据

第六节　安全技术措施

考点1　安全技术措施的分类及编制原则

项目	具体内容
分类	防止事故发生的安全技术措施: (1)消除危险源。 (2)限制能量或危险物质。 (3)隔离。 (4)故障—安全设计。 (5)减少故障和失误。 减少事故损失的安全技术措施: (1)隔离。 (2)设置薄弱环节。 (3)个体防护。 (4)避难与救援

续表

项目	具体内容
编制原则	1. 必要性和可行性 要考虑安全生产的实际需要和技术可行性与经济承受能力。 2. 自力更生与勤俭节约 编制计划时，应注意充分利用现有的设备和设施，挖掘潜力，讲求实效。 3. 轻重缓急与统筹安排 对影响最大、危险性最大的项目应优先考虑，逐步有计划地解决。 4. 领导和群众相结合 加强领导，依靠群众，使计划切实可行，以便顺利实施

考点2　安全技术措施的编制方法

项目	具体内容
确定编制时间	年度安全技术措施计划一般应与同年度的生产、技术、财务、物资采购等计划同时编制
布置编制工作	企业领导应根据本单位的具体情况向下属单位或职能部门提出编制措施计划的具体要求，并就有关工作进行布置
确定项目和内容	(1)下属单位在认真调查和分析本单位存在的问题，并征求群众意见的基础上，确定本单位的安全技术措施计划项目和主体内容，报上级安全生产管理部门。 (2)安全生产管理部门对上报的措施计划进行审查、平衡、汇总后，确定措施计划项目，并报有关领导审批
编制措施计划	安全技术措施计划项目经审批后，由安全生产管理部门和下属单位组织相关人员，编制具体的措施计划和方案，经讨论后，送上级安全生产管理部门和有关部门审查
审批措施计划	(1)上级安全、技术、计划部门对上报的安全技术措施计划进行联合会审后，报单位有关领导审批。 (2)安全技术措施计划一般由总工程师审批
下达措施计划	(1)单位主要负责人根据总工程师的审批意见，召集有关部门和下属单位负责人审查、核定措施计划。 (2)审查、核定通过后，与生产计划同时下达到有关部门贯彻执行
实施	(1)安全技术措施计划落实到各执行部门后，安全管理部门应定期对计划的完成情况进行监督检查，对已经完成的项目，应由验收部门负责组织验收。 (2)安全技术措施验收后，应及时补充、修订相关管理制度、操作规程，开展对相关人员的培训工作，建立相关的档案和记录

第三章　安全生产相关规定

知识框架

- 安全生产相关规定
  - 安全生产许可
    - 安全生产许可制度的适用范围
    - 取得安全生产许可证的条件
    - 取得安全生产许可证的程序
    - 违法行为应负的法律责任
  - 建设项目安全设施
    - 建设项目安全设施的相关内容
    - 建设项目安全设施“三同时”
    - 建设项目安全设施设计审查
    - 建设项目安全设施施工和竣工验收
  - 安全生产教育培训
    - 对安全生产教育培训的基本要求
    - 对单位主要负责人、安全生产管理人员及其他从业人员的培训、考核及认证
  - 安全文化
    - 安全文化的定义与内涵
    - 安全文化建设的基本内容
    - 安全文化建设的操作步骤
    - 企业安全文化建设评价
  - 安全生产标准化
    - 安全标准化建设的意义
    - 开展安全生产标准化建设的重点内容
  - 安全风险分级管控和隐患排查治理双重预防机制
    - 总体思路和工作目标
    - 着力构建企业双重预防机制
    - 健全完善双重预防机制的政府监管体系
    - 强化政策引导和技术支撑
    - 有关工作要求
    - 风险分级及管控原则

考点精讲

第一节　安全生产许可

考点1　安全生产许可制度的适用范围

项目	具体内容
设定范围	直接涉及国家安全、公共安全，有限自然资源开发利用、提供公共服务等
设定种类	行政许可包括5类：普通许可、特许、认可、核准、登记。 (1)空间：涵盖了在我国国家主权所及范围内从事矿产资源开发、建筑施工和危险化学品、烟花爆竹和民用爆炸物品生产等活动。 (2)主体及其行为：凡是在中华人民共和国领域内从事矿产资源开发、建筑施工和危险化学品、烟花爆竹、民用爆炸物品生产等活动的所有企业法人、非企业法人单位和中国人、外籍人、无国籍人

考点2　取得安全生产许可证的条件

项目	具体内容
三类企业	(1)矿山企业：①煤矿企业；②非煤矿企业。 (2)危险物品生产企业：①危险化学品生产企业；②烟花爆竹生产企业；③民用爆炸物品生产企业。 (3)建筑施工企业

考点3　取得安全生产许可证的程序

项目	具体内容
程序	1. 公开申请事项和要求 安全生产许可证颁发管理机关制定的安全生产许可证颁发管理的规章制度等具体规定应当公布。否则不能作为实施行政许可的具体依据。 2. 企业应当依法提出申请 企业依法向安全生产许可证颁发管理机关提出申请： (1)新设立生产企业的申请。 (2)已经进行生产企业的申请。 (3)申请人应当提交相关文件、资料。

续表

项目	具体内容
程序	3. 受理申请及审查 (1)形式审查。 所谓形式审查,是指安全生产许可证颁发管理机关依法对申请人提交的申请文件、资料是否齐全、真实、合法,进行检查核实的工作。这时申请人提交的证明其具备法定安全生产条件的都是书面的文件、资料。 (2)实质性审查。 申请人提交的文件、资料通过形式审查以后,安全生产许可证颁发管理机关认为有必要的,应当对申请文件、资料和企业的实际安全生产条件进行实地审查或者核实。 安全生产许可证颁发管理机关进行实质性审查的主要方式:①委派本机关的工作人员直接进行审查或者核实;②委托其他行政机关代为进行审查或者核实;③委托安全中介机构对一些专业技术性很强的设施、设备和工艺进行专门检验。 4. 决定 (1)经审查或核实后,安全生产许可证颁发管理机关可以依法作出两种决定:①企业具备法定安全生产条件的,决定颁发安全生产许可证;②企业不具备法定安全生产条件的,决定不予颁发安全生产许可证,书面通知企业并说明理由。 (2)安全生产许可证颁发管理机关应当对有关人员提出的审查意见进行讨论,并在受理申请之日起45个工作日内作出颁发或者不予颁发安全生产许可证的决定。对决定颁发的,安全生产许可证颁发管理机关应当自决定之日起10个工作日内送达或者通知申请人领取安全生产许可证;对不予颁发的,应当在10个工作日内书面通知申请人并说明理由。 5. 期限与延续 (1)安全生产许可证的有效期为3年。 (2)延续有以下两种情形:①有效期满的例行延续。安全生产许可证的有效期为3年,企业应当于期满前3个月内向原安全生产许可证颁发管理机关办理延期手续。②有效期满的免审延续。安全生产状况良好、没有发生死亡生产安全事故的企业,不需经过审查即可延续3年,但不是自动延期,应当在有效期满前提出延期的申请,经原安全生产许可证颁发管理机关同意后方可免审延续3年。 6. 补办与变更 (1)安全生产许可证如遇损毁、丢失等情况,就需要向原安全生产许可证颁发管理机关申请补办。 (2)企业的有关事项发生变化,也需要及时办理安全生产许可证。 7. 公告 (1)安全生产许可证颁发管理机关定期向社会公布企业取得安全生产许可证情况。 (2)公布的具体形式可以多样但须规范,公布时间由安全生产许可证颁发管理机关决定

考点4　违法行为应负的法律责任

项目	具体内容
法律责任追究的原则	“谁持证谁负责”和“谁发证谁处罚”
违法行为的界定	1. 许可证颁发管理机关工作人员的安全生产许可违法行为 (1)向不符合安全生产条件的企业颁发安全生产许可证的。 (2)发现企业未依法取得安全生产许可证擅自从事生产活动,不依法处理的。 (3)发现取得安全生产许可证的企业不再具备本条例规定的安全生产条件,不依法处理的。 (4)接到对违反本条例规定行为的举报后,不及时处理的。 (5)在安全生产许可证颁发、管理和监督检查工作中,索取或者接受企业的财物,或者谋取其他利益的。 2. 企业的安全生产许可违法行为 (1)未取得安全生产许可证擅自进行生产的。 (2)取得安全生产许可证后不再具备安全生产条件的。这是一种持证违法行为。 (3)安全生产有效期满未办理延期手续,继续进行生产的。 (4)转让、冒用或者使用伪造安全生产许可证的。 (5)在《安全生产许可证条例》规定期限内逾期不办理安全生产许可证,或者经审查不具备本条例规定的安全生产条件,未取得安全生产许可证,继续进行生产的
行政处理的种类	(1)责令停止生产。 (2)没收违法所得。 (3)罚款。 (4)暂扣或吊销安全生产许可证

第二节　建设项目安全设施

考点1　建设项目安全设施的相关内容

项目	具体内容
定义	建设项目是指生产经营单位进行新建、改建、扩建工程项目的总称。 建设项目安全设施,是指生产经营单位在生产经营活动中用于预防生产安全事故的设备、设施、装置、构(建)筑物和其他技术措施的总称
责任主体	生产经营单位是建设项目安全设施建设的责任主体

考点2 建设项目安全设施“三同时”

项目	具体内容
概念	建设项目安全设施必须与主体工程同时设计、同时施工、同时投入生产和使用
相关规定	《建设项目安全设施“三同时”监督管理办法》规定： (1)国家安全生产监督管理总局(现改为应急管理部)对全国建设项目安全设施“三同时”实施综合监督管理,并在国务院规定的职责范围内承担有关建设项目安全设施“三同时”的监督管理。 (2)县级以上地方各级安全生产监督管理部门对本行政区域内的建设项目安全设施“三同时”实施综合监督管理,并在本级人民政府规定的职责范围内承担本级人民政府及其有关主管部门审批、核准或者备案的建设项目安全设施“三同时”的监督管理。 (3)跨两个及两个以上行政区域的建设项目安全设施“三同时”由其共同的上一级人民政府安全生产监督管理部门实施监督管理。 (4)上一级人民政府安全生产监督管理部门根据工作需要,可以将其负责监督管理的建设项目安全设施“三同时”工作委托下一级人民政府安全生产监督管理部门实施监督管理。 安全生产监督管理部门应当加强建设项目安全设施建设的日常安全监管,落实有关行政许可及其监管责任,督促生产经营单位落实安全设施建设责任

考点3 建设项目安全设施设计审查

项目	具体内容
建设项目安全设施设计的内容	建设项目安全设施设计应当包括下列内容： (1)设计依据。 (2)建设项目概述。 (3)建设项目潜在的危险、有害因素和危险、有害程度及周边环境安全分析。 (4)建筑及场地布置。 (5)重大危险源分析及检测监控。 (6)安全设施设计采取的防范措施。 (7)安全生产管理机构设置或者安全生产管理人员配备要求。 (8)从业人员教育培训要求。 (9)工艺、技术和设备、设施的先进性和可靠性分析。 (10)安全设施专项投资概算。 (11)安全预评价报告中的安全对策及建议采纳情况。 (12)预期效果以及存在的问题与建议。 (13)可能出现的事故预防及应急救援措施。 (14)法律、法规、规章、标准规定需要说明的其他事项

续表

项目	具体内容
申请审查需提供的资料	建设项目安全设施设计完成后,生产经营单位应当向安全生产监督管理部门提出审查申请,并提交下列文件资料: (1)建设项目审批、核准或者备案的文件。 (2)建设项目安全设施设计审查申请。 (3)设计单位的设计资质证明文件。 (4)建设项目安全设施设计。 (5)建设项目安全预评价报告及相关文件资料。 (6)法律、行政法规、规章规定的其他文件资料
相关规定	(1)安全生产监督管理部门收到申请后,对属于本部门职责范围内的,应当及时进行审查,并在收到申请后5个工作日内作出受理或者不予受理的决定,书面告知申请人;对不属于本部门职责范围内的,应当将有关文件资料转送有审查权的管理部门,并书面告知申请人。 (2)对已经受理的建设项目安全设施设计审查申请,安全生产监督管理部门应当自受理之日起20个工作日内作出是否批准的决定,并书面告知申请人。20个工作日内不能作出决定的,经本部门负责人批准,可以延长10个工作日,并将延长期限的理由书面告知申请人
不得开工的情形	建设项目安全设施设计有下列情形之一的,不予批准,并不得开工建设: (1)无建设项目审批、核准或者备案文件的。 (2)未委托具有相应资质的设计单位进行设计的。 (3)安全预评价报告由未取得相应资质的安全评价机构编制的。 (4)设计内容不符合有关安全生产的法律、法规、规章和国家标准或者行业标准、技术规范的规定的。 (5)未采纳安全预评价报告中的安全对策和建议,且未作充分论证说明的。 (6)不符合法律、行政法规规定的其他条件的。 建设项目安全设施设计审查未予批准的,生产经营单位经过整改后可以向原审查部门申请再审。 已经批准的建设项目及其安全设施设计有下列情形之一的,生产经营单位应当报原批准部门审查同意;未经审查同意的,不得开工建设: (1)建设项目的规模、生产工艺、原料、设备发生重大变更的。 (2)改变安全设施设计且可能降低安全性能的。 (3)在施工期间重新设计的

考点4　建设项目安全设施施工和竣工验收

项目	具体内容
各单位的职责	1. 施工单位 (1)施工单位应当在施工组织设计中编制安全技术措施和施工现场临时用电方案,同

续表

项目	具体内容
各单位的职责	时对危险性较大的分部分项工程依法编制专项施工方案,并附具安全验算结果,经施工单位技术负责人、总监理工程师签字后实施。 (2)施工单位应当严格按照安全设施设计和相关施工技术标准、规范施工,并对安全设施的工程质量负责。 (3)施工单位发现安全设施设计文件有错漏的,应当及时向生产经营单位、设计单位提出。生产经营单位、设计单位应当及时处理。 (4)施工单位发现安全设施存在重大事故隐患时,应当立即停止施工并报告生产经营单位进行整改。整改合格后,方可恢复施工。 2. 监理单位 (1)工程监理单位应当审查施工组织设计中的安全技术措施或者专项施工方案是否符合工程建设强制性标准。 (2)工程监理单位在实施监理过程中,发现存在事故隐患的,应当要求施工单位整改;情况严重的,应当要求施工单位暂时停止施工,并及时报告生产经营单位。施工单位拒不整改或者不停止施工的,工程监理单位应当及时向有关主管部门报告。 (3)工程监理单位、监理人员应当按照法律、法规和工程建设强制性标准实施监理,并对安全设施工程的工程质量承担监理责任。 3. 建设单位 (1)建设项目安全设施建成后,生产经营单位应当对安全设施进行检查,对发现的问题及时整改。 (2)建设项目竣工投入生产或者使用前,生产经营单位应当组织对安全设施进行竣工验收,并形成书面报告备查。安全设施竣工验收合格后,方可投入生产和使用

第三节　安全生产教育培训

考点1　对安全生产教育培训的基本要求

项目	具体内容
基本要求	(1)生产经营单位的主要负责人和安全生产管理人员必须具备与本单位所从事的生产经营活动相应的安全生产知识和管理能力。 (2)危险物品的生产、经营、储存、装卸单位以及矿山、金属冶炼、建筑施工、运输单位的主要负责人和安全生产管理人员,应当由有关主管部门对其安全生产知识和管理能力考核合格后方可任职。 (3)生产经营单位应当对从业人员进行安全生产教育和培训,保证从业人员具备必要的安全生产知识,熟悉有关的安全生产规章制度和安全操作规程,掌握本岗位的安全操作技能。未经安全生产教育和培训合格的从业人员,不得上岗作业。

续表

项目	具体内容
基本要求	(4)生产经营单位采用新工艺、新技术、新材料或者使用新设备,必须了解、掌握其安全技术特性,采取有效的安全防护措施,并对从业人员进行专门的安全教育和培训。 (5)生产经营单位的特种作业人员必须按照国家有关规定经专门的安全作业培训,取得相应资格,方可上岗作业,特种作业人员的范围由国务院应急管理部门会同国务院有关部门确定。 (6)生产经营单位应当教育和督促从业人员严格执行本单位的安全生产规章制度和安全操作规程;并向从业人员如实告知作业场所和工作岗位存在的危险因素、防范措施以及事故应急措施。 (7)从业人员应当接受安全生产教育和培训,掌握本职工作所需的安全生产知识,提高安全生产技能,增强事故预防和应急处理能力

考点2　对单位主要负责人、安全生产管理人员及其他从业人员的培训、考核及认证

项目	具体内容
对单位主要负责人的培训要求	1. 初次培训的主要内容 (1)国家安全生产方针、政策和有关安全生产的法律、法规、规章及标准。 (2)安全生产管理基本知识、安全生产技术、安全生产专业知识。 (3)重大危险源管理、重大事故防范、应急管理和救援组织以及事故调查处理的有关规定。 (4)职业危害及其预防措施。 (5)国内外先进的安全生产管理经验。 (6)典型事故和应急救援案例分析。 (7)其他需要培训的内容。 2. 再培训内容 对已经取得上岗资格证书的有关领导,应定期进行再培训,再培训的主要内容: (1)新知识、新技术和新颁布的政策、法规。 (2)有关安全生产的法律、法规、规章、规程、标准和政策。 (3)安全生产的新技术、新知识。 (4)安全生产管理经验。 (5)典型事故案例。 3. 培训时间 (1)危险物品的生产经营、储存单位以及矿山、烟花爆竹、建筑施工单位主要负责人安全资格培训时间不得少于48学时,每年再培训时间不得少于16学时。 (2)其他单位主要负责人安全生产管理培训时间不得少于32学时,每年再培训时间不得少于12学时

续表

项目	具体内容
对安全生产管理人员的培训要求	1. 初次培训的主要内容 (1)国家安全生产方针、政策和有关安全生产的法律、法规、规章及标准。 (2)安全生产管理、安全生产技术、职业卫生等知识。 (3)伤亡事故统计、报告及职业危害的调查处理方法。 (4)应急管理、应急预案编制以及应急处置的内容和要求。 (5)国内外先进的安全生产管理经验。 (6)典型事故和应急救援案例分析。 (7)其他需要培训的内容。 2. 培训时间 (1)危险物品的生产、经营、储存单位以及矿山、烟花爆竹、建筑施工单位安全生产管理人员安全资格培训时间不得少于48学时;每年再培训时间不得少于16学时。 (2)其他单位安全生产管理人员安全生产管理培训时间不得少于32学时;每年再培训时间不得少于12学时
特种作业人员的培训	(1)特种作业的范围:电工作业、焊接与热切割作业、高处作业、制冷与空调作业、煤矿安全作业、金属非金属矿山安全作业、石油天然气安全作业、冶金(有色)生产安全作业、危险化学品安全作业、烟花爆竹安全作业、安全监管总局(现改为应急管理部)认定的其他作业。 (2)特种作业人员的安全技术培训、考核、发证、复审工作实行统一监管、分级实施、教考分离的原则。 (3)特种作业人员应当接受与其所从事的特种作业相应的安全技术理论培训和实际操作培训。 (4)跨省、自治区、直辖市从业的特种作业人员,可以在户籍所在地或者从业所在地参加培训。 (5)特种作业操作证有效期为6年,在全国范围内有效。 (6)特种作业操作证由安全监管总局(现改为应急管理部)统一式样、标准及编号。 (7)特种作业操作证每3年复审1次。 (8)特种作业人员在特种作业操作证有效期内,连续从事本工种10年以上,严格遵守有关安全生产法律法规的,经原考核发证机关或者从业所在地考核发证机关同意,特种作业操作证的复审时间可以延长至每6年1次。 (9)特种作业操作证申请复审或者延期复审前,特种作业人员应当参加必要的安全培训并考试合格。 (10)安全培训时间不少于8个学时
其他从业人员的培训	(1)生产单位其他从业人员(简称从业人员)是指除主要负责人和安全生产管理人员以外,该单位从事生产经营活动的所有人员,包括其他负责人、管理人员、技术人员和各岗

续表

项目	具体内容
其他从业人员的培训	位的工人,以及临时聘用的人员。 (2)单位对新从业人员,应进行厂(矿)、车间(工段、区、队)、班组三级安全生产教育培训。 厂(矿)级岗前安全培训内容: ①本单位安全生产情况及安全生产基本知识; ②本单位安全生产规章制度和劳动纪律; ③从业人员安全生产权利和义务; ④有关事故案例等; ⑤煤矿、非煤矿山、危险化学品、烟花爆竹、金属冶炼等生产经营单位厂(矿)级安全培训除包括上述内容外,应当增加事故应急救援、事故应急预案演练及防范措施等内容。 车间级安全生产教育培训是在从业人员工作岗位、工作内容基本确定后进行,由车间一级组织。 车间(工段、区、队)级岗前安全培训内容: ①工作环境及危险因素; ②所从事工种可能遭受的职业伤害和伤亡事故; ③所从事工种的安全职责、操作技能及强制性标准; ④自救互救、急救方法、疏散和现场紧急情况的处理; ⑤安全设备设施、个人防护用品的使用和维护; ⑥本车间(工段、区、队)安全生产状况及规章制度; ⑦预防事故和职业危害的措施及应注意的安全事项; ⑧有关事故案例; ⑨其他需要培训的内容。 班组安全教育培训的重点是岗位安全操作规程、岗位之间工作衔接配合、作业过程的安全风险分析方法和控制对策、事故案例等等。 班组级岗前安全培训内容: ①岗位安全操作规程; ②岗位之间工作衔接配合的安全与职业卫生事项; ③有关事故案例; ④其他需要培训的内容。 (3)生产经营单位新上岗的从业人员,岗前安全培训时间不得少于24学时。 (4)煤矿、非煤矿山、危险化学品、烟花爆竹、金属冶炼等生产经营单位新上岗的从业人员安全培训时间不得少于72学时,每年再培训的时间不得少于20学时。 (5)从业人员在本生产经营单位内调整工作岗位或离岗一年以上重新上岗时,应当重新接受车间(工段、区、队)和班组级的安全培训。 (6)调整工作岗位或离岗后重新上岗安全教育培训:培训工作原则上应由车间级组织。 (7)岗位安全教育培训是指连续在岗位工作的安全教育培训工作,主要包括:

续表

项目	具体内容
其他从业人员的培训	①日常安全教育培训； ②定期安全考试； ③专题安全教育培训。 (8)生产经营单位实施新工艺、新技术、新设备(新材料)时,组织相关岗位对从业人员进行有针对性的安全生产教育培训。 法律法规及规章制度培训是指国家颁布的有关安全生产法律法规,或生产经营单位制定新的有关安全生产规章制度后,组织开展的培训活动。 事故案例培训是指在生产经营单位发生生产安全事故或获得与本单位生产经营活动相关的事故案例信息后,开展的安全教育培训活动

第四节 安全文化

考点1 安全文化的定义与内涵

项目	具体内容
现状	杜邦企业安全文化建设过程可以使用员工安全行为模型描述四个不同阶段:自然本能、严格监督、独立自主管理、团队互助管理
定义	(1)安全文化有广义和狭义之分。狭义的安全文化是指企业安全文化,一个单位的安全文化是个人和集体的价值观、态度、能力和行为方式的综合产物。 (2)安全文化分为三个层次:直观的表层文化,如企业的安全文明生产环境与秩序;企业安全管理体制的中层文化,包括企业内部的组织机构、管理网络、部门分工和安全生产法规与制度建设;安全意识形态的深层文化。 (3)企业安全文化是企业安全物质因素和安全精神因素的总和。 (4)《企业安全文化建设导则》给出了企业安全文化的定义:被企业组织的员工群体所共享的安全价值观、态度、道德和行为规范的统一体
内涵	(1)一个单位的安全文化是企业在长期安全生产和经营活动中逐步培育形成的、具有本企业特点、为全体员工认可遵循并不断创新的观念、行为、环境、物态条件的总和。 (2)企业安全文化包括保护员工在从事生产经营活动中的身心安全与健康,既包括无损、无害、不伤、不亡的物质条件和作业环境,也包括员工对安全的意识、信念、价值观、经营思想、道德规范、企业安全激励进取精神等安全的精神因素。 (3)企业安全文化是"以人为本"多层次的复合体,由安全物质文化、安全行为文化、安全制度文化、安全精神文化组成。企业文化是"以人为本",提倡对人的"爱"与"护",以"灵性管理"为中心,以员工安全文化素质为基础所形成的

续表

项目	具体内容
内涵	(4)安全文化教育,从法制、制度上保障员工受教育的权利,不断创造和保证提高员工安全技能和安全文化素质的机会
基本特征	(1)安全文化是指企业生产经营过程中,为保障企业安全生产,保护员工身心安全与健康所涉及的各种文化实践及活动。 (2)企业安全文化与企业文化目标是基本一致的,即“以人为本”,以人的“灵性管理”为基础。 (3)企业安全文化更强调企业的安全形象、安全奋斗目标、安全激励精神、安全价值观和安全生产及产品安全质量、企业安全风貌及“商誉”效应等,是企业凝聚力的体现,对员工有很强的吸引力和无形的约束作用,能激发员工产生强烈的责任感。 (4)企业安全文化对员工有很强的潜移默化的作用,能影响人的思维,改善人们的心智模式,改变人的行为
主要功能	(1)导向功能。企业安全文化所提出的价值观为企业的安全管理决策活动提供了为企业大多数职工所认同的价值取向,它们能将价值观内化为个人的价值观,将企业目标“内化”为自己的行为目标,使个体的目标、价值观、理想与企业的目标、价值观、理想有了高度一致性和同一性。 (2)凝聚功能。当企业安全文化所提出的价值观被企业职工内化为个体的价值观和目标后就会产生一种积极而强大的群体意识,将每个职工紧密地联系在一起。这样就形成了一种强大的凝聚力和向心力。 (3)激励功能。①用企业的宏观理想和目标激励职工奋发向上。②为职工个体指明了成功的标准与标志,使其有了具体的奋斗目标。 (4)辐射和同化功能。企业安全文化一旦在一定的群体中形成,便会对周围群体产生强大的影响作用,迅速向周边辐射。而且,企业安全文化还会保持一个企业稳定的、独特的风格和活力,同化一批又一批新来者,使他们接受这种文化并继续保持与传播,使企业安全文化的生命力得以持久

考点2　安全文化建设的基本内容

项目	具体内容
总体要求	企业在安全文化建设过程中,应充分考虑自身内部和外部的文化特征,引导全体员工的安全态度和安全行为,实现在法律和政府监管要求基础上的安全自我约束,通过全员参与实现企业安全生产水平持续提高
基本要素	(1)安全承诺:企业应建立包括安全价值观、安全愿景、安全使命和安全目标等在内的安全承诺。

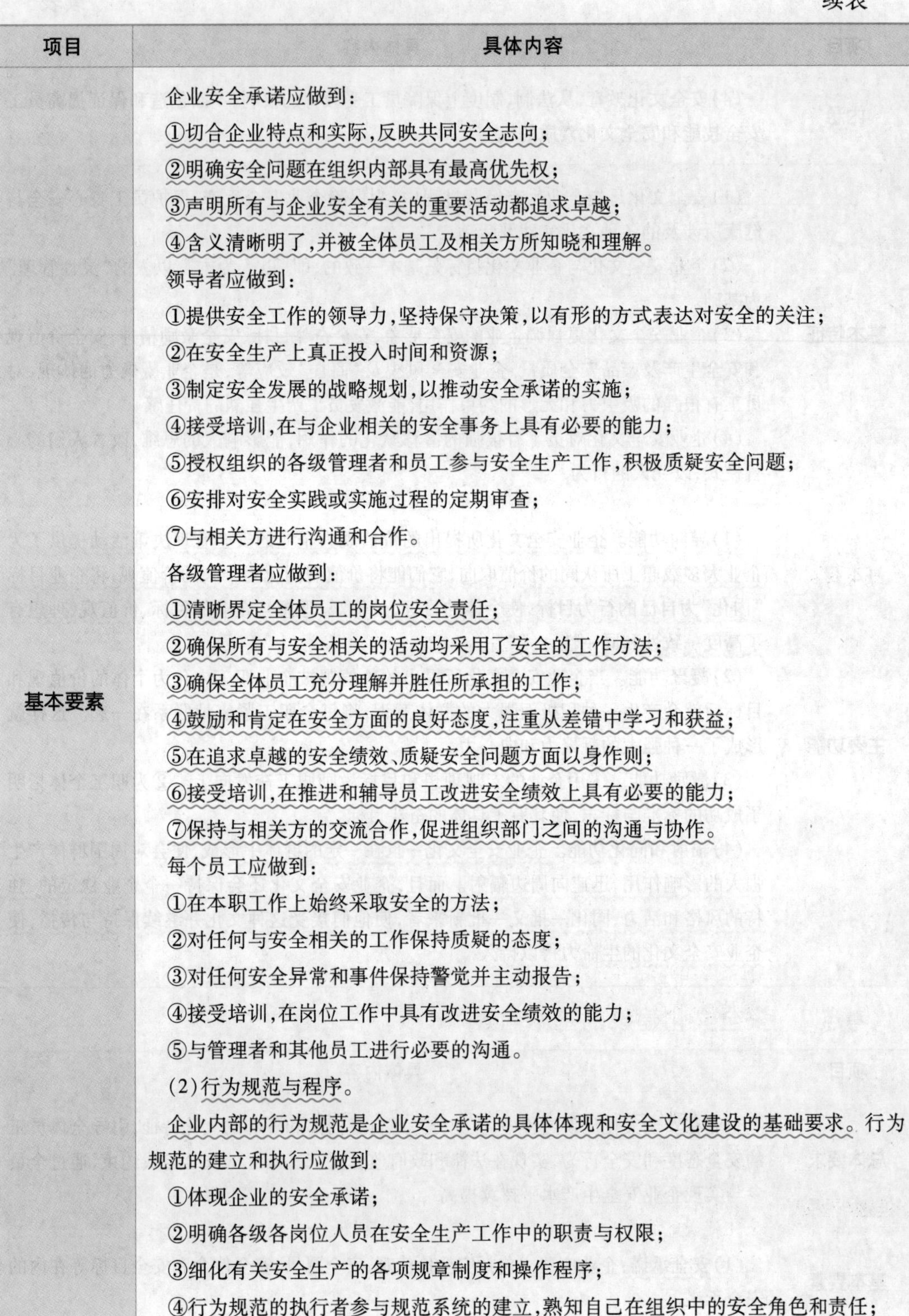

续表

项目	具体内容
基本要素	企业安全承诺应做到： ①切合企业特点和实际，反映共同安全志向； ②明确安全问题在组织内部具有最高优先权； ③声明所有与企业安全有关的重要活动都追求卓越； ④含义清晰明了，并被全体员工及相关方所知晓和理解。 领导者应做到： ①提供安全工作的领导力，坚持保守决策，以有形的方式表达对安全的关注； ②在安全生产上真正投入时间和资源； ③制定安全发展的战略规划，以推动安全承诺的实施； ④接受培训，在与企业相关的安全事务上具有必要的能力； ⑤授权组织的各级管理者和员工参与安全生产工作，积极质疑安全问题； ⑥安排对安全实践或实施过程的定期审查； ⑦与相关方进行沟通和合作。 各级管理者应做到： ①清晰界定全体员工的岗位安全责任； ②确保所有与安全相关的活动均采用了安全的工作方法； ③确保全体员工充分理解并胜任所承担的工作； ④鼓励和肯定在安全方面的良好态度，注重从差错中学习和获益； ⑤在追求卓越的安全绩效、质疑安全问题方面以身作则； ⑥接受培训，在推进和辅导员工改进安全绩效上具有必要的能力； ⑦保持与相关方的交流合作，促进组织部门之间的沟通与协作。 每个员工应做到： ①在本职工作上始终采取安全的方法； ②对任何与安全相关的工作保持质疑的态度； ③对任何安全异常和事件保持警觉并主动报告； ④接受培训，在岗位工作中具有改进安全绩效的能力； ⑤与管理者和其他员工进行必要的沟通。 (2)行为规范与程序。 企业内部的行为规范是企业安全承诺的具体体现和安全文化建设的基础要求。行为规范的建立和执行应做到： ①体现企业的安全承诺； ②明确各级各岗位人员在安全生产工作中的职责与权限； ③细化有关安全生产的各项规章制度和操作程序； ④行为规范的执行者参与规范系统的建立，熟知自己在组织中的安全角色和责任；

续表

项目	具体内容
基本要素	⑤由正式文件予以发布； ⑥引导员工理解和接受建立行为规范的必要性，知晓由于不遵守规范所引发的潜在不利后果； ⑦通过各级管理者或被授权者观测员工行为，实施有效监控和缺陷纠正； ⑧广泛听取员工意见，建立持续改进机制。 程序是行为规范的重要组成部分。程序的建立和执行应做到：①识别并说明主要的风险，简单易懂，便于操作；②程序的使用者（必要时包括承包商）参与程序的制定和改进过程，并应清楚理解不遵守程序可导致的潜在不利后果；③由正式文件予以发布；④通过强化培训，向员工阐明在程序中给出特殊要求的原因；⑤对程序的有效执行保持警觉，即使在生产经营压力很大时，也不能容忍走捷径和违反程序；⑥鼓励员工对程序的执行保持质疑的安全态度，必要时采取更加保守的行动并寻求帮助。 （3）安全行为激励。 （4）安全信息传播与沟通。 沟通应满足： ①确认有关安全事项的信息已经发送，并被接收方所接收和理解。 ②涉及安全事件的沟通信息应真实、开放。 ③每个员工都应认识到沟通对安全的重要性，从他人处获取信息和向他人传递信息。 （5）自主学习与改进。 （6）安全事务参与。 （7）审核与评估。 企业应对自身安全文化建设情况进行定期的全面审核，审核内容包括： ①领导者应定期组织各级管理者评审企业安全文化建设过程的有效性和安全绩效结果。 ②领导者应根据审核结果确定并落实整改不符合、不安全实践和安全缺陷的优先次序，并识别新的改进机会。 ③必要时，应鼓励相关方实施这些优先次序和改进机会，以确保其安全绩效与企业协调一致
推进与保障	（1）规划与计划：由企业最高领导人组织制定推动本企业安全文化建设的长期规划和阶段性计划。 （2）保障条件：①明确安全文化建设的领导职能，建立领导机制；②确定负责推动安全文化建设的组织机构与人员，落实其职能；③保证必需的建设资金投入；④配置适用的安全文化信息传播系统。 （3）推动骨干的选拔和培养

考点3 安全文化建设的操作步骤

项目	具体内容
建立机构	(1)领导机构可以定为“安全文化建设委员会”,必须由生产经营单位主要负责人亲自担任委员会主任,同时要确定一名生产经营单位高层领导人担任委员会的常务副主任。 (2)其他高层领导可以任副主任,有关管理部门负责人任委员。其下还必须建立一个安全文化办公室,办公室可以由生产(经营)、宣传、党群、团委、安全管理等部门的人员组成,负责日常工作
制定规划	(1)对本单位的安全生产观念、状态进行初始评估。 (2)对本单位的安全文化理念进行定格设计。 (3)制定出科学的时间表及推进计划
培训骨干	(1)培养骨干是推动企业安全文化建设不断更新、发展,非做不可的事情。 (2)训练内容可包括理论、事例、经验和本企业应该如何实施的方法等
宣传教育	宣传、教育、激励、感化是传播安全文化、促进精神文明的重要手段
努力实践	(1)安全文化建设是安全管理中高层次的工作,是实现零事故目标的必由之路,是超越传统安全管理来解决安全生产问题的根本途径。 (2)在安全文化建设过程中,紧紧围绕“安全—健康—文明—环保”的理念,通过采取管理控制、精神激励、环境感召、心理调适、习惯培养等一系列方法,既推进安全文化建设的深入发展,又丰富安全文化的内涵

考点4 企业安全文化建设评价

项目	具体内容
评价指标	1. 基础特征 (1)企业状态特征。 企业自身的成长、发展、经营、市场状态,主要从企业历史、企业规模、市场地位、盈利状况等方面进行评价。 (2)企业文化特征。 企业文化层面的突出特征,主要评估企业文化的开放程度、员工凝聚力的强弱、学习型组织的构建情况、员工执行力状况等。 (3)企业形象特征。 员工、社会公众对企业整体形象的认识和评价。 (4)企业员工特征。 充分明确员工的整体状况,总体教育水平、工作经验和操作技能、道德水平等。

续表

<table>
<tr><th>项目</th><th>具体内容</th></tr>
<tr><td>评价指标</td><td>(5)企业技术特征。
企业在工程技术方面的使用、改造情况,比如技术设备的先进程度、技术改造状况、工艺流程的先进性以及人机工程建设情况。
(6)监管环境。
企业所在地政府安监及相关部门的职能履行情况,包括监管人员的业务素质、监管力度、法律法规的公布及执行情况。
(7)经营环境。
主要反映企业所在地的经济发展、市场经营状况等商业环境,诸如人力资源供给程度、信息交流情况、地区整体经济实力等。
(8)文化环境。
反映企业所在地域的社会文化环境,主要包括民族传统、地域文化特征等。
2. 企业安全承诺
(1)安全承诺内容。
综合考量承诺内容的涉及范围,表述理念的先进性、时代性,与企业实际的契合程度。
(2)安全承诺表述。
企业安全承诺在阐述和表达上应完整准确,具有较强的普适性、独特性和感召力。
(3)安全承诺传播。
企业的安全承诺需要在内部及外部进行全面、及时、有效的传播,涉及不同的传播方式,选择适当的传播频度,达到良好的认知效果。
(4)安全承诺认同。
考察企业内部对企业安全承诺的共鸣程度,主要包括:安全承诺能否得到全体员工特别是基层员工的深刻理解和广泛认同,企业领导能否做到身体力行、率先垂范,全体员工能否切实把承诺内容应用于安全管理和安全生产的实践当中。
3. 企业安全管理
(1)安全权责。
企业的安全管理权责分配依据的原则、权责对应或背离程度以及在实际工作当中的执行效果。
(2)管理机构。
企业应设置专人专职专责的安全管理机构,并配备充足的、符合要求的人力、物力资源,保障其独立履职的管理效果。企业安全管理部门及人员应当具有明确的管理权力与责任,在权责的分配上应充分考虑企业安全工作实际,有效保证管理权责的匹配性、一致性和平衡性。
(3)制度执行。
企业安全管理的制度执行力度与障碍情况。
(4)管理效果。
结合企业实际,从安全绩效改善程度、应急机制完善程度、事故与事件管理水平等方</td></tr>
</table>

续表

项目	具体内容
评价指标	面，客观评估企业安全管理工作在一定时期内的实施效果。 4. 企业安全环境 (1)安全指引。 企业应综合运用各种途径和方法，有效引导员工安全生产。主要从安全标识运用、安全操作指示、安全绩效引导、应激调适机制等方面进行评估。 (2)安全防护。 企业应依据生产作业环境特点，做好安全防护工作，安装有效的防护设施和设备，提供充足的个体防护用品。 (3)环境感受。 环境感受是员工对一般作业环境和特殊作业环境的综合感观和评价，是对作业环境的安全保障效果的主观性评估。主要从作业现场的清洁、安全、人性化等方面，考察员工的安全感、舒适感和满意度。 5. 企业安全培训与学习 (1)重要性体现。 企业各级人员对安全培训工作重要性的认识程度，直接体现在培训资源投入力度、培训工作的优先保证程度及企业用人制度等方面。 (2)充分性体现。 企业应向员工提供充足的培训机会，根据实际需要和长远目标规范培训内容，科学设置培训课时，竭力开发、运用员工喜闻乐见的有效培训方式。 (3)有效性体现。 科学判断企业安全培训的实施效果，主要从员工安全态度的端正程度、安全技能的提升幅度、安全行为和安全绩效的改善程度等方面进行评估。 6. 企业安全信息传播 (1)信息资源。 根据安全文化传播需要，企业应分别建立和完善安全管理信息库、安全技术信息库、安全事故信息库和安全知识信息库等各种安全信息库，储备大量的安全信息资源。 (2)信息系统。 企业围绕安全信息传播工作，设置专职操作机构，建立完备的管理机制，搭建稳定的信息传播与管理平台，创造完善齐全的信息传播载体。 (3)效能体现。 根据员工获取和交流企业安全信息的便捷程度，企业安全信息传播的有效到达率、知晓率和开放程度，综合衡量企业安全信息传播的实际效果。 7. 安全行为激励 (1)激励机制。 围绕安全发展这一激励目标，企业应建立一套理性化的管理制度以规范安全激励工作，实现安全激励制度化，保证安全绩效的优先权。

续表

项目	具体内容
评价指标	(2)激励方式。 根据企业实际兼顾精神和物质两个层面,采取最可靠、最有效的安全激励方式。 (3)激励效果。 员工对企业安全激励机制、激励方式的响应体现为绩效改善与行为改善的正负效应。 8. 安全事务参与 (1)安全会议与活动。 企业应根据实际需要,定期举办以安全为主题的各种会议和活动,鼓励并邀请相关员工积极参与。 (2)安全报告。 企业应建立渠道通畅的各级安全报告制度,确保报告反馈的及时、高效,注重各种报告、处理等信息的公开、共享。 (3)安全建议。 企业应建立科学有效的安全建议制度,疏通各种安全建议渠道,以及时反馈、择优采纳等实际行动鼓励员工积极参与安全建议。 (4)沟通交流。 在企业内部和外部创造良好的安全信息沟通氛围,实现企业各层级员工有效的纵向沟通和横向交流,同时及时与企业不同层面的合作伙伴互通安全信息。 9. 决策层行为 (1)公开承诺。 企业决策层应适时亲自公布企业相关安全承诺与政策,参与安全责任体系的建立,做出重大安全决策。 (2)责任履行。 在企业人事政策、安全投入、员工培训等方面,企业决策层应充分履行自己的安全职责,确保安全在各工作环节的重要地位。 (3)自我完善。 企业决策层应接受充分的安全培训,加强与外部进行安全信息沟通交流,全面提高自身安全素质,做好遵章守制、安全生产的表率。 10. 管理层行为 (1)责任履行。 企业管理层应明确所担负的建立并完善制度、加强监督管理、改善安全绩效等重要安全责任,并严格履行职责。 (2)指导下属。 企业管理层应对员工进行资格审定,有效组织安全培训和现场指导。 (3)自我完善。 企业管理层应注重安全知识和技能的更新,积极完善自我,加强沟通交流。

续表

项目	具体内容
评价指标	11. 员工层行为 (1)安全态度。 主要从安全责任意识、安全法律意识和安全行为意向等方面,判断员工对待安全的态度。 (2)知识技能。 除熟练掌握岗位安全技能外,员工还应具备充分的辨识风险、应急处置等各种安全知识和操作能力。 (3)行为习惯。 员工应养成良好的安全行为习惯,积极交流安全信息,主动参与各种安全培训和活动,严格遵守规章制度。 (4)团队合作。 在安全生产过程中,同事之间要增进了解,彼此信任,加强互助合作,主动关心、保护同伴,共同促进团队安全绩效的提升
减分指标	1. 死亡事故 在进行安全评价的前1年内,如发生死亡事故,则视情况(事故性质、伤亡人数)扣减安全文化评价得分5~15分。 2. 重伤事故 在进行安全评价的前1年内,如发生重伤事故,则视情况扣减安全文化评价得分3~10分。 3. 违章记录 在进行安全评价的前1年内,根据企业的"违章指挥、违章操作、违反劳动纪律"记录情况,视程度扣减安全文化评价得分1~8分
评价程序	1. 建立评价组织机构与评价实施机构 (1)企业开展安全文化评价工作时,首先应成立评价组织机构,并由其确定评价工作的实施机构。 (2)企业实施评价时,由评价组织机构负责确定评价工作人员并成立评价工作组。必要时可选聘有关咨询专家或咨询专家组。咨询专家(组)的工作任务和工作要求由评价组织机构明确。 评价工作人员应具备以下基本条件: ①熟悉企业安全文化评价相关业务,有较强的综合分析判断能力与沟通能力。 ②具有较丰富的企业安全文化建设与实施专业知识。 ③坚持原则、秉公办事。 (3)评价项目负责人应有丰富的企业安全文化建设经验,熟悉评价指标及评价模型。

续表

项目	具体内容
评价程序	2. 制定评价工作实施方案 评价实施机构应参照本标准制定《评价工作实施方案》。方案中应包括所用评价方法、评价样本、访谈提纲、测评问卷、实施计划等内容,并应报送评价组织机构批准。 3. 下达《评价通知书》 在实施评价前,由评价组织机构向选定的样本单位下达《评价通知书》。《评价通知书》中应当明确评价的目的、用途、要求、应提供的资料及对所提供资料应负的责任、其他需在《评价通知书》中明确的事项。 4. 调研、收集与核实基础资料 根据本标准设计评价的调研问卷,根据《评价工作方案》收集整理评价基础数据和基础资料。资料收集可以采取访谈、问卷调查、召开座谈会、专家现场观测、查阅有关资料和档案等形式进行。评价人员要对评价基础数据和基础资料进行认真检查、整理,确保评价基础资料的系统性和完整性。评价工作人员应对接触的资料内容履行保密义务。 5. 数据统计分析 对调研结果和基础数据核实无误后,可借助 EXCEL、SPSS、SAS 等统计软件进行数据统计,然后根据本标准建立的数学模型和实际选用的调研分析方法,对统计数据进行分析。 6. 撰写评价报告 统计分析完成后,评价工作组应按照规范的格式,撰写《企业安全文化建设评价报告》报告评价结果。 7. 反馈企业征求意见 评价报告提出后,应反馈企业征求意见并作必要修改。 8. 提交评价报告 评价工作组修改完成评价报告后,经评价项目负责人签字,报送评价组织机构审核确认。 9. 进行评价工作总结 评价项目完成后,评价工作组要进行评价工作总结,将工作背景、实施过程、存在的问题和建议等形成书面报告,报送评价组织机构。同时建立好评价工作档案

第五节 安全生产标准化

考点 1 安全标准化建设的意义

项目	具体内容
意义	(1)安全生产标准化是指通过建立安全生产责任制,制订安全管理制度和操作规程,排查治理隐患和监控重大危险源,建立预防机制,规范生产行为,使各生产环节符合有

续表

项目	具体内容
意义	关安全生产法律法规和标准规范的要求，人、机、物、环境处于良好的生产状态，并持续改进，不断加强企业安全生产规范化建设。 (2)安全生产标准化建设就是用科学的方法和手段，提高人的安全意识，创造人的安全环境，规范人的安全行为，使人—机—环境达到最佳统一，从而实现最大限度地防止和减少伤亡事故的目的。 (3)安全生产标准化工作实行自主评定和外部评审的方式
等级评审	(1)生产经营单位根据有关评分准则，进行自主评定；自主评定后，申请外部评审定级。 (2)安全生产标准化评审分为：一级、二级、三级，一级为最高

考点 2　开展安全生产标准化建设的重点内容

项目	具体内容
确定目标	(1)生产经营单位根据自身安全生产实际，制定总体和年度安全生产目标。 (2)按照所辖部门在生产经营中的职能，制定安全生产指标和考核办法
作业安全	1. 生产现场管理和生产过程控制 (1)对生产过程及物料、设备设施、器材、通道、作业环境等存在的隐患，应进行分析和控制。 (2)对动火作业、起重作业、受限空间作业、临时用电作业、高处作业等危险性较高的作业活动实施作业许可管理，严格履行审批手续。作业许可证应包含危害因素分析和安全措施等内容。 (3)对于吊装、爆破等危险作业，应当安排专人进行现场安全管理，确保安全规程的遵守和安全措施的落实。 2. 作业行为管理 3. 安全警示标志 (1)在有较大危险因素的作业场所和设备设施上，设置明显的安全警示标志，进行危险提示、警示，告知危险的种类、后果及应急措施等。 (2)在进行设备设施检维修、施工、吊装等作业现场设置警戒区和警示标志；在检维修现场的坑、井、洼、沟、陡坡等场所设置围栏和警示标志。 (3)安全色： ①传递安全信息含义的颜色，包括红、蓝、黄、绿四种颜色。 ②安全色适用于工矿企业、交通运输、建筑业以及仓库、医院、剧场等公共场所。但不包括灯光、荧光颜色和航空、航海、内河航运所用的颜色。 ③统一使用安全色，能使人们在紧急情况下，借助所熟悉的安全色含义，识别危险部

续表

项目	具体内容
作业安全	位，尽快采取措施，提高自控能力，有助于防止发生事故。 ④安全色用途广泛，如用于安全标志牌、交通标志牌、防护栏杆及机器上不准乱动的部位等。安全色的应用必须是以表示安全为目的和有规定的颜色范围。 ⑤红色表示禁止、停止、消防和危险的意思。禁止、停止和有危险的器件设备或环境涂以红色的标记。如禁止标志、交通禁令标志、消防设备、停止按钮和停车、刹车装置的操纵把手、仪表刻度盘上的极限位置刻度、机器转动部件的裸露部分、液化石油气槽车的条带及文字，危险信号旗等。 ⑥黄色表示注意、警告的意思。需警告人们注意的器件、设备或环境涂以黄色标记。如警告标志、交通警告标志、道路交通路面标志、皮带轮及其防护罩的内壁、砂轮机罩的内壁、楼梯的第一级和最后一级的踏步前沿、防护栏杆及警告信号旗等。 ⑦蓝色表示指令、必须遵守的规定。如指令标志、交通指示标志等。 ⑧绿色表示通行、安全和提供信息的意思。可以通行或安全情况涂以绿色标记。如表示通行、机器启动按钮、安全信号旗等。 （4）对比色： ①是安全色更加醒目的反衬色。包括黑、白两种颜色。 ②主要用作上述各种安全色的背景色。例如安全标志牌上的底色一般采用白色或黑色。 4. 相关方管理 （1）应执行承包商、供应商等相关方管理制度，对其资格预审、选择、服务前准备、作业过程、提供的产品、技术服务、表现评估、续用等进行管理。 （2）不得将项目委托给不具备相应资质或条件的相关方。 （3）生产经营单位和相关方的项目协议应明确规定双方的安全生产责任和义务，或签订专门的安全协议，明确双方的安全责任。 5. 变更管理 生产经营单位应执行变更管理制度，履行审批及验收程序，并对变更过程及变更所产生的隐患进行分析和控制
隐患排查和治理	（1）法律法规、标准规范发生变更或有新的公布，以及操作条件或工艺改变，新建、改建、扩建项目建设，相关方进入、撤出或改变，对事故、事件或其他信息有新的认识，组织机构发生大的调整的，应及时组织隐患排查。 （2）隐患排查的范围应包括所有与生产经营相关的场所、环境、人员、设备设施和活动。 （3）根据隐患排查结果，制订隐患治理方案，对隐患及时进行治理。治理完成后，应对治理情况进行验证和效果评估。 （4）生产经营单位应根据生产经营状况及隐患排查治理情况，运用定量的安全生产预测预警技术，建立体现本单位安全生产状况及发展趋势的预警指数系统

续表

项目	具体内容
应急救援	1. 应急机构和队伍 (1)生产经营单位应建立安全生产应急管理机构,或指定专人负责安全生产应急管理工作。 (2)建立与本单位生产特点相适应的专兼职应急救援队伍,或指定专兼职应急救援人员,并组织训练。 (3)无须建立应急救援队伍的,可与附近具备专业资质的应急救援队伍签订服务协议。 2. 应急预案 生产经营单位应按规定制订生产安全事故应急预案,并针对重点作业岗位制订应急处置方案或措施,形成安全生产应急预案体系。 3. 应急设施、装备、物资 生产经营单位应按规定建立应急设施,配备应急装备,储备应急物资,并进行经常性的检查、维护、保养,确保其完好、可靠。 4. 应急演练 (1)生产经营单位应组织生产安全事故应急演练,并对演练效果进行评估。 (2)根据评估结果,修订、完善应急预案,改进应急管理工作。 5. 事故救援 发生事故后,应立即启动相关应急预案,积极开展事故救援

第六节 安全风险分级管控和隐患排查治理双重预防机制

考点1 总体思路和工作目标

项目	具体内容
总体思路	准确把握安全生产的特点和规律,坚持风险预控、关口前移,全面推行安全风险分级管控,进一步强化隐患排查治理,推进事故预防工作科学化、信息化、标准化,实现把风险控制在隐患形成之前、把隐患消灭在事故前面
工作目标	尽快建立健全安全风险分级管控和隐患排查治理的工作制度和规范,完善技术工程支撑、智能化管控、第三方专业化服务的保障措施,实现企业安全风险自辨自控、隐患自查自治,形成政府领导有力、部门监管有效、企业责任落实、社会参与有序的工作格局,提升安全生产整体预控能力,夯实遏制重特大事故的坚强基础

考点 2　着力构建企业双重预防机制

项目	具体内容
着力构建企业双重预防机制	(1)全面开展安全风险辨识。 (2)科学评定安全风险等级。 (3)有效管控安全风险。 (4)实施安全风险公告警示。 (5)建立完善隐患排查治理体系

考点 3　健全完善双重预防机制的政府监管体系

项目	具体内容
健全完善双重预防机制的政府监管体系	(1)健全完善标准规范。 (2)实施分级分类安全监管。 (3)有效管控区域安全风险。 (4)加强安全风险源头管控

考点 4　强化政策引导和技术支撑

项目	具体内容
强化政策引导和技术支撑	(1)完善相关政策措施。 (2)深入推进企业安全生产标准化建设。 (3)充分发挥第三方服务机构作用。 (4)强化智能化、信息化技术的应用

考点 5　有关工作要求

项目	具体内容
有关工作要求	(1)强化组织领导。 (2)强化示范带动。 (3)强化舆论引导。 (4)强化督促检查

考点 6　风险分级及管控原则

项目	具体内容
基本原则	安全风险等级从高到低划分为 4 级: A 级:重大风险/红色风险,评估属不可容许的危险;必须建立管控档案,明确不可容许的危险内容及可能触发事故的因素,采取安全措施,并制定应急措施;当风险涉及正

续表

项目	具体内容
基本原则	在进行中的作业时,应暂停作业。 B级:较大风险/橙色风险,评估属高度危险:必须建立管控档案,明确高度危险内容及可能触发事故的因素,采取安全措施;当风险涉及正在进行中的作业时,应采取应急措施。 C级:一般风险/黄色风险,评估属中度危险;必须明确中度危险内容及可能触发事故的因素,综合考虑伤害的可能性并采取安全措施,完成控制管理。 D级:低风险/蓝色风险,评估属轻度危险和可容许的危险;需要跟踪监控,综合考虑伤害的可能性并采取安全措施,完成控制管理
升级管控	涉及下列情形的B级、C级风险,应直接确定为A级: (1)构成危险化学品一级、二级重大危险源的场所和设施。 (2)涉及重点监管化工工艺的主要装置。 (3)危险化学品长输管道。 (4)同一作业单元内现场作业人员10人以上的。 涉及下列情形的C级风险,应直接确定为B级: (1)构成危险化学品三级、四级重大危险源的场所和设施。 (2)涉及剧毒化学品的场所和设施。 (3)化工企业开停车作业或者非正常工况操作。 (4)同一作业单元内现场作业人员3人以上的

第四章　安全生产与劳动防护

知识框架

- 安全生产与劳动防护
  - 劳动防护用品选用与配备
    - 按防护性能分类
    - 按劳动防护用品防护部位分类
    - 按劳动防护用品用途分类
    - 劳动防护用品的配置
    - 劳动防护用品的使用管理
    - 特种劳动防护用品安全标志管理
  - 特种设备安全管理
  - 特种作业安全管理
    - 特种作业的定义和种类
    - 特种作业人员的安全技术培训、考核、发证、复审
    - 监督管理
  - 工伤保险
    - 工伤保险的相关内容
    - 工伤认定及相关规定
    - 劳动能力鉴定及相关规定
    - 工伤保险待遇
  - 安全生产投入
    - 安全生产投入的基本要求
    - 安全生产费用的使用和管理
    - 安全生产责任保险

考点精讲

第一节　劳动防护用品选用与配备

考点1　按防护性能分类

项目	具体内容
特种劳动防护用品	头部护具类、呼吸护具类、眼(面)护具类、防护服类、防护鞋类、防坠落护具类

续表

项目	具体内容
一般劳动防护用品	未列入特种劳动防护用品目录的劳动防护用品为一般劳动防护用品

考点2　按劳动防护用品防护部位分类

项目	具体内容
头部防护用品	头部防护用品指为防御头部不受外来物体打击、挤压伤害和其他因素危害配备的个体防护装备,如安全帽、防静电工作帽等
呼吸器官防护用品	呼吸器官防护用品指为防御有害气体、蒸气、粉尘、烟、雾由呼吸道吸入,或向使用者供氧或新鲜空气,保证尘、毒污染或缺氧环境中作业人员正常呼吸的个体防护装备,是预防尘肺病和职业中毒的重要护具,如长管呼吸器、动力送风过滤式呼吸器、自给闭路式压缩氧气呼吸器、自给闭路式氧气逃生呼吸器、自给开路式压缩空气呼吸器、自给开路式压缩空气逃生呼吸器、自吸过滤式防毒面具、自吸过滤式防颗粒物呼吸器(又称防尘口罩)等
眼面部防护用品	眼面部防护用品指用于防护作业人员的眼睛及面部免受粉尘、颗粒物、金属火花、飞屑、烟气、电磁辐射、化学飞溅物等外界有害因素的个体防护装备,如焊接眼护具、激光防护镜、强光源防护镜、职业眼面部防护具等
听力防护用品	听力防护用品指能够防止过量的声能侵入外耳道,使人耳避免噪声的过度刺激,减少听力损失,预防由噪声对人身引起的不良影响的个体防护装备,如耳塞、耳罩等
手部防护用品	手部防护用品指保护手和手臂,供作业者劳动时戴用的个体防护装备,如带电作业用绝缘手套、防寒手套、防化学品手套、防静电手套、防热伤害手套、焊工防护手套、机械危害防护手套、电离辐射及放射性污染物防护手套等
足部防护用品	足部防护用品指防止生产过程中有害物质和能量损伤劳动者足部的护具,通常人们称劳动防护鞋,如安全鞋、防化学品鞋等
躯干防护用品	躯干防护用品即通常讲的防护服,如防电弧服、防静电服、职业用防雨服、高可视性警示服、隔热服、焊接服、化学防护服、抗油易去污防静电防护服、冷环境防护服、熔融金属飞溅防护服、微波辐射防护服、阻燃服等
坠落防护用品	坠落防护用品指防止高处作业坠落或高处落物伤害的个体防护装备,如安全带、安全绳、缓冲器、缓降装置、连接器、水平生命线装置、速差自控器、自锁器、安全网、登杆脚扣、挂点装置等
劳动护肤用品	劳动护肤用品指用于防止皮肤(主要是面、手等外露部分)免受化学、物理、生物等有害因素危害的个体防护用品,如防油型护肤剂、防水型护肤剂、遮光护肤剂、洗涤剂等
其他个体防护装备	(略)

考点 3　按劳动防护用品用途分类

项目	具体内容
防止伤亡事故	防坠落用品、防冲击用品、防触电用品、防机械外伤用品、防酸碱用品、耐油用品、防水用品、防寒用品
预防职业病	防尘用品、防毒用品、防噪声用品、防振动用品、防辐射用品、防高低温用品等

考点 4　劳动防护用品的配置

项目	具体内容
劳动防护用品的配置要求	(1)生产经营单位应根据本单位安全生产和防止职业性危害的需要，按照工种、环境和作业者身体条件等，为作业人员配备相应的防护装备。个体防护装备的分类、分级及使用范围见《个体防护装备配备规范　第 1 部分：总则》(GB 39800.1—2020)。 (2)存在物体打击、机械伤害、高处坠落等可能对作业者头部产生碰撞伤害的作业场所，应为作业人员配备安全帽等头部防护装备。 (3)存在飞溅物体、化学性物质、非电离辐射等可能对作业者眼、面部产生伤害的作业场所，应配备眼、面部防护装备，如：安全眼镜，化学飞溅防护镜、面罩，焊接护目镜、面罩或防护面具等。 (4)在有噪声(暴露级 $L_{EX,8h}\geqslant 85$ dB)的作业场所，作业人员应佩戴护听器进行听力防护，如：耳塞、耳罩、防噪音头盔等。 (5)接触粉尘的作业人员应配备防尘口罩、防颗粒物呼吸器、防尘眼镜等面部防护装备。 (6)接触有毒、有害物质的作业人员应根据可能接触毒物的种类选择配备相应的防毒面具、空气呼吸器等呼吸防护装备。 (7)从事有可能被传动机械绞碾、夹卷伤害的作业人员应穿戴紧口式防护服，长发应佩戴防护帽，不能戴防护手套。 (8)从事接触腐蚀性化学品的作业人员应穿戴耐化学品防护服、耐化学品防护鞋、耐化学品防护手套等防护装备。 (9)水上作业人员应穿浸水服、救生衣等水上作业防护装备。 (10)在易燃、易爆场所的作业人员应穿戴具有防静电性能的防静电服、防静电鞋、防静电手套等防护装备。 (11)从事电气作业的作业人员应穿戴绝缘防护装备，从事高压带电作业应穿屏蔽服等防护装备。 (12)从事高温、低温作业的作业人员应穿戴耐高温或防寒防护装备。 (13)作业场所存在极端温度、电伤害、腐蚀性化学物质、机械砸伤等可能对作业者足部产生伤害，应选配足部防护装备，如：保护足趾安全鞋、防刺穿鞋、电绝缘鞋、防静电鞋、耐油防护鞋、矿工安全鞋等。 (14)在距坠落高度基准面 2 m 及 2 m 以上，有发生坠落危险的作业场所应为作业人员配备安全带，并加装安全网等防护装备。

续表

项目	具体内容
劳动防护用品的配置要求	(15)同一工作地点存在不同种类的危险、有害因素的,应当为劳动者同时提供防御各类危害的劳动防护用品。需要同时配备的劳动防护用品,还应考虑其可兼容性。 (16)劳动者在不同地点工作,并接触不同的危险、有害因素,或接触不同的危害程度的有害因素的,为其选配的劳动防护用品应满足不同工作地点的防护需求。劳动防护用品的选择还应当考虑其佩戴的合适性和基本舒适性,根据个人特点和需求选择适合号型、式样。 (17)用人单位应当在可能发生急性职业损伤的有毒、有害工作场所配备应急劳动防护用品,放置于现场临近位置并有醒目标识。应当为巡检等流动性作业的劳动者配备随身携带的个人应急防护用品
生产经营单位发放劳动防护用品的责任	(1)用人单位应根据工作场所中的职业危害因素及其危害程度,按照法律、法规、标准的规定,为从业人员免费提供符合国家规定的劳动防护用品。不得以货币或其他物品替代应当配备的护品。 (2)用人单位应到定点经营单位或生产企业购买特种劳动防护用品。特种劳动防护用品必须具有"三证"和"一标志",即生产许可证、产品合格证、安全鉴定证和安全标志。 (3)用人单位应教育从业人员,按照劳动防护用品的使用规则和防护要求正确使用劳动防护用品。使从业人员做到"三会":会检查护品的可靠性,会正确使用劳动防护用品,会正确维护保养劳动防护用品。用人单位应定期进行监督检查。 (4)用人单位应按照产品说明书的要求,及时更换、报废过期和失效的劳动防护用品。 (5)用人单位应建立健全劳动防护用品的购买、验收、保管、发放、使用、更换、报废等管理制度和使用档案,并进行必要的监督检查

考点5 劳动防护用品的使用管理

项目	具体内容
生产经营单位的管理	(1)采购验收:生产经营单位应统一进行劳动防护用品的采购,到货后应由安全管理部门组织相关人员按标准进行验收,一是验收"三证一标志"是否齐全有效;二是对相关劳动防护用品作外观检查,必要时应进行试验验收。 (2)使用前检查:从业人员每次使用劳动防护用品前应对其进行检查,生产经营单位可制定相应检查表,供从业人员检查使用,防止使用功能损坏的劳动防护用品。 (3)使用中检查:安全生产管理部门在组织开展安全检查时,应将劳动防护用品的检查列入检查表,进行经常性的检查。重点是必须在其性能范围内使用,不超极限使用等。 (4)正确使用:从业人员应严格按照使用说明书正确使用劳动防护用品。生产经营单位的领导及安全生产管理人员应经常深入现场,检查指导从业人员正确使用劳动防护用品
政府有关部门的管理	(1)安全生产监督管理部门、煤矿安全监察机构对配发无安全标志的特种劳动防护用品的生产经营单位,有权依法进行查处。

续表

项目	具体内容
政府有关部门的管理	(2)生产经营单位未按国家有关规定为从业人员提供符合国家标准或者行业标准的劳动防护用品,配发无安全标志的特种劳动防护用品的,安全生产监督管理部门或者煤矿安全监察机构有权责令限期改正;逾期未改正的,可责令停产停业整顿,可以并处5万元以下的罚款;对于造成严重后果,构成犯罪的,有权依法追究刑事责任。 (3)生产或者经营劳动防护用品的企业生产或经营假冒伪劣劳动防护用品和无安全标志的特种劳动防护用品的,安全生产监督管理部门或者煤矿安全监察机构责令停止违法行为,可以并处3万元以下的罚款。 (4)进口的一般劳动防护用品的安全防护性能不得低于我国相关标准,并向国家安全生产监督管理总局(现已并入应急管理部)指定的特种劳动防护用品安全标志管理机构申请办理准用手续;进口的特种劳动防护用品应当按照规定取得安全标志

考点6　特种劳动防护用品安全标志管理

项目	具体内容
特种劳动防护用品安全标志管理	(1)对特种劳动防护用品实行安全标志管理。特种劳动防护用品安全标志管理工作由国家安全生产监督管理总局(现已并入应急管理部)指定的特种劳动防护用品安全标志管理机构实施,受指定的特种劳动防护用品安全标志管理机构对其核发的安全标志负责。 (2)对生产经营单位的要求。①生产劳动防护用品的企业生产的特种劳动防护用品,必须取得特种劳动防护用品安全标志。②经营劳动防护用品的单位应有工商行政管理部门(现为市场监督管理部门)核发的营业执照、有满足需要的固定场所和了解相关防护用品知识的人员。经营劳动防护用品的单位不得经营假冒伪劣劳动防护用品和无安全标志的特种劳动防护用品。③生产经营单位不得采购和使用无安全标志的特种劳动防护用品;购买的特种劳动防护用品须经本单位的安全生产技术部门或者管理人员检查验收。 (3)监督检查:安全生产监督管理部门、煤矿安全监察机构依法对劳动防护用品使用情况和特种劳动防护用品安全标志进行监督检查,督促生产经营单位按照国家有关规定为从业人员配备符合国家标准或者行业标准的劳动防护用品
特种劳动防护用品目录	(1)头部护具类:安全帽。 (2)呼吸护具类:防尘口罩、过滤式防毒面具、自给式空气呼吸器、长管面具。 (3)眼(面)护具类:焊接眼面防护具、防冲击眼护具。 (4)防护服类:阻燃防护服、防酸工作服、防静电工作服。 (5)防护鞋类:保护足趾安全鞋、防静电鞋、导电鞋、防刺穿鞋、胶面防砸安全靴、电绝缘鞋、耐酸碱皮鞋、耐酸碱胶靴、耐酸碱塑料模压靴。 (6)防坠落护具类:安全带、安全网、密目式安全立网

续表

项目	具体内容
特种劳动防护用品安全标志标识	1. 特种劳动防护用品安全标志标识 (1)劳动防护用品生产企业所生产的特种劳动防护用品,必须取得特种劳动防护用品安全标志,否则不得生产和销售。使用特种劳动防护用品的生产经营单位也不得购买、配发和使用无安全标志的特种劳动防护用品。 (2)特种劳动防护用品安全标志是确认特种劳动防护用品安全防护性能符合国家标准、行业标准,准许生产经营单位配发和使用该劳动防护用品的凭证。 (3)特种劳动防护用品安全标志由特种劳动防护用品安全标志证书和特种劳动防护用品安全标志标识两部分组成。 (4)特种劳动防护用品安全标志证书由国家安全生产监督管理总局(现已并入应急管理部)监制,加盖特种劳动防护用品安全标志管理中心印章。 (5)取得特种劳动防护用品安全标志的产品应在产品的明显位置加施特种劳动防护用品安全标志标识,标识加施应牢固耐用。 (6)特种劳动防护用品安全标志标识由盾牌图形和特种劳动防护用品安全标志的编号组成。不同尺寸的图形用于不同类型的特种劳动防护用品。 2. 特种劳动防护用品安全标志标识的说明 (1)本标识采用古代盾牌之形状,取“防护”之意。 (2)盾牌中间采用字母“LA”表示“劳动安全”之意。 (3)“××-××-××××××”是标识的编号。编号采用3层数字和字母组合编号方法编制。第一层的两位数字代表获得标识使用授权的年份;第二层的两位数字代表获得标识使用授权的生产企业所属的省级行政地区的区划代码(进口产品,第二层的代码则以两位英文字母缩写表示该进口产品产地的国家代码);第三层代码的前三位数字代表产品的名称代码,后三位数字代表获得标识使用授权的顺序。 (4)参照《安全色》的规定,标识边框、盾牌及“安全防护”为绿色,“LA”及背景为白色,标识编号为黑色。 (5)标识规格与适用范围。①焊接护目镜、焊接面罩、防冲击护眼具:18 mm(包括编号)×12 mm。②安全帽、防尘口罩、过滤式防毒面具面罩、过滤式防毒面具滤毒罐(盒)、自给式空气呼吸器、长管面具:27 mm(包括编号)×18 mm。③阻燃防护服、防酸工作服、防静电工作服、防静电鞋、导电鞋、保护足趾安全鞋、胶面防砸安全鞋、耐酸碱皮鞋、耐酸碱胶靴、耐酸碱塑料膜压靴、防穿刺鞋、电绝缘鞋:39 mm(包括编号)×26 mm。④安全带、安全网、密目式安全立网:69 mm(包括编号)×46 mm。 3. 特种劳动防护用品安全标志的申请、受理、核发和日常管理 申请特种劳动防护用品安全标志的生产单位(以下简称申请单位)应具备下列条件: (1)具有工商行政管理部门(现为市场监督管理部门)核发的营业执照。 (2)具有能满足生产需要的生产场所和技术力量。 (3)具有能保证产品安全防护性能的生产设备。 (4)具有能满足产品安全防护性能要求的检测检验设备。 (5)具有完善的质量保证体系。 (6)具有产品标准和相关技术文件。 (7)其产品符合国家标准或行业标准要求。 (8)法律、法规规定的其他条件

第二节 特种设备安全管理

考点 特种设备安全管理

项目	具体内容
锅炉压力容器使用安全管理	锅炉压力容器使用安全管理措施包括： (1)使用许可厂家合格产品。 (2)登记建档。 (3)专责管理。 (4)建立制度。 (5)持证上岗。 (6)照章运行。 (7)定期检验。在设备的设计使用期限内，每隔一定的时间对其承压部件和安全装置进行检测检查或做必要的试验是及早发现缺陷、消除隐患、保证设备安全运行的一项行之有效的措施。 (8)监控水质。 (9)报告事故
锅炉正常运行中的监督调节	1. 锅炉水位的监督调节 (1)锅炉水位保持在正常水位线处，允许在正常水位线上下 50 mm 内波动。 (2)水位的调节通常与气压、蒸发量的调节联系在一起。 (3)锅炉低负荷运行，水位稍高于正常水位。 (4)高负荷运行，则稍低于正常水位。 2. 锅炉气压的监督调节 (1)锅炉运行中，蒸汽压力应基本上保持稳定。 (2)负荷小于蒸发量，气压就上升。 (3)负荷大于蒸发量，气压就下降。 (4)根据负荷的变化，相应增减锅炉的燃料量、风量、给水量。 (5)间断上水的锅炉，上水应均匀。 (6)上水间隔时间不宜过长，一次上水不宜过多。 (7)燃烧减弱时不宜上水，人工烧炉在投煤、扒渣时不宜上水。 3. 燃烧的监督调节 (1)使燃料燃烧供热适应负荷的要求，维持气压稳定。 (2)使燃烧完好正常，减少未完全燃烧损失，减轻金属腐蚀和大气污染。 (3)对负压燃烧锅炉，维持引风和鼓风的均衡，保持炉膛一定的负压，以保证操作安全和减少排烟损失。 4. 气温的调节 (1)锅炉负荷、燃料及给水温度的改变会造成过热气温的改变。

续表

项目	具体内容
锅炉正常运行中的监督调节	(2)过热器本身的传热特性不同,上述因素改变时气温变化规律不同。 5. 排污和吹灰 (1)排污:保持受热面内部清洁,避免锅水发生汽水共腾及蒸汽品质恶化。 (2)吹灰:避免积灰影响锅炉传热,降低锅炉效率,产生安全隐患
停炉	1. 正常停炉次序 (1)先停燃料供应,随之停止送风,减少引风。 (2)与此同时,逐渐降低锅炉负荷,相应地减少锅炉上水,但应维护锅炉水位稍高于正常水位,对燃气、燃油锅炉,炉膛停火后引风机至少要继续引风 5 min 以上。 (3)锅炉停止供汽后,应隔断与蒸汽母管的连接,排气降压,为保护过热器,防止其金属超温,可打开过热器出口集箱疏水阀适当放气。 2. 紧急停炉次序 (1)立即停止添加燃料和送风,减弱引风。 (2)与此同时,设法熄灭炉膛内的燃料,对于一般层燃炉可以用沙土或湿灰灭火,链条炉可以开快挡使炉排快速运转,把红火送入灰坑。 (3)灭火后即把炉门、灰门及烟道挡板打开,以加强通风冷却。 (4)锅内可以较快降压并更换锅水,锅水冷却至 70 ℃左右允许排水,因缺水紧急停炉时,严禁给锅炉上水,并不得开启空气阀及安全阀快速降压。 3. 紧急停炉情况 锅炉水位低于水位表的下部可见边缘,不断加大向锅炉进水及采取其他措施,但水位仍继续下降,锅炉水位超过最高可见水位(满水),经放水仍不能见到水位,给水泵全部失效或给水系统故障,不能向锅炉进水,水位表或安全阀全部失效,设置在汽空间的压力表全部失效,锅炉元件损坏,危及操作人员安全,燃烧设备损坏、炉墙倒塌或锅炉构件被烧红等,其他异常情况危及锅炉安全运行。 4. 停炉保养 (1)主要指锅内保养,即汽水系统内部为避免或减轻腐蚀而进行的防护保养。 (2)常用的保养方式:①压力保养。②湿法保养。③干法保养。④充气保养
锅炉定期检验	(1)类别。外部检验;内部检验;水压试验。 (2)检验周期。①外部检验一般每年进行一次。②内部检验一般每两年进行一次。③水压试验一般每六年进行一次。 (3)检验内容。①锅炉管理检查、本体检验、安全附件、自控调节及保护装置检验、辅机和附件检验、水质管理和水处理设备检验等。②以宏观检验为主,配合对一些安全装置、设备的功能;确认水压试验:试验压力至少保持 20 min。 (4)检验结论。①内部:允许运行、整改后运行、限制条件下运行、停止运行。②外部:允许运行、监督运行、停止运行。③水压试验:合格、不合格
压力容器定期检验	(1)压力容器一般于投用后 3 年内进行首次定期检验。以后的检验周期由检验机构根据压力容器的安全状况等级,按照以下要求确定:①安全状况等级为 1、2 级的,一般

续表

项目	具体内容
压力容器定期检验	每6年检验一次。②安全状况等级为3级的,一般每3年至6年检验一次。③安全状况等级为4级的,监控使用,其检验周期由检验机构确定,累计监控使用时间不得超过3年,在监控使用期间,使用单位应当采取有效的监控措施。④安全状况等级为5级的,应当对缺陷进行处理,否则不得继续使用。 (2)有下列情况之一的压力容器,定期检验周期可以适当缩短:①介质对压力容器材料的腐蚀情况不明或者腐蚀情况异常的。②具有环境开裂倾向或者产生机械损伤现象,并且已经发现开裂的。③改变使用介质并且可能造成腐蚀现象恶化的。④材质劣化现象比较明显的。⑤使用单位没有按照规定进行年度检查的;⑥检验中对其他影响安全的因素有怀疑的。 (3)安全状况等级为1、2级的压力容器,符合下列条件之一的,定期检验周期可以适当延长:①介质腐蚀速率每年低于0.1 mm、有可靠的耐腐蚀金属衬里或者热喷质涂金属涂层的压力容器,通过1次至2次定期检验,确认腐蚀轻微或者衬里完好的,其检验周期最长可以延长至12年。②装有催化剂的反应容器以及装有充填物的压力密器,其检验周期根据设计图样和实际使用情况,自使用单位和检验机构协商确定(必要时征求设计单位的意见),报办理《特种设备使用登记证》的质量技术监督部门备案

第三节　特种作业安全管理

考点1　特种作业的定义和种类

项目	具体内容
定义	特种作业,是指容易发生事故,对操作者本人、他人的安全健康及设备、设施的安全可能造成重大危害的作业
种类	1. 电工作业 电工作业指对电气设备进行运行、维护、安装、检修、改造、施工、调试等作业(不含电力系统进网作业)。 (1)高压电工作业,指对1千伏(kV)及以上的高压电气设备进行运行、维护、安装、检修、改造、施工、调试、试验及绝缘工、器具进行试验的作业。 (2)低压电工作业,指对1千伏(kV)以下的低压电器设备进行安装、调试、运行操作、维护、检修、改造施工和试验的作业。 (3)防爆电气作业,指对各种防爆电气设备进行安装、检修、维护的作业。 适用于除煤矿井下以外的防爆电气作业。 2. 焊接与热切割作业 焊接与热切割作业指运用焊接或者热切割方法对材料进行加工的作业(不含《特种设

续表

项目	具体内容
种类	备安全监察条例》规定的有关作业）。 （1）熔化焊接与热切割作业，指使用局部加热的方法将连接处的金属或其他材料加热至熔化状态而完成焊接与切割的作业。适用于气焊与气割、焊条电弧焊与碳弧气刨、埋弧焊、气体保护焊、等离子弧焊、电渣焊、电子束焊、激光焊、氧熔剂切割、激光切割、等离子切割等作业。 （2）压力焊作业，指利用焊接时施加一定压力而完成的焊接作业。适用于电阻焊、气压焊、爆炸焊、摩擦焊、冷压焊、超声波焊、锻焊等作业。 （3）钎焊作业，指使用比母材熔点低的材料作钎料，将焊件和钎料加热到高于钎料熔点，但低于母材熔点的温度，利用液态钎料润湿母材，填充接头间隙并与母材相互扩散而实现连接焊件的作业。适用于火焰钎焊作业、电阻钎焊作业、感应钎焊作业、浸渍钎焊作业、炉中钎焊作业，不包括烙铁钎焊作业。 3. 高处作业 高处作业指专门或经常在坠落高度基准面 2 m 及以上有可能坠落的高处进行的作业。 （1）登高架设作业，指在高处从事脚手架、跨越架架设或拆除的作业。 （2）高处安装、维护、拆除作业，指在高处从事安装、维护、拆除的作业。适用于利用专用设备进行建筑物内外装饰、清洁、装修，电力、电信等线路架设，高处管道架设，小型空调高处安装、维修，各种设备设施与户外广告设施的安装、检修、维护以及在高处从事建筑物、设备设施拆除作业。 4. 制冷与空调作业 制冷与空调作业指对大中型制冷与空调设备运行操作、安装与修理的作业。 （1）制冷与空调设备运行操作作业。指对各类生产经营企业和事业等单位的大中型制冷与空调设备运行操作的作业。适用于化工类（石化、化工、天然气液化、工艺性空调）生产企业，机械类（冷加工、冷处理、工艺性空调）生产企业，食品类（酿造、饮料、速冻或冷冻调理食品、工艺性空调）生产企业，农副产品加工类（屠宰及肉食品加工、水产加工、果蔬加工）生产企业，仓储类（冷库、速冻加工、制冰）生产经营企业，运输类（冷藏运输）经营企业，服务类（电信机房、体育场馆、建筑的集中空调）经营企业和事业等单位的大中型制冷与空调设备运行操作作业。 （2）制冷与空调设备安装修理作业，指对 4.（1）所指制冷与空调设备整机、部件及相关系统进行安装、调试与维修的作业。 5. 煤矿安全作业 （1）煤矿井下电气作业，指从事煤矿井下机电设备的安装、调试、巡检、维修和故障处理，保证本班机电设备安全运行的作业。适用于与煤共生、伴生的坑探、矿井建设、开采过程中的井下电钳等作业。 （2）煤矿井下爆破作业，指在煤矿井下进行爆破的作业。 （3）煤矿安全监测监控作业，指从事煤矿井下安全监测监控系统的安装、调试、巡检、维修，保证其安全运行的作业。适用于与煤共生、伴生的坑探、矿井建设、开采过程中的

续表

项目	具体内容
种类	安全监测监控作业。 (4)煤矿瓦斯检查作业,指从事煤矿井下瓦斯巡检工作,负责管辖范围内通风设施的完好及通风、瓦斯情况检查,按规定填写各种记录,及时处理或汇报发现的问题的作业。适用于与煤共生、伴生的矿井建设、开采过程中的煤矿井下瓦斯检查作业。 (5)煤矿安全检查作业,指从事煤矿安全监督检查,巡检生产作业场所的安全设施和安全生产状况,检查并督促处理相应事故隐患的作业。 (6)煤矿提升机操作作业,指操作煤矿的提升设备运送人员、矿石、矸石和物料,并负责巡检和运行记录的作业。适用于操作煤矿提升机,包括立井、暗立井提升机,斜井、暗斜井提升机以及露天矿山斜坡卷扬提升的提升机作业。 (7)煤矿采煤机(掘进机)操作作业,指在采煤工作面、掘进工作面操作采煤机、掘进机,从事落煤、装煤、掘进工作,负责采煤机、掘进机巡检和运行记录,保证采煤机、掘进机安全运行的作业。适用于煤矿开采、掘进过程中的采煤机、掘进机作业。 (8)煤矿瓦斯抽采作业,指从事煤矿井下瓦斯抽采钻孔施工、封孔、瓦斯流量测定及瓦斯抽采设备操作等,保证瓦斯抽采工作安全进行的作业。适用于煤矿、与煤共生和伴生的矿井建设、开采过程中的煤矿地面和井下瓦斯抽采作业。 (9)煤矿防突作业,指从事煤与瓦斯突出的预测预报、相关参数的收集与分析、防治突出措施的实施与检查、防突效果检验等,保证防突工作安全进行的作业。适用于煤矿、与煤共生和伴生的矿井建设、开采过程中的煤矿井下煤与瓦斯防突作业。 (10)煤矿探放水作业,指从事煤矿探放水的预测预报、相关参数的收集与分析、探放水措施的实施与检查、效果检验等,保证探放水工作安全进行的作业。适用于煤矿、与煤共生和伴生的矿井建设、开采过程中的煤矿井下探放水作业。 6. 金属非金属矿山安全作业 (1)金属非金属矿井通风作业,指安装井下局部通风机,操作地面主要扇风机、井下局部通风机和辅助通风机,操作、维护矿井通风构筑物,进行井下防尘,使矿井通风系统正常运行,保证局部通风,以预防中毒窒息和除尘等的作业。 (2)尾矿作业,指从事尾矿库放矿、筑坝、巡坝、抽洪和排渗设施的作业。适用于金属非金属矿山的尾矿作业。 (3)金属非金属矿山安全检查作业,指从事金属非金属矿山安全监督检查,巡检生产作业场所的安全设施和安全生产状况,检查并督促处理相应事故隐患的作业。 (4)金属非金属矿山提升机操作作业,指操作金属非金属矿山的提升设备运送人员、矿石、矸石和物料,及负责巡检和运行记录的作业。适用于金属非金属矿山的提升机,包括竖井、盲竖井提升机,斜井、盲斜井提升机以及露天矿山斜坡卷扬提升的提升机作业。 (5)金属非金属矿山支柱作业,指在井下检查井巷和采场顶、帮的稳定性,撬浮石,进行支护的作业。 (6)金属非金属矿山井下电气作业,指从事金属非金属矿山井下机电设备的安装、调试、巡检、维修和故障处理,保证机电设备安全运行的作业

续表

项目	具体内容
种类	(7)金属非金属矿山排水作业,指从事金属非金属矿山排水设备日常使用、维护、巡检的作业。 (8)金属非金属矿山爆破作业,指在露天和井下进行爆破的作业。 7.石油天然气安全作业 司钻作业,指石油、天然气开采过程中操作钻机起升钻具的作业。适用于陆上石油、天然气司钻(含钻井司钻、作业司钻及勘探司钻)作业。 8.冶金(有色)生产安全作业 煤气作业,指冶金、有色企业内从事煤气生产、储存、输送、使用、维护检修的作业。 9.危险化学品安全作业 危险化学品安全作业指从事危险化工工艺过程操作及化工自动化控制仪表安装、维修、维护的作业。 (1)光气及光气化工艺作业,指光气合成以及厂内光气储存、输送和使用岗位的作业。 (2)氯碱电解工艺作业,指氯化钠和氯化钾电解、液氯储存和充装岗位的作业。适用于氯化钠(食盐)水溶液电解生产氯气、氢氧化钠、氢气,氯化钾水溶液电解生产氯气、氢氧化钾、氢气等工艺过程的操作作业。 (3)氯化工艺作业,指液氯储存、气化和氯化反应岗位的作业。适用于取代氯化,加成氯化,氧氯化等工艺过程的操作作业。 (4)硝化工艺作业,指硝化反应、精馏分离岗位的作业。适用于直接硝化法,间接硝化法,亚硝化法等工艺过程的操作作业。 (5)合成氨工艺作业,指压缩、氨合成反应、液氨储存岗位的作业。适用于节能氨五工艺法(AMV),德士古水煤浆加压气化法、凯洛格法,甲醇与合成氨联合生产的联醇法,纯碱与合成氨联合生产的联碱法,采用变换催化剂、氧化锌脱硫剂和甲烷催化剂的“三催化”气体净化法工艺过程的操作作业。 (6)裂解(裂化)工艺作业,指石油系的烃类原料裂解(裂化)岗位的作业。 (7)氟化工艺作业,指氟化反应岗位的作业。适用于直接氟化,金属氟化物或氟化氢气体氟化,置换氟化以及其他氟化物的制备等工艺过程的操作作业。 (8)加氢工艺作业,指加氢反应岗位的作业。 (9)重氮化工艺作业,指重氮化反应、重氮盐后处理岗位的作业。适用于顺法、反加法、亚硝酰硫酸法、硫酸铜触媒法以及盐析法等工艺过程的操作作业。 (10)氧化工艺作业,指氧化反应岗位的作业。 (11)过氧化工艺作业,指过氧化反应、过氧化物储存岗位的作业。 (12)胺基化工艺作业,指胺基化反应岗位的作业。 (13)磺化工艺作业,指磺化反应岗位的作业。 (14)聚合工艺作业,指聚合反应岗位的作业。 (15)烷基化工艺作业,指烷基化反应岗位的作业。 (16)化工自动化控制仪表作业,指化工自动化控制仪表系统安装、维修、维护的作业。

续表

项目	具体内容
种类	10. 烟花爆竹安全作业 烟花爆竹安全作业指从事烟花爆竹生产、储存中的药物混合、造粒、筛选、装药、筑药、压药、搬运等危险工序的作业。 (1)烟火药制造作业，指从事烟火药的粉碎、配药、混合、造粒、筛选、干燥、包装等作业。 (2)黑火药制造作业，指从事黑火药的潮药、浆硝、包片、碎片、油压、抛光和包浆等作业。 (3)引火线制造作业，指从事引火线的制引、浆引、漆引、切引等作业。 (4)烟花爆竹产品涉药作业，指从事烟花爆竹产品加工中的压药、装药、筑药、褙药剂、已装药的钻孔等作业。 (5)烟花爆竹储存作业，指从事烟花爆竹仓库保管、守护、搬运等作业。 除此之外，还包括安全监管总局认定的其他作业

考点 2　特种作业人员的安全技术培训、考核、发证、复审

项目	具体内容
原则	特种作业人员的安全技术培训、考核、发证、复审工作实行统一监管、分级实施、教考分离的原则
培训	(1)特种作业人员应当接受与其所从事的特种作业相应的安全技术理论培训和实际操作培训。 ①已经取得职业高中、技工学校及中专以上学历的毕业生从事与其所学专业相应的特种作业，持学历证明经考核发证机关同意，可以免予相关专业的培训。 ②跨省、自治区、直辖市从业的特种作业人员，可以在户籍所在地或者从业所在地参加培训。 (2)对特种作业人员的安全技术培训，具备安全培训条件的生产经营单位应当以自主培训为主，也可以委托具备安全培训条件的机构进行培训。 ①不具备安全培训条件的生产经营单位，应当委托具备安全培训条件的机构进行培训。 ②生产经营单位委托其他机构进行特种作业人员安全技术培训的，保证安全技术培训的责任仍由本单位负责。 ③从事特种作业人员安全技术培训的机构(以下统称培训机构)，应当制定相应的培训计划、教学安排，并按照安全监管总局、煤矿安监局制定的特种作业人员培训大纲和煤矿特种作业人员培训大纲进行特种作业人员的安全技术培训
考核发证	(1)特种作业人员的考核包括考试和审核两部分。考试由考核发证机关或其委托的单位负责；审核由考核发证机关负责。①安全监管总局、煤矿安监局分别制定特种作业

续表

项目	具体内容
考核发证	人员、煤矿特种作业人员的考核标准,并建立相应的考试题库。②考核发证机关或其委托的单位应当按照安全监管总局、煤矿安监局统一制定的考核标准进行考核。 (2)参加特种作业操作资格考试的人员,应当填写考试申请表,由申请人或者申请人的用人单位持学历证明或者培训机构出具的培训证明向申请人户籍所在地或者从业所在地的考核发证机关或其委托的单位提出申请。①考核发证机关或其委托的单位收到申请后,应当在60日内组织考试。②特种作业操作资格考试包括安全技术理论考试和实际操作考试两部分。考试不及格的,允许补考1次。经补考仍不及格的,重新参加相应的安全技术培训。 (3)考核发证机关委托承担特种作业操作资格考试的单位应当具备相应的场所、设施、设备等条件,建立相应的管理制度,并公布收费标准等信息。 (4)考核发证机关或其委托承担特种作业操作资格考试的单位,应当在考试结束后10个工作日内公布考试成绩。 (5)符合本规定第四条规定并经考试合格的特种作业人员,应当向其户籍所在地或者从业所在地的考核发证机关申请办理特种作业操作证,并提交身份证复印件、学历证书复印件、体检证明、考试合格证明等材料。 (6)收到申请的考核发证机关应当在5个工作日内完成对特种作业人员所提交申请材料的审查,作出受理或者不予受理的决定。能够当场作出受理决定的,应当当场作出受理决定;申请材料不齐全或者不符合要求的,应当当场或者在5个工作日内一次告知申请人需要补正的全部内容,逾期不告知的,视为自收到申请材料之日起即已被受理。 (7)对已经受理的申请,考核发证机关应当在20个工作日内完成审核工作。符合条件的,颁发特种作业操作证;不符合条件的,应当说明理由。 (8)特种作业操作证有效期为6年,在全国范围内有效。 特种作业操作证由安全监管总局统一式样、标准及编号。 (9)特种作业操作证遗失的,应当向原考核发证机关提出书面申请,经原考核发证机关审查同意后,予以补发。 特种作业操作证所记载的信息发生变化或者损毁的,应当向原考核发证机关提出书面申请,经原考核发证机关审查确认后,予以更换或者更新
复审	(1)特种作业操作证每3年复审1次。特种作业人员在特种作业操作证有效期内,连续从事本工种10年以上,严格遵守有关安全生产法律法规的,经原考核发证机关或者从业所在地考核发证机关同意,特种作业操作证的复审时间可以延长至每6年1次。 (2)特种作业操作证需要复审的,应当在期满前60日内,由申请人或者申请人的用人单位向原考核发证机关或者从业所在地考核发证机关提出申请,并提交下列材料:①社区或者县级以上医疗机构出具的健康证明;②从事特种作业的情况;③安全培训考试合格记录。特种作业操作证有效期届满需要延期换证的,应当按照前款的规定申请延期复审。

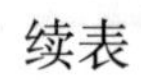

续表

项目	具体内容
复审	(3)特种作业操作证申请复审或者延期复审前,特种作业人员应当参加必要的安全培训并考试合格。安全培训时间不少于8个学时,主要培训法律、法规、标准、事故案例和有关新工艺、新技术、新装备等知识。 (4)申请复审的,考核发证机关应当在收到申请之日起20个工作日内完成复审工作。复审合格的,由考核发证机关签章、登记,予以确认;不合格的,说明理由。 申请延期复审的,经复审合格后,由考核发证机关重新颁发特种作业操作证。 (5)特种作业人员有下列情形之一的,复审或者延期复审不予通过:①健康体检不合格的。②违章操作造成严重后果或者有2次以上违章行为,并经查证确实的。③有安全生产违法行为,并给予行政处罚的。④拒绝、阻碍安全生产监管监察部门监督检查的。⑤未按规定参加安全培训,或者考试不合格的。 (6)申请人对复审或者延期复审有异议的,可以依法申请行政复议或者提起行政诉讼

考点3　监督管理

项目	具体内容
监督管理	(1)考核发证机关或其委托的单位及其工作人员应当忠于职守、坚持原则、廉洁自律,按照法律、法规、规章的规定进行特种作业人员的考核、发证、复审工作,接受社会的监督。 (2)考核发证机关应当加强对特种作业人员的监督检查,发现其具有下述第(3)条规定情形的,及时撤销特种作业操作证;对依法应当给予行政处罚的安全生产违法行为,按照有关规定依法对生产经营单位及其特种作业人员实施行政处罚。 考核发证机关应当建立特种作业人员管理信息系统,方便用人单位和社会公众查询;对于注销特种作业操作证的特种作业人员,应当及时向社会公告。 (3)有下列情形之一的,考核发证机关应当撤销特种作业操作证:①超过特种作业操作证有效期未延期复审的。②特种作业人员的身体条件已不适合继续从事特种作业的。③对发生生产安全事故负有责任的。④特种作业操作证记载虚假信息的。⑤以欺骗、贿赂等不正当手段取得特种作业操作证的。 特种作业人员违反上述第④项、第⑤项规定的,3年内不得再次申请特种作业操作证。 (4)有下列情形之一的,考核发证机关应当注销特种作业操作证:①特种作业人员死亡的。②特种作业人员提出注销申请的。③特种作业操作证被依法撤销的。 (5)离开特种作业岗位6个月以上的特种作业人员,应当重新进行实际操作考试,经确认合格后方可上岗作业。 (6)省、自治区、直辖市人民政府安全生产监督管理部门和负责煤矿特种作业人员考核发证工作的部门或者指定的机构应当每年分别向安全监管总局、煤矿安监局报告特种作业人员的考核发证情况。 (7)生产经营单位应当加强对本单位特种作业人员的管理,建立健全特种作业人员培

续表

项目	具体内容
监督管理	训、复审档案,做好申报、培训、考核、复审的组织工作和日常的检查工作。 (8)特种作业人员在劳动合同期满后变动工作单位的,原工作单位不得以任何理由扣押其特种作业操作证。 跨省、自治区、直辖市从业的特种作业人员应当接受从业所在地考核发证机关的监督管理。 (9)生产经营单位不得印制、伪造、倒卖特种作业操作证,或者使用非法印制、伪造、倒卖的特种作业操作证。 特种作业人员不得伪造、涂改、转借、转让、冒用特种作业操作证或者使用伪造的特种作业操作证

第四节　工伤保险

考点 1　工伤保险的相关内容

项目	具体内容
工伤保险的定义	(1)工伤保险,是指劳动者在工作中或在规定的特殊情况下,遭受意外伤害或患职业病导致暂时或永久丧失劳动能力以及死亡时,劳动者或其遗属从国家和社会获得物质帮助的一种社会保险制度。 (2)工伤保险,又称职业伤害保险。 (3)工伤保险是通过社会统筹的办法,集中用人单位缴纳的工伤保险费,建立工伤保险基金,对劳动者在生产经营活动中遭受意外伤害或职业病,并由此造成死亡、暂时或永久丧失劳动能力时,给予劳动者及其实用性法定的医疗救治以及必要的经济补偿的一种社会保障制度。这种补偿既包括医疗、康复所需费用,也包括保障基本生活的费用
工伤保险的特点	(1)工伤保险对象的范围是在生产劳动过程中的劳动者。由于职业危害无所不在,无时不在,任何人都不能完全避免职业伤害。因此工伤保险作为抗御职业危害的保险制度适用于所有职工,任何职工发生工伤事故或遭受职业疾病,都应毫无例外地获得工伤保险待遇。 (2)工伤保险的责任具有赔偿性。也就是说劳动者的生命健康权、生存权和劳动权受到影响、损害甚至被剥夺了。因此工伤保险是基于对工伤职工的赔偿责任而设立的一种社会保险制度,其他社会保险是基于对职工生活困难的帮助和补偿责任而设立的。统一专属工伤保险方案与社保完全对接,补充了一次性伤残就业补助金的赔偿。 (3)工伤保险实行无过错责任原则。无论工伤事故的责任归于用人单位还是职工个人或第三者,用人单位均应承担保险责任。

续表

项目	具体内容
工伤保险的特点	(4)工伤保险不同于养老保险等险种,劳动者不缴纳保险费,全部费用由用人单位负担。即工伤保险的投保人为用人单位。 (5)工伤保险待遇相对优厚,标准较高,但因工伤事故的不同而有所差别。 (6)工伤保险作为社会福利,其保障内容比商业意外保险要丰富。除了在工作时的意外伤害,也包括职业病的报销、急性病猝死保险金、丧葬补助(工伤身故)
工伤保险的原则	工伤保险遵循以下十个原则: (1)无责任补偿(无过失补偿)原则。 (2)国家立法、强制实施原则。 (3)风险分担、互助互济原则。 (4)个人不缴费原则。 (5)区别因工与非因工原则。 (6)经济赔偿与事故预防、职业病防治相结合原则。 (7)一次性补偿与长期补偿相结合原则。 (8)确定伤残和职业病等级原则。 (9)区别直接经济损失与间接经济损失原则。 (10)集中管理原则

考点2　工伤认定及相关规定

项目	具体内容
工伤认定	根据《工伤保险条例》第十四条规定,职工有下列情形之一的,应当认定为工伤: (1)在工作时间和工作场所内,因工作原因受到事故伤害的。 (2)工作时间前后在工作场所内,从事与工作有关的预备性或者收尾性工作受到事故伤害的。 (3)在工作时间和工作场所内,因履行工作职责受到暴力等意外伤害的。 (4)患职业病的。 (5)因工外出期间,由于工作原因受到伤害或者发生事故下落不明的。 (6)在上下班途中,受到非本人主要责任的交通事故或者城市轨道交通、客运轮渡、火车事故伤害的。 (7)法律、行政法规规定应当认定为工伤的其他情形。 同时,根据《工伤保险条例》第十五条的规定,职工有下列情形之一的,视同工伤: (1)在工作时间和工作岗位,突发疾病死亡或者在48小时之内经抢救无效死亡的。 (2)在抢险救灾等维护国家利益、公共利益活动中受到伤害的。 (3)职工原在军队服役,因战、因公负伤致残,已取得革命伤残军人证,到用人单位后旧伤复发的。 职工有前款第(1)项、第(2)项情形的,按照本条例的有关规定享受工伤保险待遇;职

续表

项目	具体内容
工伤认定	工有前款第(3)项情形的,按照本条例的有关规定享受除一次性伤残补助金以外的工伤保险待遇。 职工符合《工伤保险条例》第十四条、第十五条的规定,但是有下列情形之一的,不得认定为工伤或者视同工伤: (1)故意犯罪的。 (2)醉酒或者吸毒的。 (3)自残或者自杀的
工伤认定申请	提出工伤认定申请应当提交下列材料: (1)工伤认定申请表。 (2)与用人单位存在劳动关系(包括事实劳动关系)的证明材料。 (3)医疗诊断证明或者职业病诊断证明书(或者职业病诊断鉴定书)。 工伤认定申请表应当包括事故发生的时间、地点、原因以及职工伤害程度等基本情况。 工伤认定申请人提供材料不完整的,社会保险行政部门应当一次性书面告知工伤认定申请人需要补正的全部材料。申请人按照书面告知要求补正材料后,社会保险行政部门应当受理
相关规定	(1)社会保险行政部门受理工伤认定申请后,根据审核需要可以对事故伤害进行调查核实,用人单位、职工、工会组织、医疗机构以及有关部门应当予以协助。职业病诊断和诊断争议的鉴定,依照职业病防治法的有关规定执行。对依法取得职业病诊断证明书或者职业病诊断鉴定书的,社会保险行政部门不再进行调查核实。 职工或者其近亲属认为是工伤,用人单位不认为是工伤的,由用人单位承担举证责任。 (2)社会保险行政部门应当自受理工伤认定申请之日起60日内作出工伤认定的决定,并书面通知申请工伤认定的职工或者其近亲属和该职工所在单位。 (3)社会保险行政部门对受理的事实清楚、权利义务明确的工伤认定申请,应当在15日内作出工伤认定的决定。 (4)作出工伤认定决定需要以司法机关或者有关行政主管部门的结论为依据的,在司法机关或者有关行政主管部门尚未作出结论期间,作出工伤认定决定的时限中止。 (5)社会保险行政部门工作人员与工伤认定申请人有利害关系的,应当回避

考点3　劳动能力鉴定及相关规定

项目	具体内容
定义	劳动能力鉴定是指劳动功能障碍程度和生活自理障碍程度的等级鉴定。 (1)劳动功能障碍分为十个伤残等级,最重的为一级,最轻的为十级。 (2)生活自理障碍分为三个等级:生活完全不能自理、生活大部分不能自理和生活部分不能自理

续表

项目	具体内容
相关规定	(1)劳动能力鉴定标准由国务院社会保险行政部门会同国务院卫生行政部门等部门制定。 (2)劳动能力鉴定由用人单位、工伤职工或者其近亲属向设区的市级劳动能力鉴定委员会提出申请,并提供工伤认定决定和职工工伤医疗的有关资料。 (3)省、自治区、直辖市劳动能力鉴定委员会和设区的市级劳动能力鉴定委员会分别由省、自治区、直辖市和设区的市级社会保险行政部门、卫生行政部门、工会组织、经办机构代表以及用人单位代表组成。 (4)设区的市级劳动能力鉴定委员会收到劳动能力鉴定申请后,应当从其建立的医疗卫生专家库中随机抽取3名或者5名相关专家组成专家组,由专家组提出鉴定意见。设区的市级劳动能力鉴定委员会根据专家组的鉴定意见作出工伤职工劳动能力鉴定结论;必要时,可以委托具备资格的医疗机构协助进行有关的诊断。 (5)设区的市级劳动能力鉴定委员会应当自收到劳动能力鉴定申请之日起60日内作出劳动能力鉴定结论,必要时,作出劳动能力鉴定结论的期限可以延长30日。劳动能力鉴定结论应当及时送达申请鉴定的单位和个人。 (6)申请鉴定的单位或者个人对设区的市级劳动能力鉴定委员会作出的鉴定结论不服的,可以在收到该鉴定结论之日起15日内向省、自治区、直辖市劳动能力鉴定委员会提出再次鉴定申请。省、自治区、直辖市劳动能力鉴定委员会作出的劳动能力鉴定结论为最终结论。 (7)劳动能力鉴定工作应当客观、公正。劳动能力鉴定委员会组成人员或者参加鉴定的专家与当事人有利害关系的,应当回避。 (8)自劳动能力鉴定结论作出之日起1年后,工伤职工或者其近亲属、所在单位或者经办机构认为伤残情况发生变化的,可以申请劳动能力复查鉴定

考点4　工伤保险待遇

项目	具体内容
工伤保险待遇	职工因工致残被鉴定为一级至四级伤残的,保留劳动关系,退出工作岗位,享受以下待遇: (1)从工伤保险基金按伤残等级支付一次性伤残补助金,标准为:一级伤残为27个月的本人工资,二级伤残为25个月的本人工资,三级伤残为23个月的本人工资,四级伤残为21个月的本人工资。 (2)从工伤保险基金按月支付伤残津贴,标准为:一级伤残为本人工资的90%,二级伤残为本人工资的85%,三级伤残为本人工资的80%,四级伤残为本人工资的75%。伤残津贴实际金额低于当地最低工资标准的,由工伤保险基金补足差额。 (3)工伤职工达到退休年龄并办理退休手续后,停发伤残津贴,按照国家规定享受基本养老保险待遇,基本养老保险待遇低于伤残津贴的由工伤保险基金补足差额

续表

项目	具体内容
工伤保险待遇	职工因工致残被鉴定为一级至四级伤残的，由用人单位和职工个人以伤残津贴为基数，缴纳基本医疗保险费。 职工因工致残被鉴定为五级、六级伤残的，享受以下待遇： (1)从工伤保险基金按伤残等级支付一次性伤残补助金，标准为：五级伤残为18个月的本人工资，六级伤残为16个月的本人工资。 (2)保留与用人单位的劳动关系，由用人单位安排适当工作。难以安排工作的，由用人单位按月发给伤残津贴，标准为：五级伤残为本人工资的70%，六级伤残为本人工资的60%，并由用人单位按照规定为其缴纳应缴纳的各项社会保险费。伤残津贴实际金额低于当地最低工资标准的，由用人单位补足差额。 经工伤职工本人提出，该职工可以与用人单位解除或者终止劳动关系，由工伤保险基金支付一次性工伤医疗补助金，由用人单位支付一次性伤残就业补助金。一次性工伤医疗补助金和一次性伤残就业补助金的具体标准由省、自治区、直辖市人民政府规定。 职工因工致残被鉴定为七级至十级伤残的，享受以下待遇： (1)从工伤保险基金按伤残等级支付一次性伤残补助金，标准为：七级伤残为13个月的本人工资，八级伤残为11个月的本人工资，九级伤残为9个月的本人工资，十级伤残为7个月的本人工资。 (2)劳动、聘用合同期满终止，或者职工本人提出解除劳动、聘用合同的，由工伤保险基金支付一次性工伤医疗补助金，由用人单位支付一次性伤残就业补助金。一次性工伤医疗补助金和一次性伤残就业补助金的具体标准由省、自治区、直辖市人民政府规定

第五节　安全生产投入

考点1　安全生产投入的基本要求

项目	具体内容
基本要求	(1)《中华人民共和国安全生产法》规定：生产经营单位应当具备的安全生产条件所必需的资金投入，由生产经营单位的决策机构、主要负责人或者个人经营的投资人予以保证，并对由于安全生产所必需的资金投入不足导致的后果承担责任。 (2)《国务院关于进一步加强安全生产工作的决定》规定：建立企业提取安全费用制度。为保证安全生产所需资金投入，形成企业安全生产投入的长效机制，借鉴煤矿提取安全费用的经验，在条件成熟后，逐步建立对高危行业生产企业提取安全费用制度。企业安全费用的提取，要根据地区和行业的特点，分别确定提取标准，由企业自行提取，专户储存，专项用于安全生产。 (3)生产经营单位是安全生产的责任主体，也是安全生产费用提取、使用和管理的主体

考点2　安全生产费用的使用和管理

项目	具体内容
责任主体	(1)保证必要的安全生产投入是实现安全生产的重要基础。 (2)安全生产投入资金具体由谁来保证,应根据企业的性质而定。一般说来,股份制企业、合资企业等安全生产投入资金由董事会予以保证;一般国有企业由厂长或者经理予以保证;个体工商户等个体经济组织由投资人予以保证。 (3)上述保证人承担由于安全生产所必需的资金投入不足而导致事故后果的法律责任
安全生产费用的使用	(1)完善、改造和维护安全防护设备、设施的支出。其中:①矿山企业安全设备设施是指矿山综合防尘、地质监控、防灭火、防治水、危险气体监测、通风系统,支护及防治片帮滑坡设备、机电设备、供配电系统、运输(提升)系统以及尾矿库(坝)等。②危险品生产企业安全设备设施是指车间、库房等作业场所的监控、监测、通风、防晒、调温、防火、灭火、防爆、泄压、防毒、消毒、中和、防潮、防雷、防静电、防腐、防渗漏、防护围堤或者隔离操作等设施设备。③道路交通运输企业安全设备设施是指运输工具安全状况检测及维护系统、运输工具附属安全设备等。 (2)配备必要的应急救援器材、设备和现场作业人员安全防护物品支出。 (3)安全生产检查与评价支出。 (4)重大危险源、重大事故隐患的评估、整改、监控支出。 (5)安全技能培训及进行应急救援演练支出。 (6)其他与安全生产直接相关的支出
安全生产费用的管理	(1)生产经营单位应制定安全生产投入的管理制度,明确具体的使用范围、管理程序、监督程序,每年完成后应及时总结项目和费用的完成情况。 (2)在年度财务会计报告中,生产经营单位应当披露安全费用提取和使用的具体情况,接受安全生产监督管理部门和财政部门的监督。 (3)生产经营单位违规提取和使用安全费用的,政府安全生产监督管理部门应当会同财政部门责令其限期改正,予以警告。 (4)逾期不改正的,由安全生产监督管理部门按照相关法规进行处理

考点3　安全生产责任保险

项目	具体内容
安全生产责任保险概述	安全生产责任保险是生产经营单位在发生生产安全事故以后对死亡、伤残者履行赔偿责任的保险,对维护社会安定和谐具有重要作用。对于高危行业分布广泛、伤亡事故时有发生的地区,发展安全生产责任保险,用责任保险等经济手段加强和改善安全生产管理,是强化安全事故风险管控的重要措施。安全生产责任保险有利于增强安全生产意识,防范事故发生,促进地区安全生产形势稳定好转;有利于预防和化解社会矛盾,减

续表

项目	具体内容
安全生产责任保险概述	轻各级政府在事故发生后的救助负担;有利于维护人民群众根本利益,促进经济健康运行,保持社会稳定。 针对高危行业开办的险别,不仅可承保因企业在生产经营过程中,发生生产安全事故所造成的伤亡或者下落不明,还可对应附加医疗费用、第三者责任及事故应急救援和善后处理费用。 保险费根据被保险人营业性质及参保人数对应选择不同的赔偿限额计收。 1. 主险责任 在保险期间,被保险人的工作人员在中华人民共和国境内因下列情形导致伤残或死亡依法应由被保险人承担的经济赔偿责任,保险人应按照保险合同的约定负责赔偿: (1)在工作时间和工作场所内,因工作原因受到安全生产事故伤害。 (2)工作时间前后在工作场所内,从事与履行其工作职责有关的预备性或者收尾性工作受到安全生产事故伤害。 (3)在工作时间和工作场所内,因履行工作职责受到暴力等意外伤害。 (4)因工外出期间,由于工作原因受到伤害或者发生事故下落不明。 (5)在上下班途中,受到交通及意外事故伤害。 (6)在工作时间和工作岗位,突发疾病死亡或者在48 h之内经抢救无效死亡。 (7)根据法律、行政法规规定应当认定为安全生产事故的其他情形。 2. 附加第三者责任 在保险期间,被保险人合法聘用的工作人员在被保险人的工作场所内,受雇从事保险单明细表所载明的被保险人的业务过程中,发生安全生产事故,造成第三者死亡,依法应由被保险人承担的经济赔偿责任,保险人按照附加险合同和主险合同的约定负责赔偿。 3. 附加施救及事故善后处理费用保险责任 在保险期间,被保险人的工作人员因主险条款所列情形导致的伤残或死亡,被保险人因采取必要、合理的施救及事故善后处理措施而支出的下列费用,保险人按照附加险合同和主险合同的约定负责赔偿: (1)现场施救费用。 (2)参与事故处理人员的加班费、住宿费、交通费、餐费以及生活补助费。 4. 附加医疗费用保险责任 在保险期间,被保险人的工作人员因主险条款所列情形导致的伤残或死亡,依照中华人民共和国法律应由被保险人承担的医疗费用,保险人按照附加险合同和主险合同的约定负责赔偿
《安全生产责任保险实施办法》的相关规定	2017年12月12日,《关于印发〈安全生产责任保险实施办法〉的通知》(安监总办〔2017〕140号)明确规定,根据《中共中央国务院关于推进安全生产领域改革发展的意见》关于建立健全安全生产责任保险制度的要求,为进一步规范安全生产责任保险工

续表

项目	具体内容
《安全生产责任保险实施办法》的相关规定	作，切实发挥保险机构参与风险评估管控和事故预防功能，国家安全监管总局（现已并入应急管理部）、保监会（现合并为银保监会）、财政部制定了《安全生产责任保险实施办法》。 第一章　总则 第一条　为了规范安全生产责任保险工作，强化事故预防，切实保障投保的生产经营单位及有关人员的合法权益，根据相关法律法规和规定，制定《安全生产责任保险实施办法》。 第二条　安全生产责任保险是指保险机构对投保的生产经营单位发生的生产安全事故造成的人员伤亡和有关经济损失等予以赔偿，并且为投保的生产经营单位提供生产安全事故预防服务的商业保险。 第三条　按照《安全生产责任保险实施办法》请求的经济赔偿，不影响参保的生产经营单位从业人员（含劳务派遣人员，下同）依法请求工伤保险赔偿的权利。 第四条　坚持风险防控、费率合理、理赔及时的原则，按照政策引导、政府推动、市场运作的方式推行安全生产责任保险工作。 第五条　安全生产责任保险的保费由生产经营单位缴纳，不得以任何方式摊派给从业人员个人。 第六条　煤矿、非煤矿山、危险化学品、烟花爆竹、交通运输、建筑施工、民用爆炸物品、金属冶炼、渔业生产等高危行业领域的生产经营单位应当投保安全生产责任保险。鼓励其他行业领域生产经营单位投保安全生产责任保险。各地区可针对本地区安全生产特点，明确应当投保的生产经营单位。对存在高危粉尘作业、高毒作业或其他严重职业病危害的生产经营单位，可以投保职业病相关保险。对生产经营单位已投保的与安全生产相关的其他险种，应当增加或将其调整为安全生产责任保险，增强事故预防功能。 第二章　承保与投保 第七条　承保安全生产责任保险的保险机构应当具有相应的专业资质和能力，主要包含以下方面： （1）商业信誉情况。 （2）偿付能力水平。 （3）开展责任保险的业绩和规模。 （4）拥有风险管理专业人员的数量和相应专业资格情况。 （5）为生产经营单位提供事故预防服务情况。 第八条　根据实际需要，鼓励保险机构采取共保方式开展安全生产责任保险工作。 第九条　安全生产责任保险的保险责任包括投保的生产经营单位的从业人员人身伤亡赔偿，第三者人身伤亡和财产损失赔偿，事故抢险救援、医疗救护、事故鉴定、法律诉讼等费用。保险机构可以开发适应各类生产经营单位安全生产保障需求的个性化保险产品。

续表

<table>
<tr><th>项目</th><th>具体内容</th></tr>
<tr><td>《安全生产责任保险实施办法》的相关规定</td><td>第十条　除被依法关闭取缔、完全停止生产经营活动外,应当投保安全生产责任保险的生产经营单位不得延迟续保、退保。
第十一条　制定各行业领域安全生产责任保险基准指导费率,实行差别费率和浮动费率。建立费率动态调整机制,费率调整根据以下因素综合确定:
(1)事故记录和等级。费率调整根据生产经营单位是否发生事故、事故次数和等级确定,可以根据发生人员伤亡的一般事故、较大事故、重大及以上事故次数进行调整。
(2)其他。投保生产经营单位的安全风险程度、安全生产标准化等级、隐患排查治理情况、安全生产诚信等级、是否被纳入安全生产领域联合惩戒“黑名单”、赔付率等。
各地区可以参考以上因素,根据不同行业领域实际情况进一步确定具体的费率浮动。
第十二条　生产经营单位投保安全生产责任保险的保障范围应当覆盖全体从业人员。
第三章　事故预防与理赔
第十三条　保险机构应当建立生产安全事故预防服务制度,协助投保的生产经营单位开展以下工作:
(1)安全生产和职业病防治宣传教育培训。
(2)安全风险辨识、评估和安全评价。
(3)安全生产标准化建设。
(4)生产安全事故隐患排查。
(5)安全生产应急预案编制和应急救援演练。
(6)安全生产科技推广应用。
(7)其他有关事故预防工作。
第十四条　保险机构应当按照上述规定的服务范围,在安全生产责任保险合同中约定具体服务项目及频次。保险机构开展安全风险评估、生产安全事故隐患排查等服务工作时,投保的生产经营单位应当予以配合,并对评估发现的生产安全事故隐患进行整改;对拒不整改重大事故隐患的,保险机构可在下一投保年度上浮保险费率,并报告安全生产监督管理部门和相关部门。
第十五条　保险机构应当严格按照合同约定及时赔偿保险金;建立快速理赔机制,在事故发生后按照法律规定或者合同约定先行支付确定的赔偿保险金。生产经营单位应当及时将赔偿保险金支付给受伤人员或者死亡人员的受益人(以下统称受害人),或者请求保险机构直接向受害人赔付。生产经营单位怠于请求的,受害人有权就其应获赔偿部分直接向保险机构请求赔付。
第十六条　同一生产经营单位的从业人员获取的保险金额应当实行同一标准,不得因用工方式、工作岗位等差别对待。
第十七条　各地区根据实际情况确定安全生产责任保险中涉及人员死亡的最低赔偿金额,每死亡1人按不低于30万元赔偿,并按本地区城镇居民上一年度人均可支配收入的变化进行调整。对未造成人员死亡事故的赔偿保险金额度在保险合同中约定。</td></tr>
</table>

续表

项目	具体内容
《安全生产责任保险实施办法》的相关规定	第四章　激励与保障 第十八条　安全生产监督管理部门和有关部门应当将安全生产责任保险投保情况作为生产经营单位安全生产标准化、安全生产诚信等级等评定的必要条件，作为安全生产与职业健康风险分类监管，以及取得安全生产许可证的重要参考。安全生产和职业病预防相关法律法规另有规定的，从其规定。 第十九条　各地区应当在安全生产相关财政资金投入、信贷融资、项目立项、进入工业园区以及相关产业扶持政策等方面，在同等条件下优先考虑投保安全生产责任保险的生产经营单位。 第二十条　对赔付及时、事故预防成效显著的保险机构，纳入安全生产诚信管理体系，实行联合激励。 第二十一条　各地区将推行安全生产责任保险情况，纳入对本级政府有关部门和下级人民政府安全生产工作巡查和考核内容。 第二十二条　鼓励安全生产社会化服务机构为保险机构开展生产安全事故预防提供技术支撑。 第五章　监督与管理 第二十三条　建立安全生产监督管理部门和保险监督管理机构信息共享机制。安全生产监督管理部门和有关部门应当建立安全生产责任保险信息管理平台，并与安全生产监管信息平台对接，对保险机构开展生产安全事故预防服务及服务费用支出使用情况定期进行分析评估。安全生产监督管理部门可以引入第三方机构对安全生产责任保险信息管理平台进行建设维护及对保险机构开展预防服务情况开展评估，并依法保守有关商业秘密。 第二十四条　支持投保的生产经营单位、保险机构和相关社会组织建立协商机制，加强自主管理。 第二十五条　安全生产监督管理部门、保险监督管理机构和有关部门应当依据工作职责依法加强对生产经营单位和保险机构的监督管理，对实施安全生产责任保险情况开展监督检查。 第二十六条　对生产经营单位应当投保但未按规定投保或续保、将保费以各种形式摊派给从业人员个人、未及时将赔偿保险金支付给受害人的，保险机构预防费用投入不足、未履行事故预防责任、委托不合法的社会化服务机构开展事故预防工作的，安全生产监督管理部门、保险监督管理机构及有关部门应当提出整改要求；对拒不整改的，应当将其纳入安全生产领域联合惩戒“黑名单”管理，对违反相关法律法规规定的，依法追究其法律责任。 第二十七条　相关部门及其工作人员在对安全生产责任保险的监督管理中收取贿赂、滥用职权、玩忽职守、徇私舞弊的，依法依规对相关责任人严肃追责；涉嫌犯罪的，移交司法机关依法处理

第五章　应急管理

知识框架

- 应急管理
  - 应急管理体系建设
    - 事故应急救援的基本任务和特点
    - 事故应急救援体系的基本构建
  - 应急预案制定和演练
    - 事故应急预案的作用
    - 事故应急预案的基本要求
    - 事故应急预案的主要内容
    - 应急演练的定义、目的与原则
    - 应急演练的类型
  - 应急准备与响应

考点精讲

第一节　应急管理体系建设

考点1　事故应急救援的基本任务和特点

项目	具体内容
基本任务	1. 总目标 总目标是通过有效的应急救援行动，尽可能地降低事故的后果，包括人员伤亡、财产损失和环境破坏等。 2. 基本任务 (1)立即组织营救受害人员，组织撤离或者采取其他措施保护危害区域内的其他人员。抢救受害人员是应急救援的首要任务。 (2)迅速控制事态，并对事故造成的危害进行检测、监测，测定事故的危害区域、危害性质及危害程度。 (3)消除危害后果，做好现场恢复。 (4)查清事故原因，评估危害程度

续表

项目	具体内容
特点	(1)不确定性和突发性。 (2)应急活动的复杂性。 (3)后果影响易猝变、激化和放大

考点2　事故应急救援体系的基本构建

项目	具体内容
相关法规要求	1.《中华人民共和国安全生产法》规定 (1)生产经营单位的主要负责人具有组织制定并实施本单位的生产安全事故应急救援预案的职责。 (2)生产经营单位对重大危险源应当登记建档,进行定期检测、评估、监控,并制定应急预案,告知从业人员和相关人员在紧急情况下应当采取的应急措施。 2.《危险化学品安全管理条例》规定 (1)县级以上地方人民政府安监部门应当会同工信、环保、公安、卫生、交通、铁路、质检等部门,根据本地区实际情况,制定危险化学品事故应急预案,报本级人民政府批准。 (2)危险化学品单位应当制定本单位危险化学品事故应急预案,配备应急救援人员和必要的应急救援器材、设备,并定期组织应急救援演练。危险化学品单位应当将其危险化学品事故应急预案报所在地设区的市级人民政府安监部门备案。 3. 国务院《特种设备安全监察条例》规定 特种设备使用单位应当制定特种设备的事故应急专项预案,并定期进行事故应急演练。 4. 国务院《关于特大安全事故行政责任追究的规定》规定 市(地、州)、县(市、区)人民政府必须制定本地区特大安全事故应急处理预案
事故应急管理理论框架	应急管理是一个动态的过程,包括预防、准备、响应和恢复4个阶段。 自然灾害、事故灾难或者公共卫生事件发生后,履行统一领导职责的人民政府可以采取下列一项或者多项应急处置措施: (1)组织营救和救治受害人员,疏散、撤离并妥善安置受到威胁的人员以及采取其他救助措施。 (2)迅速控制危险源,标明危险区域,封锁危险场所,划定警戒区,实行交通管制以及其他控制措施。 (3)立即抢修被损坏的交通、通信、供水、排水、供电、供气、供热等公共设施,向受到危害的人员提供避难场所和生活必需品,实施医疗救护和卫生防疫以及其他保障措施。 (4)禁止或者限制使用有关设备、设施,关闭或者限制使用有关场所,中止人员密集的活动或者可能导致危害扩大的生产经营活动以及采取其他保护措施。

续表

<table>
<tr><th>项目</th><th colspan="2">具体内容</th></tr>
<tr><td>事故应急管理理论框架</td><td colspan="2">(5)启用本级人民政府设置的财政预备费和储备的应急救援物资,必要时调用其他急需物资、设备、设施、工具。
(6)组织公民参加应急救援和处置工作,要求具有特定专长的人员提供服务。
(7)保障食品、饮用水、燃料等基本生活必需品的供应。
(8)依法从严惩处囤积居奇、哄抬物价、制假售假等扰乱市场秩序的行为,稳定市场价格,维护市场秩序。
(9)依法从严惩处哄抢财物、干扰破坏应急处置工作等扰乱社会秩序的行为,维护社会治安。
(10)采取防止发生次生、衍生事件的必要措施</td></tr>
<tr><td rowspan="4">事故应急响应机制</td><td>一级紧急情况</td><td>(1)一级紧急情况是指必须利用所有有关部门及一切资源的紧急情况,或者需要各个部门同外部机构联合处理的各种紧急情况,通常要宣布进入紧急状态。
(2)在该级别中,作出主要决定的机构是紧急事务管理部门。
(3)现场指挥部可在现场作出保护生命和财产以及控制事态所必需的各种决定</td></tr>
<tr><td>二级紧急情况</td><td>(1)二级紧急情况是指需要两个或更多个部门响应的紧急情况。
(2)该事故的救援需要有关部门的协作,并且提供人员、设备或其他资源。
(3)该级响应需要成立现场指挥部来统一指挥现场的应急救援行动</td></tr>
<tr><td>三级紧急情况</td><td>(1)三级紧急情况是指能被一个部门正常可利用的资源处理的紧急情况。
(2)正常可利用的资源指在该部门权力范围内通常可以利用的应急资源,包括人力和物力等。
(3)必要时,该部门可以建立一个现场指挥部,所需的后勤支持、人员或其他资源增援由本部门负责解决</td></tr>
<tr><td>事故应急救援响应程序</td><td>(1)接警。
(2)警情判断及响应级别。
(3)应急启动。
(4)救援行动。
(5)事态控制。
(6)应急恢复。
(7)应急结束(关闭)</td></tr>
</table>

第二节　应急预案制定和演练

考点1　事故应急预案的作用

项目	具体内容
事故应急预案的作用	(1)确定了应急救援的范围和体系,使应急管理不再无据可依、无章可循。 (2)有利于做出及时的应急响应,降低事故后果。 (3)是各类突发重大事故的应急基础。 (4)建立了与上级单位和部门应急救援体系的衔接。 (5)有利于提高风险防范意识

考点2　事故应急预案的基本要求

项目	具体内容
事故应急预案的基本要求	(1)符合有关法律、法规、规章和标准的规定。 (2)结合本地区、本部门、本单位的安全生产实际情况。 (3)结合本地区、本部门、本单位的危险性分析情况。 (4)应急组织和人员的职责分工明确,并有具体的落实措施。 (5)有明确、具体的应急程序和处置措施,并与其应急能力相适应。 (6)有明确的应急保障措施,并能满足本地区、本部门、本单位的应急工作要求。 (7)预案基本要素齐全、完整,预案附件提供的信息准确。 (8)预案内容与相关应急预案相互衔接

考点3　事故应急预案的主要内容

<table>
<tr><th>项目</th><th colspan="2">具体内容</th></tr>
<tr><td>概况</td><td colspan="2">主要描述生产经营单位概况以及危险特性状况等,同时对紧急情况下应急事件、适用范围和方针原则等提供简述并作必要说明</td></tr>
<tr><td rowspan="3">事故预防</td><td colspan="2">预防程序是对潜在事故、可能的次生与衍生事故进行分析并说明所采取的预防和控制事故的措施</td></tr>
<tr><td>危险分析</td><td>(1)危险识别。
(2)脆弱性分析。
(3)风险分析</td></tr>
<tr><td>资源分析</td><td>(1)针对危险分析所确定的主要危险,明确应急救援所需的资源,列出可用的应急力量和资源。
(2)包括:①各类应急力量的组成及分布情况。②各种重要应急设备、物资的准备情况。③上级救援机构或周边可用的应急资源</td></tr>
</table>

续表

<table>
<tr><th>项目</th><th colspan="2">具体内容</th></tr>
<tr><td>事故预防</td><td>法律法规要求</td><td>编制预案前，应调研国家和地方有关应急预案、事故预防、应急准备、应急响应和恢复相关的法律法规文件，以作为预案编制的依据和授权</td></tr>
<tr><td>准备程序</td><td colspan="2">(1)机构与职责。
①应急机构组织体系包括城市应急管理的领导机构、应急响应中心以及各有关机构部门等。
②对应急救援中承担任务的所有应急组织，应明确相应的职责、负责人、候补人及联络方式。
(2)应急资源。
应急资源的准备包括合理组建专业和社会救援力量，配备应急救援中所需的各种救援机械和装备、监测仪器、堵漏和清消材料、交通工具、个体防护装备、医疗器械和药品、生活保障物资等，并定期检查、维护与更新，保证始终处于完好状态。
(3)教育、培训与演习。
提高公众意识和自我保护能力、应急演习等方面。
(4)互助协议</td></tr>
<tr><td>应急程序</td><td colspan="2">(1)在应急救援过程中，存在一些必需的核心功能和任务，如接警与通知、指挥与控制、警报和紧急公告、通信、事态监测与评估、警戒与治安、人群疏散与安置、医疗与卫生、公共关系、应急人员安全、消防和抢险、泄漏物控制等，无论何种应急过程都必须围绕上述功能和任务开展。
(2)应急程序主要指实施上述核心功能和任务的程序和步骤</td></tr>
<tr><td>现场恢复</td><td colspan="2">(1)也可称为紧急恢复，是指事故被控制住后所进行的短期恢复。
(2)该部分主要内容应包括：①宣布应急结束的程序。②撤离和交接程序。③恢复正常状态的程序。④现场清理和受影响区域的连续检测。⑤事故调查与后果评价等</td></tr>
<tr><td>预案管理与评审改进</td><td colspan="2">(1)应急预案是应急救援工作的指导文件。
(2)应当对预案的制定、修改、更新、批准和发布做出明确的管理规定，保证定期或在应急演习、应急救援后对应急预案进行评审和改进，针对各种实际情况的变化以及预案应用中所暴露出的缺陷，持续地改进，以不断地完善应急预案体系</td></tr>
</table>

考点4　应急演练的定义、目的与原则

项目	具体内容
定义	各级政府部门、企事业单位、社会团体，组织相关应急人员与群众，针对待定的突发事件假想情景，按照应急预案所规定的职责和程序，在特定的时间和地域，执行应急响应任务的训练活动
目的	检验预案、完善准备、锻炼队伍、磨合机制、科普宣教
地位	是应急管理的重要环节，在应急管理工作中有着十分重要的作用

续表

项目	具体内容
原则	(1)结合实际、合理定位。 (2)着眼实战、讲求实效。 (3)精心组织、确保安全。 (4)统筹规划、厉行节约
作用	(1)实现评估应急准备状态,发现并及时修改应急预案、执行程序等相关工作的缺陷和不足。 (2)评估突发公共事件应急能力,识别资源需求,澄清相关机构、组织和人员的职责,改善不同机构、组织和人员之间的协调问题。 (3)通过演练手段,检验应急响应人员对应急预案、执行程序的具体了解程度和实际操作技能,评估人员的应急培训效果,分析培训需求。 (4)作为一种培训手段,通过调整演练难度,可以进一步提高应急响应人员的业务素质和能力。 (5)促进公众、媒体对应急预案的理解,争取他们对应急工作的支持

考点5　应急演练的类型

项目		具体内容
按照组织方式及目标重点的不同分类	桌面演练	(1)桌面演练是一种圆桌讨论或演习活动。 (2)其目的是使各级应急部门、组织和个人在较轻松的环境下,明确和熟悉应急预案中所规定的职责和程序,提高协调配合及解决问题的能力。 (3)桌面演练的情景和问题通常以口头或书面叙述的方式呈现,也可以使用地图、沙盘、计算机模拟、视频会议等辅助手段,有时被分别称为图上演练、沙盘演练、计算机模拟演练、视频会议演练等
	现场演练	(1)现场演练是以现场实战操作的形式开展的演练活动。 (2)参演人员在贴近实际状况和高度紧张的环境下,根据演练情景的要求,通过实际操作完成应急响应任务,以检验和提高相关应急人员的组织指挥、应急处置以及后勤保障等综合应急能力
按演练内容分类	单项演练	(1)单项演练是指只涉及应急预案中特定应急响应功能或现场处置方案中一系列应急响应功能的演练活动。 (2)注重针对一个或少数几个参与单位(岗位)的特定环节和功能进行检验
	综合演练	(1)综合演练是指涉及应急预案中多项或全部应急响应功能的演练活动。 (2)注重对多个环节和功能进行检验,特别是对不同单位之间应急机制和联合应对能力的检验

续表

项目		具体内容
按演练目的和作用分类	检验性演练	检验性演练是指为了检验应急预案的可行性及应急准备的充分性而组织的演练
	示范性演练	示范性演练是指为了向参观、学习人员提供示范，为普及宣传应急知识而组织的观摩性演练
	研究性演练	研究性演练是为了研究突发事件应急处置的有效方法，试验应急技术、设施和设备，探索存在问题的解决方案等而组织的演练

第三节　应急准备与响应

考点　应急准备与响应

项目	具体内容
演练前检查	(1)演练实施当天，演练组织机构的相关人员应在演练开始前提前到达现场，对演练所用的设备设施等的情况进行检查，确保其正常工作。 (2)按照演练安全保障工作安排，对进入演练场所的人员进行登记和身份核查，防止无关人员进入
演练前情况说明和动员	(1)导演组完成事故应急演练准备，以及对演练方案、演练场地、演练设施、演练保障措施的最后调整后，应在演练前夕分别召开控制人员、评估人员、演练人员的情况介绍会，确保所有演练参与人员了解演练现场规则以及演练情景和演练计划中与各自工作相关的内容。 (2)演练模拟人员和观摩人员一般参加控制人员情况介绍会。 (3)导演组可向演练人员分发演练人员手册，说明演练适用范围、演练大致日期(不说明具体时间)、参与演练的应急组织、演练目标的大致情况、演练现场规则、采取模拟方式进行演练的行动等信息。 (4)演练过程中，如果某些应急组织的应急行为由控制人员或模拟人员以模拟方式进行演示，则演练人员应了解这些情况，并掌握相关控制人员或模拟人员的通信联系方式，以免演练时与实际应急组织发生联系
演练启动	(1)示范性演练一般由演练总指挥或演练组织机构相关成员宣布演练开始并启动演练活动。 (2)检验性和研究性演练，一般在到达演练时间节点，演练场景出现后，自行启动
演练执行	1. 现场演练 应急演练活动一般始于报警消息，在此过程中，参演应急组织和人员应尽可能按实际紧急事件发生时的响应要求进行演示，即“自由演示”，由参演应急组织和人员根据自己

续表

项目	具体内容
演练执行	关于最佳解决办法的理解，对情景事件做出响应行动。 2. 桌面演练 桌面演练的执行通常是五个环节的循环往复： (1)演练信息注入。 (2)问题提出。 (3)决策分析。 (4)决策结果表达。 (5)点评。 3. 演练解说 (1)在演练实施过程中，演练组织单位可以安排专人对演练过程进行解说。 (2)解说内容一般包括演练背景描述、进程讲解、案例介绍、环境渲染等。 (3)对于有演练脚本的大型综合性示范演练，可按照脚本中的解说词进行讲解。 4. 演练记录 演练实施过程中，一般要安排专门人员，采用文字、照片和音像等手段记录演练过程。 5. 演练宣传报道 (1)演练宣传组按照演练宣传方案做好演练宣传报道工作。 (2)认真做好信息采集、媒体组织、广播电视节目现场采编和播报等工作，扩大演练的宣传教育效果。 (3)对涉密应急演练要做好相关保密工作
演练结束与意外终止	(1)演练完毕，由总策划发出结束信号，演练总指挥或总策划宣布演练结束。 (2)演练结束后所有人员停止演练活动，按预定方案集合进行现场总结讲评或者组织疏散。 (3)保障部负责组织人员对演练场地进行清理和恢复。 (4)演练实施过程中出现下列情况，经演练领导小组决定，由演练总指挥或总策划按照事先规定的程序和指令终止演练：①出现真实突发事件，需要参演人员参与应急处置时，要终止演练，使参演人员迅速回归其工作岗位，履行应急处置职责。②出现特殊或意外情况，短时间内不能妥善处理或解决时，可提前终止演练
现场点评会	(1)演练组织单位演练活动结束后，应组织针对本次演练现场点评会。 (2)包括专家点评、领导点评、演练参与人员的现场信息反馈等
文件归档与备案	(1)演练组织单位在演练结束后应将演练计划、演练方案、各种演练记录(包括各种音像资料)、演练评估报告、演练总结报告等资料归档保存。 (2)对于由上级有关部门布置或参与组织的演练，或者法律、法规、规章要求备案的演练，演练组织单位应当将相关资料报有关部门备案

第六章　生产安全事故与安全生产统计分析

知识框架

- 生产安全事故与安全生产统计分析
  - 生产安全事故报告、调查、处理
    - 生产安全事故报告
    - 生产安全事故调查
    - 生产安全事故处理
  - 安全生产统计分析
    - 事故统计的范围和内容
    - 经济损失的统计与计算方法

考点精讲

第一节　生产安全事故报告、调查、处理

考点1　生产安全事故报告

项目	具体内容
事故上报的时限和部门	(1)生产安全事故发生后，事故现场有关人员应当立即向本单位负责人报告。 (2)单位负责人接到报告后，应当于1小时内向事故发生地县级以上人民政府安全生产监督管理部门和负有安全生产监督管理职责的有关部门报告。 (3)情况紧急时，事故现场有关人员可以直接向事故发生地县级以上人民政府安全生产监督管理部门和负有安全生产监督管理职责的有关部门报告。 (4)如果，现场条件特别复杂，难以准确判定事故等级，情况十分危急，上一级部门没有足够能力开展应急救援工作，或者事故性质特殊、社会影响特别重大时，就应当允许越级上报事故。 (5)安全生产监督管理部门和负有安全生产监督管理职责的有关部门逐级上报事故情况，每级上报的时间不得超过2小时。 (6)所谓"2小时"起点是指接到下级部门报告的时间，以特别重大事故的报告为例，按照报告时限要求的最大值计算，从单位负责人报告县级管理部门，再由县级管理部门报告市级管理部门、市级管理部门报告省级管理部门、省级管理部门报告国务院管理部门，直至最后报至国务院，总共所需时间为9小时

续表

项目	具体内容
事故的补报	事故报告后出现新情况的，应当及时补报： (1)自事故发生之日起30日内，事故造成的伤亡人数发生变化的，应当及时补报。 (2)道路交通事故、火灾事故自发生之日起7日内，事故造成的伤亡人数发生变化的，应当及时补报。 (3)上报事故的首要原则是及时
不同级别事故上报单位	安全生产监督管理部门和负有安全生产监督管理职责的有关部门接到事故报告后，应当依照下列规定上报事故情况，并通知公安机关、劳动保障行政部门、工会和人民检察院。 (1)特别重大事故、重大事故逐级报至国务院安监部门和有关部门。 (2)较大事故逐级报至省级安监部门和有关部门。 (3)一般事故报至设区的市级安监部门和有关部门
事故上报内容	(1)事故发生单位概况。 (2)事故发生的时间、地点以及事故现场情况。 (3)事故的简要经过。 (4)事故已经造成或者可能造成的伤亡人数(包括下落不明的人数)和初步估计的直接经济损失。 (5)已经采取的措施。 (6)其他应当报告的情况

考点2　生产安全事故调查

项目	具体内容
事故调查工作的要求	(1)事故调查处理应当坚持实事求是、尊重科学的原则，及时准确地查清事故经过、事故原因和事故损失，查明事故性质，认定事故责任，总结事故教训。提出整改措施并对事故责任者依法追究责任。 (2)县级以上人民政府应当依照《生产安全事故报告和调查处理条例》的规定，严格履行职责，及时、准确地完成事故调查处理工作。 (3)事故发生地有关地方人民政府应当支持、配合上级人民政府或者有关部门的事故调查处理工作，并提供必要的便利条件。 (4)参加事故调查处理的部门和单位应当互相配合，提高事故调查处理工作的效率。 (5)工会依法参加事故调查处理，有权向有关部门提出处理意见。 (6)任何单位和个人不得阻挠和干涉对事故的报告和依法调查处理
组织原则与影响	(1)事故调查工作实行“政府领导、分级负责”的原则。 (2)特别重大事故由国务院，或者国务院授权有关部门组织事故调查组进行调查。 (3)重大事故、较大事故、一般事故分别由事故发生地省级人民政府、设区的市级人民政府、县级人民政府负责调查。

续表

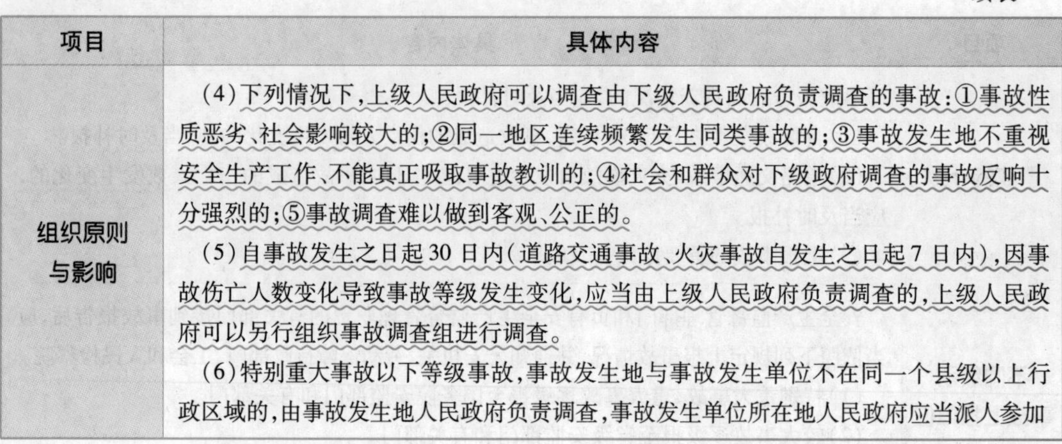

项目	具体内容
组织原则与影响	(4)下列情况下,上级人民政府可以调查由下级人民政府负责调查的事故:①事故性质恶劣、社会影响较大的;②同一地区连续频繁发生同类事故的;③事故发生地不重视安全生产工作、不能真正吸取事故教训的;④社会和群众对下级政府调查的事故反响十分强烈的;⑤事故调查难以做到客观、公正的。 (5)自事故发生之日起30日内(道路交通事故、火灾事故自发生之日起7日内),因事故伤亡人数变化导致事故等级发生变化,应当由上级人民政府负责调查的,上级人民政府可以另行组织事故调查组进行调查。 (6)特别重大事故以下等级事故,事故发生地与事故发生单位不在同一个县级以上行政区域的,由事故发生地人民政府负责调查,事故发生单位所在地人民政府应当派人参加

考点3　生产安全事故处理

项目	具体内容
生产安全事故处理相关规定	(1)重大事故、较大事故、一般事故,负责事故调查的人民政府应当自收到事故调查报告之日起15日内做出批复;特别重大事故,30日内做出批复,特殊情况下,批复时间可以适当延长,但延长的时间最长不超过30日。 (2)有关机关应当按照人民政府的批复,依照法律、行政法规规定的权限和程序,对事故发生单位和有关人员进行行政处罚,对负有事故责任的国家工作人员进行处分。 (3)事故发生单位应当按照负责事故调查的人民政府的批复,对本单位负有事故责任的人员进行处理。 (4)负有事故责任的人员涉嫌犯罪的,依法追究刑事责任。 (5)事故发生单位应当认真吸取事故教训,落实防范和整改措施,防止事故再次发生。防范和整改措施的落实情况应当接受工会和职工的监督。 (6)安全生产监督管理部门和负有安全生产监督管理职责的有关部门应当对事故发生单位落实防范和整改措施的情况进行监督检查。 (7)事故处理的情况由负责事故调查的人民政府或者其授权的有关部门、机构向社会公布,依法应当保密的除外

第二节　安全生产统计分析

考点1　事故统计的范围和内容

项目	具体内容
事故统计的范围和内容	(1)伤亡事故统计的范围:中华人民共和国领域内从事生产经营活动的单位。 (2)统计内容:①企业的基本情况;②各类事故发生的起数;③伤亡人数;④伤亡程度;⑤事故类别;⑥事故原因;⑦直接经济损失

考点 2　经济损失的统计与计算方法

<table>
<tr><th>项目</th><th colspan="2">具体内容</th></tr>
<tr><td>直接经济损失的统计</td><td colspan="2">(1)人身伤亡后所支出的费用:①医疗费用(含护理费用);②丧葬及抚恤费用;③补助及救济费用;④歇工工资。
(2)善后处理费用:①处理事故的事务性费用;②现场抢救费用;③清理现场费用;④事故罚款和赔偿费用。
(3)财产损失价值:固定资产损失价值和流动资产损失价值。
①固定资产损失价值按下列情况计算:报废的固定资产,以固定资产净值减去残值计算;损坏的固定资产,以修复费用计算。
②流动资产损失价值按下列情况计算:原材料、燃料、辅助材料等均按账面值减去残值计算;成品、半成品、在制品等均以企业实际成本减去残值计算</td></tr>
<tr><td>间接经济损失的统计</td><td colspan="2">(1)停产、减产损失价值。
(2)工作损失价值。
(3)资源损失价值。
(4)处理环境污染的费用。
(5)补充新职工的培训费用。
(6)其他损失费用</td></tr>
<tr><td rowspan="4">计算方法</td><td>经济损失计算</td><td>$$E = E_d + E_i$$
式中:E——经济损失,万元;
E_d——直接经济损失,万元;
E_i——间接经济损失,万元</td></tr>
<tr><td>工作损失价值计算</td><td>$$V_W = D_L M/(SD)$$
式中:V_W——工作损失价值,万元;
D_L——一起事故的总损失工作日数,死亡一名职工按 6 000 个工作日计算,受伤职工视伤害情况按《企业职工伤亡事故分类标准》(GB 6441—1986)的附表确定,日;
M——企业上年税利(税金加利润),万元;
S——企业上年平均职工人数,人;
D——企业上年法定工作日数,日</td></tr>
<tr><td>固定资产损失价值计算</td><td>(1)报废的固定资产,以固定资产净值减去残值计算。
(2)损坏的固定资产,以修复费用计算</td></tr>
<tr><td>流动资产损失价值计算</td><td>(1)原材料、燃料、辅助材料等均按账面值减去残值计算。
(2)成品、半成品、在制品等均以企业实际成本减去残值计算</td></tr>
</table>

续表

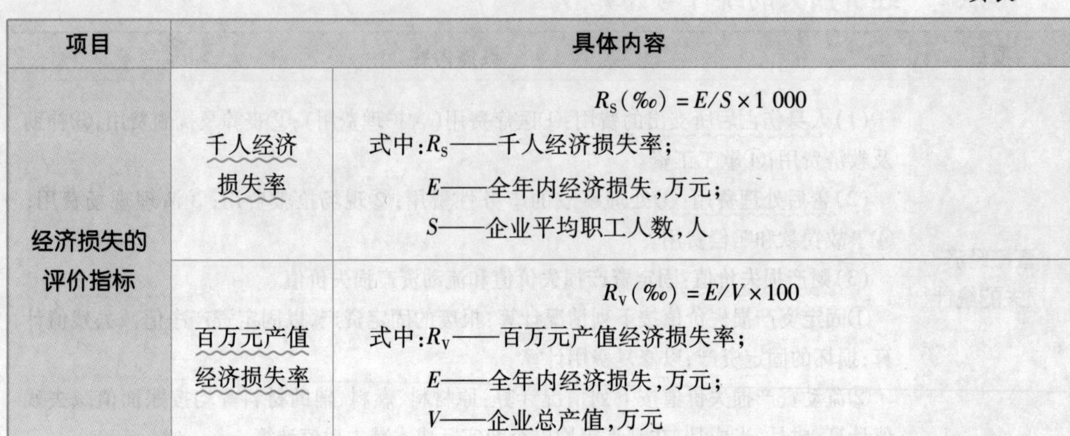

项目	具体内容	
经济损失的评价指标	千人经济损失率	$$R_S(‰)=E/S\times 1\ 000$$ 式中：R_S——千人经济损失率； E——全年内经济损失，万元； S——企业平均职工人数，人
	百万元产值经济损失率	$$R_V(‰)=E/V\times 100$$ 式中：R_V——百万元产值经济损失率； E——全年内经济损失，万元； V——企业总产值，万元

第七章　经典案例

案例 1

1. 项目概况

2015 年 10 月 8 日，A 公司与建工 B 公司签订《建设工程施工合同》，明确某商用建筑土建施工由建工 B 公司承包，建筑面积为 11.5×10^4 m^2。2016 年 9 月 25 日项目主体结构封顶。项目施工现场塔式起重机 2 台，施工升降机 2 台，推土机 2 台，挖掘机 1 台，混凝土搅拌机 2 台，木工加工机械 1 台，钢筋加工机械 1 台，砂轮锯 1 台，氧气、乙炔气瓶若干。

2. 事故经过

一日，建筑工地代班长孙某向副工长崔某提出，晚上回楼抹地面，需在四楼安装照明灯，崔某表示同意。当时担任工地电工任务的张某家中有事离开工地，并向崔某表示由宋某代替其电工工作，崔某表示同意。当日下午，宋某在安装线路灯具时，为了固定灯具，使用钢筋支护灯具。安装好后，宋某推闸灯亮即离开工地。民工杜某在作业时，不慎碰到灯具外壳(铁盒)触电身亡。

3. 事故原因

(1)违反规定，焊工代替电工操作。按照规定，电工经过考试合格以后取得电工资格才能上岗作业。宋某身为焊工，领导没有安排他代替电工工作，但当电工张某委托他时，他竟满口答应，代替电工工作。

(2)违反操作规程。电线不能用导电物体做支护和护罩，宋某违反安装技术规程，用钢筋支护灯具，用铁盒做灯具外壳，致使杜某作业时触电身亡。

(3)领导负有一定的责任。按规定工地须配专职电工。领导只是委派没有电工资格的电焊工张某担任电工工作。张某因事离开工地时，又批自委派电焊工宋某，宋某安装四楼照明灯时，副工长崔某知道此事，也没有制止。因此，领导对这起事故也负有一定的责任。

根据以上场景，回答下列问题(1 ~3 题为单选题，4 ~5 题为多选题)：

1. 唐某是该建筑施工企业的主要负责人，企业之后又发生了建筑施工事故，造成 10 人死亡，唐某最后被判处有期徒刑，关于唐某刑满释放后就业的限制，下列说法中错误的是(　　)。

A. 五年后可以从事建筑施工企业安全生产管理工作

B. 五年后可以担任建筑施工企业的主要负责人

C. 五年内不得担任任何生产经营单位的主要负责人

D. 终身不得担任建筑施工企业的主要负责人

E. 五年后可以担任道路运输企业的主要负责人

2. 根据《生产安全事故报告和调查处理条例》,施工单位主要负责人在接到此次事故报告后,应在(　　)内,将事故信息上报其所在地县级人民政府安全生产监管部门。

A. 1 h　　B. 2 h　　C. 12 h　　D. 24 h

E. 7 天

3. 下列不属于挖掘机技术要求中"四禁止"的是(　　)。

A. 禁止铲斗未离开工作面时,进行回转

B. 禁止进行急剧转动

C. 禁止用铲斗的侧面刮平土堆

D. 禁止用铲斗对工作面进行侧面冲击

E. 禁止停机时铲斗悬空

4. 施工现场砂轮锯开始工作时,应用手调方式使砂轮片和工件之间留有适当间隙,砂轮片要慢慢向工件给进,力量要小,用力均匀,切不可有冲击现象。下列关于砂轮锯安全要求中错误的是(　　)。

A. 操作者必须佩戴防护手套和防击打的护目镜

B. 工作地点存放易燃易爆物品必须加强防火措施

C. 砂轮机必须安装有防护罩

D. 切割装有易燃易爆物品时必须采用湿式作业

E. 工作中砂轮机附近及正后方严禁站人

5. 下列关于焊接机械的现场临时用电要求中,正确的是(　　)。

A. 焊接现场不得有易燃易爆物品

B. 交流弧焊机变压器的一次侧电源线长度不应大于 5 m

C. 交流电焊机械一次侧配装防触电保护器的,二次侧可不安装防触保护器

D. 可采用金属构件或结构钢筋代替二次线的地线

E. 严禁露天冒雨从事电焊作业

参考答案及解析

1. B 【解析】生产经营单位的主要负责人依照规定受刑事处罚或者撤职处分的,自刑罚执行完毕或者受处分之日起,五年内不得担任任何生产经营单位的主要负责人;对重大、特别重大生产安全事故负有责任的,终身不得担任本行业生产经营单位的主要负责人。

2. A 【解析】事故发生后,事故现场有关人员应当立即向本单位负责人报告;单位负责人接到报告后,应当于 1 h 内向事故发生地县级以上人民政府安全生产监督管理部门和负有安全生产监督管理职责的有关部门报告。安全生产监督管理部门和负有安全生产监督管理职责的有关部门逐级上报事故情况,每级上报的时间不得超过 2 h。

3. E 【解析】挖掘机在挖掘过程中,应做到"四禁止":

(1)禁止铲斗未离开工作面时,进行回转。

(2)禁止进行急剧转动。

(3)禁止用铲斗的侧面刮平土堆。

(4)禁止用铲斗对工作面进行侧面冲击。

4. BDE　【解析】砂轮锯安全要求:

(1)工作前穿好紧身合适的防护服,不要穿过于肥大的外套,不许裸身、穿背心、短裤、凉鞋等。

(2)操作者应佩戴防护手套和防击打的护目镜。

(3)工作地点要保持清洁,不准存放易燃易爆物品。

(4)砂轮机必须安装有防护罩。

(5)开始工作时,应用手调方式使砂轮片和工件之间留有适当间隙,砂轮片要慢慢向工件给进,力量要小,用力均匀,切不可有冲击现象。机器运转时,操作者不能离开工作地点,发现异常立即停机,并把砂轮锯退出工作部位。

(6)不准切割装有易爆易燃物品的工件或各种密闭件。

(7)工作中砂轮机附近及正前方严禁站人。

(8)砂轮锯必须专人操作。

5. ABE　【解析】电焊机械开关箱中的漏电保护器必须符合相关要求。交流电焊机械应配装防二次触电保护器。电焊机械的二次线应采用防水橡皮护套铜心软电缆,电缆长度不应大于30 m,不得采用金属构件或结构钢筋代替二次线的地缆线。

案例2

1. 事故经过

自来水改扩建工程是政府投资工程,属公益事业建设项目,该项目在原水厂地址进行改扩建。项目投资总额4 755万元,占地面积52.48亩,现阶段实施为一期工程,建设规模为日供水5×10^4 t,主要建设内容为取水工程、原水输水工程、净水厂内办公楼、常规水处理建筑物、构筑物、泥沙处理工程。

建设工程进行当日,自来水厂送水泵房模板支撑搭建完成。自来水厂现场负责人吴某组织施工人员开始由北向南实施屋面梁板混凝土浇筑,浇至项目西南角时,已浇筑完成屋面板中部模架系统突然发生坍塌,当时正在作业面上施工的8名工人随整个作业面瞬间坠落,3人安全逃离,2人获救送往医院治疗,3人被困坍塌物下致死。

2. 事故原因

根据调查组技术小组专家分析,事故直接原因为:支撑架体结构未抱柱抱梁,纵横向水平杆未与既有建筑结构可靠顶接以及承重立杆间距过大、水平步距过大,扫地杆距地面高度过大,架体上部自由端高度过大、立杆及纵横向水平杆接头在同一平面、浇捣顺序不符合规范,未按规定设置纵横向剪刀撑、钢管、扣件主要材料质量不满足规范要求等因素,造成架体侧向位移、局部失稳导致坍塌。

根据以上场景,回答下列问题(1 ~3 题为单选题,4 ~5 题为多选题):

1. 建设项目安全设施设计完成后,生产经营单位向安全生产监督管理部门提交的文件资料不包括(　　)。

A. 建设项目审批、核准或者备案的文件

B. 设计单位的设计资质证明文件

C. 建设项目安全预算

D. 建设项目初步设计报告及安全专篇

E. 建设项目安全设施设计

2. 为了加强安全生产工作,我国对若干具有较高安全生产风险的企业实行了安全许可制度。下列企业中,实行安全许可制度的是(　　)。

A. 道路运输企业、危险化学品生产企业、民用爆破器材生产企业

B. 烟花爆竹生产企业、民用爆破器材生产企业、冶金企业

C. 危险化学品生产企业、矿山企业、机械制造企业

D. 石油天然气开采企业、建筑施工企业、危险化学品生产企业

E. 民用爆破器材生产企业、道路运输企业、冶金企业

3. 下列属于超过一定规模的危险性较大的分部分项工程的是(　　)。

A. 开挖深度超过 3 m(含 3 m)的基(槽)坑的土方开挖、支护、降水工程

B. 搭设高度 5 m 及以上的混凝土模板支撑工程

C. 搭设跨度 15 m 及以上混凝土模板支撑工程

E. 分段架体搭设高度 20 m 及以上的悬挑式脚手架工程

4. 支护结构或基坑周边环境出现下列规定的报警情况或其他险情时,应立即停止开挖,并应根据危险产生的原因和进一步可能发生的破坏形式,采取控制或加固措施。下列属于报警情况的是(　　)。

A 支护结构位移速率增长

B. 支护结构构件的内力接近其设计值

C. 基坑周边建筑物、道路、地面出现裂缝,或其沉降、倾斜达到相关规范的变形允许值

D. 基坑出现局部坍塌

E. 开挖面出现隆起现象

5. 模板安装应按设计与施工说明书循序拼装。下列关于模板施工的技术要求中,说法正确的是(　　)。

A. 竖向模板和支架支承部分安装在基土上时,可不加设垫板

B. 模板安装时,上下应有人接应,随装随运,严禁抛掷

C. 将模板支搭在门窗框上时,应设置临时安全设施

D. 严禁将模板与井字架脚手架或操作平台连成一体

E. 5 级风及其以上应停止一切吊运作业

参考答案及解析

1. C　**【解析】**建设项目安全设施设计完成后，生产经营单位应当按照相关规定向安全生产监督管理部门备案，并提交下列文件资料：

(1)建设项目审批、核准或者备案的文件。

(2)建设项目安全设施设计审查申请。

(3)设计单位的设计资质证明文件。

(4)建设项目安全设施设计。

(5)建设项目安全预评价报告及相关文件资料。

2. D　**【解析】**安全许可是指国家对矿山企业、建筑施工企业和危险化学品、烟花爆竹、民用爆炸物品生产企业实行安全许可制度。企业未取得安全生产许可证的，不得从事生产活动。石油天然气开采属于非煤矿山企业。

3. E　**【解析】**超过一定规模的危险性较大的分部分项工程：

(1)基坑工程：

开挖深度超过 5 m(含 5 m)的基坑(槽)的土方开挖、支护、降水工程。

(2)模板工程及支撑体系：

①各类工具式模板工程：包括滑模、爬模、飞模、隧道模等工程。

②混凝土模板支撑工程：搭设高度 8 m 及以上，或搭设跨度 18 m 及以上，或施工总荷载(设计值)15 kN/m^2 及以上，或集中线荷载(设计值)20 kN/m 及以上。

③承重支撑体系：用于钢结构安装等满堂支撑体系，承受单点集中荷载 7 kN 及以上。

(3)脚手架工程：

①搭设高度 50 m 及以上的落地式钢管脚手架工程。

②提升高度在 150 m 及以上的附着式升降脚手架工程或附着式升降操作平台工程。

③分段架体搭设高度 20 m 及以上的悬挑式脚手架工程。

4. CDE　**【解析】**报警情况包括：

(1)支护结构位移达到设计规定的位移限值，且有继续增长的趋势。

(2)支护结构位移速率增长且不收敛。

(3)支护结构构件的内力超过其设计值。

(4)基坑周边建筑物、道路、地面的沉降达到设计规定的沉降限值，且有继续增长的趋势；基坑周边建筑物、道路、地面出现裂缝，或其沉降、倾斜达到相关规范的变形允许值。

(5)支护结构构件出现影响整体结构安全性的损坏。

(6)基坑出现局部坍塌。

(7)开挖面出现隆起现象。

(8)基坑出现流土、管涌现象。

5. BDE　**【解析】**竖向模板和支架支承部分安装在基土上时，应加设垫板，如钢管垫板上应加底座。垫板应有足够强度和支承面积,且应中心承载。基土应坚实,并有排水措施。对湿陷性黄土应有防水措施;对特别重要的结构工程可采用混凝土、打桩等措施防止支架柱下沉。对冻胀性土应有防冻措施。模板安装时,上下应有人接应,随装随运,严禁抛掷。且不得将模板支搭在门窗框上,也不得将脚手板支搭在模板上,并严禁将模板与井字架脚手架或操作平台连成一体。

案例3

1. 事故经过

某运输公司与工程队签订了挡土墙施工合同。运输分公司指派胡某为负责掌握该工程施工进度和检查施工质量的甲方代表。某日,施工队人员王某去接水泵电线抽水时,发现土坡地表有断断续续的裂缝,便叫挖沟的全部民工离开施工地段,并叫队长翁某观看裂缝,并将裂缝的情况报告了胡某。胡与翁二人进行了现场观察,发现离职工医院2 m处确有裂缝,长为3~4 m,宽1 m左右。又到底层出路上观察,未发现土墙断面上有裂纹,这时,胡某强令施工人员恢复施工。在胡某的胁迫下,薛某、杨某(已死亡)便带头下基槽,随后,其他施工人员遂下入基坑恢复施工。胡某令施工人员李某与张某去量标高,发现靠东头有2 m长离标高还差35 cm,其余的都已达到设计要求。翁某提出午饭休息,胡某要求基坑工程必须完成。翁某到基建科向茅某工程师报告,茅某立即赶到现场,茅观察裂缝后,表示情况十分危险,当即要求采取加固措施。胡某遂令部分施工人员使用木头支撑,没有及时撤离在基槽内施工的施工人员,致使民工一面支撑加固,一面冒险作业。当木头支撑到第7根时,土方坍塌,11名施工人员来不及逃脱而被压死在基槽里。

2. 事故原因

(1)胡某是一名工人,不熟悉工程安全生产规则,到达施工现场后,盲目指挥抢进度,强迫工人冒险作业,不注意采取安全措施。

(2)发现问题,措施不力。工程师茅某已指出情况十分危险,应当立即采取加固措施。只指派几名施工人员进行扛木头加固,没有让槽内其他施工人员撤出,导致事故发生。

主要责任人基建科干部胡某以重大责任事故罪被判有期徒刑3年。

根据以上场景,回答下列问题:

1. 简述基坑工程现场监测的对象。

2. 简述应急演练的内容。

3. 整改措施包括哪些方面。

4. 提出为防止类似事故发生应采取的安全措施。

参考答案及解析

1. 基坑工程现场监测的对象应包括:

(1)支护结构。
(2)地下水状况。
(3)基坑底部及周边土体。
(4)周边建筑。
(5)周边管线及设施。
(6)周边重要的道路。
(7)其他应监测的对象。
2. 应急演练内容:
(1)预警与报告。
(2)指挥与协调。
(3)应急通道。
(4)事故监测。
(5)警戒与管制。
(6)疏散与安置。
(7)医疗卫生。
(8)现场处置。
(9)社会沟通。
(10)后期处置。
(11)其他。
3. 整改措施包括:
(1)加强安全管理,落实安全生产责任。
(2)杜绝违章指挥,违章操作。
(3)加强作业人员的培训教育。
(4)有关部门加强安全生产监管。
(5)采取有针对性的安全技术措施。
(6)加大安全投入。
4. 防止类似事故发生应采取的安全措施包括:
(1)增加安全投入。
(2)作业人员严格按照操作规程完成工作任务。
(3)完善安全管理组织机构,增加配备专职安全管理人员。
(4)建立健全安全生产责任制。
(5)制定有针对性的安全施工方案和安全措施。
(6)严格执行特种设备资格审查制度。
(7)杜绝违章指挥、违章操作。
(8)加强相关方管理,严格审核相关单位的资质和条件。
(9)加强从业人员岗前安全教育培训,树立良好的安全意识。

(10)特种作业人员要持证上岗。

(11)现场派专业技术人员监督管理,保证操作规程的遵守和安全措施的落实。

(12)加强现场监督监察,定期排查事故隐患。

(13)完善应急预案。

案例4

1. 事故经过

某地铁项目采用区间暗挖施工,现场由郑某统一协调土方开挖事宜。5月9日下午,地铁集团通知停工并进行安全检查。市政总公司项目执行经理周某将停工通知通过短信发给现场生产经理郑某,但现场一直未停工。5月10日下午,地铁集团检查期间现场停工。5月10日傍晚,在地铁集团现场检查后又恢复施工。5月11日,经理郑某交代现场工长魏某带4名工人下基坑进行抽排水、检查钢支撑、钢围檩作业。

事故发生前,施工现场正在挖土作业,有4台挖掘机在作业、有泥头车在装土。陈某等5名工人在基坑内作业,其中徐某正在用砂浆抹墙,钟某、赵某在下方拌砂浆,李某在进行安全检查,陈某在进行排水。11日上午10时左右,施工现场北侧土体突然发生滑塌,滑塌土方约200 m^2,造成附近的3名作业人员瞬间被埋(后确认死亡),徐某轻伤,陈某未受伤。

2. 事故损失及善后处理情况

事故共造成现场作业人员3人死亡,1人轻伤。事故调查组核定事故造成直接经济损失345万元。

根据以上场景,回答下列问题:

1. 简述区间暗挖施工安全技术包含的项目。
2. 简述施工期的建设风险管理应完成的工作内容。
3. 说明此类事故的应急恢复阶段应做的主要工作。
4. 简述事故应急救援的基本任务。

参考答案及解析

1. 区间暗挖施工安全技术包括:

(1)竖井使用安全技术。

(2)起重设备使用安全技术。

(3)结构开挖初支安全技术。

(4)结构衬砌作业安全技术。

(5)模板脚手架施工安全技术。

(6)装、卸渣与运输安全技术。

2. 施工期的建设风险管理应完成的工作包括：

(1)施工中的风险辨识和评估。

(2)编制现场施工风险评估报告，并以正式文件发送给工程建设各方，经各方沟通研究后，形成现场风险管理实施文件记录。

(3)施工对临近建(构)筑物影响风险分析。

(4)施工风险动态跟踪管理。

(5)施工风险预警预报。

(6)施工风险通告。

(7)现场重大事故上报及处置。

3. 应急恢复阶段应做的主要工作包括：

(1)清理现场，解除警戒。

(2)人员撤离，人员清点。

(3)善后处理，事故调查。

4. 事故应急救援的基本任务为：

(1)营救受害人员。

(2)迅速控制事态。

(3)消除危害后果。

(4)查清事故原因。

案例 5

1. 情景描述

甲公司在进行乙化工厂澄清池防腐工程施工过程中发生中毒事故，造成 1 人轻伤，1 人因抢救无效死亡，直接经济损失 60 万元。

事故经过如下：

乙化工厂在将自己生产区域内深 4 m 的澄清池防腐工程外包过程中，选择了报价最低的施工单位甲公司，与之签订了工程施工合同和安全协议。安全协议规定，甲公司如在澄清池防腐工程施工中发生事故，其事故后果由甲公司自行负责。事发当天，气候闷热，室外气温在 25℃ ~27℃，气压低。施工前，甲公司没有将施工方案、应采取的安全技术措施和施工人员资质报乙化工厂审查，也没有办理相关危险作业许可。此防腐工程使用的防腐涂料为环氧树脂，其稀释剂应为丙酮，但施工人员没有买到丙酮，就用苯作为替代品，调配施工。施工过程中，乙化工厂没有安排人员现场监护。甲公司作业人员违规操作，没有按照《化学品生产单位受限空间作业安全规范》(AQ 3028—2008)规定穿戴防毒口罩等劳动防护用品、设置排风通风设备，致使池内有毒气体含量超过极限浓度，发生中毒事故。

事故调查组发现：

甲公司在施工前没有将施工方案和安全措施交给乙化工厂审查；没有进行风险分析；没

有对操作人员进行安全技术教育;没有督促从业人员穿戴防毒口罩等劳动防护用品;项目负责人、施工人员没有按法规取得相应的执业资格;没有按法规配备专职安全生产管理人员进行安全管理,违反合同约定和技术规范规定,擅自使用其他材料代替丙酮做稀释剂,与环氧树脂调和涂刷防腐施工。甲公司施工技术人员张某某,施工前没有进行安全技术交底;作为现场监护人员,在作业人员从事受限空间作业时,擅自离开现场。乙化工厂没有对甲公司现场作业进行安全培训和安全确认;没有要求甲公司办理相关危险作业证;对其擅自施工的行为,没有及时制止;虽然与甲公司签订了安全协议,但协议中没有约定安全教育、工作许可、现场监护等内容,存在"以包代管"的现象。乙化工厂和甲公司在上述问题上均没有遵守相应安全生产规章制度。

2. 案例说明

本案例包含或涉及下列内容:

(1)安全生产法律、法规关于安全生产制度的规定和要求。

(2)企业主要安全生产规章制度。

(3)企业基本安全生产制度和安全操作规程内容。

(4)企业基本安全生产制度和危险作业、主要岗位的安全操作规程。

3. 关键知识点及依据

(1)企业主要安全生产规章制度一般包括:安全生产责任制度、安全管理定期例行工作制度、承包与发包工程安全管理制度、安全措施和费用管理制度、重大危险源管理制度、危险物品使用管理制度、安全隐患排查和治理制度、事故调查报告处理制度、消防安全管理制度、应急管理制度、安全奖惩制度、安全教育培训制度、劳动防护用品管理制度、安全设施设备管理制度、特种作业及特殊作业管理制度、岗位安全规范、职业健康管理制度、"三同时"制度、安全检查制度、定期维护检修制度、定期检测检验制度、安全操作规程、安全标志管理制度、作业环境管理制度、工业卫生管理制度等。

(2)安全生产责任制是各项安全生产规章制度的核心,是按照"安全第一,预防为主,综合治理"的安全生产方针和"管生产的同时必须管安全"原则,将各级负责人员、各职能部门及其工作人员和各岗位生产人员在安全生产方面应做的事情和应负的责任加以明确规定的一种制度。

(3)安全规章制度建设的主要依据:①以安全生产法律法规、国家和行业标准、地方政府的法规和标准为依据。②以生产、经营过程的危险有害因素辨识和事故教训为依据。③以国际、国内先进的安全管理方法为依据。

(4)危险作业管理主要应考虑动火作业、进入容器(或受限空间)作业、高处作业、起重吊装作业、动土作业、检修作业等。

4. 注意事项

(1)危险作业、主要岗位的安全操作规程不是操作方法或安全规定,它一般应包括以下内容:①作业、岗位的危险性分析。②一般规定。③主要工艺指标和操作要点。④异常情况处理。

(2)熟悉承包商安全管理的相关要求包括:资质认定、安全协议、施工方案的审查、施工风险分析及安全措施、现场监护和管理、危险作业许可等要求。

案例 6

1. 情景描述

某石膏矿区在不足 0.6 km² 的范围内，设立有甲、乙、丙、丁、戊 5 座矿山，其中甲、乙、丙 3 座石膏矿无安全生产许可证。5 座矿山各自为政，缺乏统一协调，开采影响范围重叠，且地面建筑物建在地下开采的影响范围内，为矿山安全生产埋下了隐患。

2005 年 11 月 6 日 19 时 36 分左右，该石膏矿区发生井下采空区顶板大面积冒落，引起地表塌陷，形成一长轴约 300 m，短轴约 210 m，面积约 53 km² 的近似椭圆形的塌陷区，以及 245 km² 的移动区。造成甲、乙、丙 3 座石膏矿井下 48 名作业人员被困，地面 88 间房屋倒塌，29 名矿山员工和家属被困，矿山工业设施严重受损。事故发生后，各石膏矿立即向当地县级安全生产监督管理部门报告，同时各自积极展开自救。当地县、市政府接到报告后，及时组织有关部门负责人赶到事故现场，启动应急预案，紧急调集 400 多名武警、消防、驻地部队官兵和 5 个专业矿山救护队 90 多名队员，以及部分市、县两级政府机关工作人员和当地村民参加救援工作，并按事故报告程序上报。

此次事故最终造成 33 人死亡（井下 16 人，地面 17 人），38 人受伤（井下 26 人，地面 12 人），井下 4 人失踪，直接经济损失 74 万元。

2. 案例说明

本案例包含或涉及下列内容：

（1）事故的性质。

（2）事故的分类、分级。

（3）事故报告程序、内容和要求。

（4）事故调查的程序和方法。

（5）事故发生后，单位负责人的职责。

3. 关键知识点及依据

（1）事故的性质和分类：《企业职工伤亡事故分类标准》（GB 6441—86）。

（2）事故分级、事故报告程序、内容和要求：《生产安全事故报告和调查处理条例》（国务院令第 493 号）。

（3）事故调查程序和方法：《生产安全事故报告和调查处理条例》。

（4）从业人员的权利和义务，单位负责人接到事故报告后应该履行的职责：《中华人民共和国安全生产法》《生产安全事故报告和调查处理条例》。

4. 注意事项

（1）采矿权设置不合理，在不足 0.6 km² 的范围内设立了 5 个矿，开采影响范围重叠。

（2）事故矿山属非法开采，工人有权拒绝下井作业。

（3）采空区未按照《金属非金属矿山安全规程》（GB 16423—2020）的规定及时处理。

参考文献

[1]王洪德.安全员[M].3版.北京:机械工业出版社,2017.

[2]江苏省建设教育协会.安全员专业管理实务[M].北京:中国建筑工业出版社,2017.

[3]刘屹立,刘翌杰.建筑安装工程施工安全管理手册[M].北京:中国电力出版社,2013.

[4]武明霞.建筑安全技术与管理[M].北京:机械工业出版社,2015.

[5]那建兴.建设工程生产安全事故分析与对策研究[M].北京:中国铁道出版社,2011.

[6]宋功业,徐杰.施工现场安全防护与伤害救治[M].北京:中国电力出版社,2012.

[7]中国建筑业协会建筑安全分会.建筑施工安全检查标准实施指南[M].北京:中国建筑工业出版社,2013.

[8]李平,张鲁风.安全员岗位知识与专业技能[M].北京:中国建筑工业出版社,2015.

[9]陈卫平.安全员专业管理实务[M].北京:中国电力出版社,2015.

[10]刘亚龙、王欣海,等.文明施工与环境保护[M].西安:西安交通大学出版社,2015.

[11]吴文平.建筑安全员一本通[M].安徽:安徽科学技术出版社,2011.

[12]中国建设教育协会.安全员[M].北京:中国建筑工业出版社,2014.

[13]中国建设教育协会.施工员[M].北京:中国建筑工业出版社,2014.

[14]中华人民共和国住房和城乡建设部.建筑施工安全检查标准JGJ 59—2011[S].北京:中国建筑工业出版社,2015.

[15]中华人民共和国住房和城乡建设部.建筑施工高处作业安全技术规范JGJ 80—2016[S].北京:中国建筑工业出版社,2016.

[16]中华人民共和国住房和城乡建设部.建筑施工碗扣式钢管脚手架安全技术规范JGJ 166—2016[S].北京:中国建筑工业出版社,2016.

[17]中华人民共和国住房和城乡建设部,中华人民共和国质量监督检验检疫总局.建筑边坡工程技术规范GB 50330—2013[S].北京:中国建筑工业出版社,2014.

[18]中华人民共和国住房和城乡建设部.液压滑动模板施工安全技术规程JGJ 65—2013[S].北京:中国建筑工业出版社,2013.

[19]中华人民共和国住房和城乡建设部.建筑深基坑工程施工安全技术规范JGJ 311—2013[S].北京:中国建筑工业出版社,2013.

[20]中华人民共和国住房和城乡建设部.建筑机械使用安全技术规程JGJ 33—2012[S].北京:中国建筑工业出版社,2012.